ZHIWU DANNING JIAGONG CHANPIN
JI FENXI SHIYAN FANGFA

植物单宁加工产品及分析试验方法

张亮亮　主编

U0353468

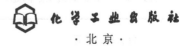
化学工业出版社

·北京·

内 容 简 介

本书系统介绍了我国主要单宁资源及其加工产品和分析试验方法。全书共 6 章，内容包括我国主要单宁资源，单宁化学结构、性质及其用途，主要栲胶产品及其质量要求，栲胶原料与产品分析试验方法，五倍子及塔拉加工产品的种类、用途、加工工艺流程、质量要求、分析试验方法，植物单宁加工行业案例分析。

本书适合从事植物单宁化学基础及产品开发利用研究的科研人员使用，也可供植物单宁加工行业相关技术人员和分析检测人员参考。

图书在版编目（CIP）数据

植物单宁加工产品及分析试验方法/张亮亮主编

. —北京：化学工业出版社，2022.4（2022.12重印）

ISBN 978-7-122-40672-9

Ⅰ.①植… Ⅱ.①张… Ⅲ.①单宁植物-加工②植物单宁-化学分析-分析方法 Ⅳ.①S577

中国版本图书馆 CIP 数据核字（2022）第 023101 号

责任编辑：张 艳 　　　　　　文字编辑：陈小滔 刘 璐
责任校对：刘曦阳 　　　　　　装帧设计：王晓宇

出版发行：化学工业出版社（北京市东城区青年湖南街 13 号 邮政编码 100011）
印 　　装：北京七彩京通数码快印有限公司
710mm×1000mm　1/16　印张 14¾　字数 251 千字　2022 年 12 月北京第 1 版第 2 次印刷

购书咨询：010-64518888　　　　　　售后服务：010-64518899
网 　　址：http://www.cip.com.cn
凡购买本书，如有缺损质量问题，本社销售中心负责调换。

定 　　价：80.00 元　　　　　　　　　　　　　版权所有　违者必究

前言
PREFACE

植物单宁大多含于木本植物体内，是森林资源综合利用的主要对象之一，在林产化学工业中属于树木提取物。森林是可再生资源，能够人工培育更新，永续不断。单宁在许多针叶树皮中的含量高达 20%～40%，仅次于纤维素、半纤维素、木质素的含量。随着煤、石油等不可再生资源的日益减少，单宁作为天然酚资源的重要性将日益增加，充分发挥生物活性将是植物单宁高值化利用的重要方向。

我国从 20 世纪 80 年代开始以五倍子为原料生产单宁酸，目前产品结构也向多方面发展，除传统的工业单宁酸外，市场上已经开发出药用级单宁酸、食用级单宁酸等系列产品。目前国内企业大多采用现代生物化学技术对五倍子进行精、深加工，生产单宁酸系列、没食子酸系列、3,4,5-三甲氧基苯甲酸系列、焦性没食子酸系列等产品。这些产品在医药、染料、稀有金属提取、石油钻井、纺织品印染与固色、食品防腐、饲料添加剂、油脂抗氧化、饮料澄清和"三废"处理等方面均有重要用途，90%以上出口欧洲各国及美国，市场前景十分广阔。

由于植物单宁来源多样，单宁加工产品种类繁多，因此在我们从事植物单宁化学利用研究中，深感一本系统介绍植物单宁加工产品及其分析试验方法的著作的重要性，为此根据我们现有资料和研究工作的积累编写了本书。本书是中国林业科学研究院林产化学工业研究所（林化所）多年工作的积累，林化所植物单宁学科带头人有贺近恪、肖尊琰、张宗和、陈笳鸿等，都为我国植物单宁领域做了大量工作。本书的适用对象为从事单宁化学研究的科研人员，也包括单宁加工行业技术人员及分析检测人员。我们的愿望是能为正在或将要从事植物单宁化学研究的研究者及单宁加工行业相关人员提供一些真正的帮助。

本书共 6 章。第 1 章介绍我国主要单宁资源、单宁化学结构、性质及用途的基础知识。第 2 章介绍栲胶原料及产品的种类及其分析试验方法。第 3 章介绍五倍子及塔拉单宁主要加工产品，如单宁酸系列产品、没食子酸系列产品、焦性没食子酸、3,4,5-三甲氧基苯甲酸、没食子酸丙酯等五倍子加工产品的化学性质、用途、加工工艺流程及产品规格与技术要求。第4章介绍单宁及其加工产品分析试验方法。第5章介绍现代仪器分析技术在单宁化学研究中的应用，包括荧光猝灭法、^{13}C NMR法及MALDI-TOF质谱法对植物单宁进行定性和定量研究。第6章选取具有代表性的植物单宁加工行业的龙头企业进行植物单宁产业发展案例分析，包括可推广的经验、存在的问题及未来产业发展需求。

本书主编为中国林业科学研究院林产化学工业研究所张亮亮，汤丽华绘图，陈笳鸿审稿。本书参编人员有：徐曼、汪咏梅、李淑君、周海超、魏淑东、柴纬明、王湛昌、刘义稳、陈赤清、谢志芳和谢云波。

本书的出版得到了国家重点研发计划项目（项目编号2018YED0600404）和国家自然科学基金项目（项目编号41876090）及江苏省生物质能源与材料重点实验室基金（项目编号JSBEM-S-202005）的资助。

限于编者的水平，请读者对书中不足之处予以指正。

主编
2021年6月10日于南京玄武湖畔

目录
CONTENTS

第1章
主要单宁资源及化学

1.1 我国主要单宁资源

植物单宁（vegetable tannins），又称植物多酚，是植物次生代谢产物，在高等植物体中广泛存在。1962 年 Bate-Smith 给单宁提出的定义是：能沉淀生物碱、明胶及其他蛋白质，分子量为 500～3000 的水溶性多酚化合物。一般认为，分子量小于 500 的植物多酚几乎不能在皮胶原纤维间产生有效的交联作用；分子量大于 3000 的植物多酚又难于渗透到皮纤维中，但是这些分子量数字并非是严格的限制。生产上人们通常把富含单宁的植物提取物称为栲胶。随着人们对单宁化学结构和性质的逐步认识，以及其应用范围逐渐扩大到医药、食品、日用化工等领域，单宁这一名词应用范围逐渐扩大。

栲胶，商品名，是由富含单宁的植物原料经水浸提和浓缩等步骤加工制得的化工产品。颜色通常为棕黄色至棕褐色，粉状或块状。栲胶是一种混合物，是由一些复杂的天然化合物混合而成，除主要成分单宁外，还有非单宁和不溶物。非单宁物质是指栲胶中没有鞣性的物质，主要是糖、有机酸、酚类、色素、木素衍生物、无机盐、植物蛋白和某些含氮物质等，不同栲胶中非单宁物质的组分和含量是不同的。不溶物包括果胶素、树胶和低分散度的单宁，单宁分解产物或缩合产物，无机盐和杂质。

栲胶具有多种作用，可以应用在食品领域、医药领域、石油化工领域和日用化学品领域，主要应用于制革领域。在制革领域中，栲胶主要被用来鞣皮，制革业上称其为植物鞣剂。栲胶中含有相当数量的低分子多酚、黄酮以及花色素，大多数具有较深的颜色，是一种天然染料，可像直接染料一样对皮革进行直接染色。另外，栲胶分子中含有大量的酚羟基，这些酚羟基能够与多价金属离子形成配合物（络合物），从而可以改变栲胶染料的色调，因此也是一种金属络合染料。

栲胶的生产主要分为浸提、蒸发、干燥、粉碎、储运、废渣处理等工序，为了提高栲胶的质量，工艺中还经常加入化学添加剂进行浸提，以提高纯度和提取率，还可对栲胶进行改性处理或防霉处理。近年来国外栲胶技术的主要特点是：①由于近年来栲胶产品在饲料添加剂上的使用量越来越大，树皮类栲胶产量回升，粉状栲胶比重增大；②进一步提高栲胶质量，实现制度化、规范化、程序化和综合利用；③扩大栲胶应用领域，如作为养殖"替抗"产品在饲料添加剂上的使用；④单宁化学理论研究取得进展。

1.1.1 栲胶原料

凡富含单宁，能加工制成栲胶，用来鞣制各种皮革的植物性材料，都叫栲胶原料。如树皮、果实、果壳、木材、树根或树叶等。栲胶原料必须具有单宁含量较高、鞣革工艺性能良好等特性，为了实现工业利用，还要求具备原料集中、便于采收、容易干燥、储运方便和等级区分清楚等条件。含单宁高的植物是选择原料的重要基础。栲胶按照植物学分类可分为豆科（如黑荆树、云实等）、漆树科（如坚木、槟如树等）、桃金娘科（如桉树）、山毛榉科（如栗木、栎树等）、使君子科（如柯子）和杨柳科（如柳树）等。根据1962年豪威斯的《植物鞣料》一书记载，单宁含量在12%以上的植物树种共计19科112属277种。可见栲胶原料非常之多，并且分布也很广泛，作为栲胶原料的树种遍布于寒带、温带、暖温带或热带。如欧洲云杉、兴安落叶松、西伯利亚落叶松属于寒带针叶树种；栎树、栗木、铁杉、云杉、柳树属于温带混交林树种；桉树、黑荆树、坚木等属于暖温带树种；柯子、红树等则属于热带树种。不同树种的不同部位单宁含量也相差较大，黑荆树、落叶松、云杉、桉树等属于树皮类栲胶原料；栗木、坚木、栎木等属于木材类栲胶原料；橡树、柯子属于果壳果实类栲胶原料；而高山蓼、酸模、漆叶等属于根叶类栲胶原料。因此，栲胶原料的采集也是一门很有学问的技术，包括原料的采收、干燥或储存等。

在世界范围内寒带以针叶树种如落叶松、云杉等为主，主产区在俄罗斯、北欧诸国、德国、加拿大和美国。热带、亚热带以阔叶树为主，如坚木、黑荆树、桉树、柯子、云实等，分布于南美洲的阿根廷、巴西，南亚的印度和非洲的南非。

我国幅员辽阔，自然条件复杂，林木分布面积广。含单宁植物自北向南都有分布。除落叶松、木麻黄比较集中外，其他树种（如余甘子、毛杨梅）比较分散，给采集加工带来一定困难。

国内外重要栲胶原料及其单宁含量见表1-1。

表1-1　国内外重要栲胶原料

序号	中文名	拉丁学名	英文名	部位	类别	单宁含量/%	主产国（或地区）
1	黑荆树	*Acacia mearnsii*	black wattle	树皮	缩合类	30～45	巴西、南非、坦桑尼亚、肯尼亚
2	阿拉伯金合欢	*Acacia arabica* Willd.	badul	树皮	缩合类	12～20	印度

序号	中文名	拉丁学名	英文名	部位	类别	单宁含量/%	主产国（或地区）
3	落叶松	*Larix gmelinii* (Rupr.) KUZ.	larch	树皮	缩合类	9～18	俄罗斯、东欧、中国
4	挪威云杉	*Picea abies* Karst.	Norway spruce	树皮	缩合类	10～12	美国、俄罗斯、东欧
5	柳树	*Salix* sp.	willow	树皮	缩合类	6～17	俄罗斯、东欧
6	耳叶决明	*Cassia auriculata* L.	avaram senna	树皮	缩合类	15～20	印度
7	红茄冬	*Rhizophora mucronata* Lam.	mangrove	树皮	缩合类	25～35	澳大利亚、印度
8	褐槌桉	*Eucalyplus astringens* Maid.	brown mallet eucalyptus	树皮	缩合类	40～50	澳大利亚
9	加拿大铁杉	*Tsuga canadensis* (L.) Carr.	Canada hemlock	树皮	缩合类	10～15	加拿大、美国
10	余甘子	*Phyllanthus emblica* L.	emblic leafflower	树皮	缩合类	25～30	中国、印度
11	毛杨梅	*Myrica esculenta* Buch. Ham.	box myrtle	树皮	缩合类	22～28	中国、印度
12	夏栎	*Quercus robur* L.	Summer oak	树皮、木材	水解类	8～15 6～12	俄罗斯、东欧
13	欧洲栗	*Castanea sativa* Mill.	European chestnut	心材	水解类	10～13	法国、意大利
14	红坚木	*Schinopsis balansea* Engl.	red quebracho	心材	缩合类	20～25	阿根廷、巴拉圭
15	柯子	*Terminalia chebula* Retz.	myrobalan	果实	水解类	30～35	印度、巴基斯坦
16	栎树	*Quercus* sp.	valonea	椀壳	水解类	30～32	中国、土耳其、希腊

根据中国林业区划，国内植物鞣料资源分布情况见表1-2。

表1-2　中国鞣料植物资源分布情况

林业区划	树种分布	营林方式	副产品
东北、内蒙古	针叶树，分布于大兴安岭、小兴安岭（北坡）	天然林、人工林（用材林）	落叶松、云杉（树皮）
华北	针阔叶树，分布于秦岭以北	天然林（薪炭林）	栓皮栎、椀壳、槲树皮

林业区划	树种分布	营林方式	副产品
华东、华中	针阔叶树，分布于秦岭、大巴山、巫山、江南丘陵地，南岭山区、贵州高原东部地区	天然林（薪炭林）	栓皮栎、麻栎等椽壳、槲树皮、毛杨梅皮
华南、台湾	亚热带阔叶树，分布于南岭以南、广东、广西、福建和台湾沿海	天然林（薪炭林）人工林（防风林）	毛杨梅、余甘子、木麻黄等树皮
云贵高原	青冈林，分布于云南东北部	天然林	云杉、青冈椽壳
西北	栎类林，秦岭以北、青海东部、甘肃乌蛸岭以东、宁夏南部、太行山以西	天然林	落叶松、槲树皮、橡椀

中国林业科学研究院林产化学工业研究所对我国 24 科 72 个品种鞣科植物的鞣质含量进行了整理，见表 1-3。

1.1.2　五倍子

1.1.2.1　五倍子资源及其分布

五倍子是长在漆树科盐肤木属的盐肤木类上的虫瘿总称。我国产结五倍子的盐肤木类有三种，即盐肤木、红麸场和青麸场。即产于盐肤木上为角倍和产于红麸场上为肚倍。

五倍子蚜虫一年有六个世代，终年生活，无休眠阶段。其生长周期见图 1-1 所示。当盐肤木于秋季快落叶之前，倍子自然爆裂，有翅秋季迁移蚜

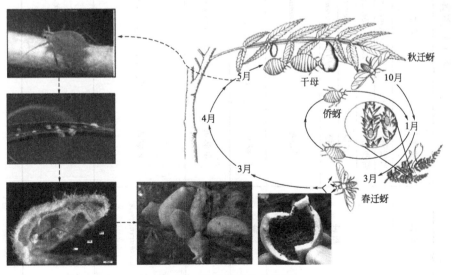

图 1-1　五倍子的生长周期

表 1-3　我国24科72个品种鞣科植物的鞣质（单宁）含量

科名	普通名	学名	含鞣质部分	分析结果（干基）				产地
				鞣质/%	非鞣质/%	不溶物/%	纯度/%	
松科 Pinaceae	兴安落叶松	Larix gmelinii	树皮	7.64~16.09	5.56~7.74	1.78~4.78	49.67~74.32	内蒙古
	新疆落叶松	Larix sibirica	树皮	9.62	12.49	1.40	43.51	新疆
	云杉	Picea asperata	树皮	7.79	12.98	0.77	37.49	黑龙江
	红松	Pinus koraiensis	树皮	5.44	10.44	1.69	34.26	黑龙江
	马尾松	Pinus massoniana	树皮	2.90	1.80	1.10	60.00	浙江龙泉
			鲜松针	4.20	11.70	1.70	27.00	浙江龙泉
			松针渣	5.60	18.90	1.20	22.90	浙江龙泉
杉科 Taxodiaceae	杉木	Cunninghamia lanceolata	树皮	3.50	4.20	0.20	45.00	浙江龙泉
			树皮	3.80	3.50	1.40	52.00	浙江龙泉
麻黄科 Ephedraceae	草麻黄	Ephedra sinica stapf	根部	18.95	14.52	2.26	56.62	新疆西部
木麻黄科 Casuarinaceae	木麻黄	Casuarina equisetifolia L.	树皮	12.95	4.39	3.08	74.68	广东湛江
			树皮	16.52	3.75	0.97	81.50	广东湛江
			树皮	13.91	3.70	1.17	79.01	广东湛江
			树皮	15.87	2.27	1.21	86.84	广东湛江
			树皮	14.43	3.84	1.29	79.77	广东湛江
杨梅科 Myricaceae	杨梅	Myrica rubra	树皮	11.00	8.40	20.30	56.90	浙江龙泉
			根皮	19.40	9.90	34.10	66.10	浙江龙泉
			叶	12.60	14.40	—	47.00	浙江龙泉
			木材	5.58	8.89	5.22	38.32	浙江龙泉

续表

科名	普通名	学名	含鞣质部分	分析结果（干基）				产地
				鞣质/%	非鞣质/%	不溶物/%	纯度/%	
胡桃科 Juglandaceae	枫杨	Pterocarya stenoptera	树皮	6.90	6.60	1.40	51.10	浙江龙泉
	化香树	Platycarya strobilacea	果	31.10	8.22	3.54	79.00	河南栾川
			果	11.85	10.49	2.19	53.01	贵州
			果	22.80	7.77	1.80	74.59	安徽
			鳞片	27.12	8.15	2.38	76.94	
			种子	20.56	9.50	2.43	68.37	
			果硬	8.35	7.37	1.15	53.09	浙江龙泉
	黄杞	Engelhardia roxburghiana	叶	4.50	18.90	1.50	19.00	广西
桦木科 Betulaceae	白桦	Betula platyphylla	树皮	15.86	7.66	2.27	66.91	浙江龙泉
壳斗科 Fagaceae	锥栗	Castanea henryi	树皮	5.10	5.80	0.20	46.50	安徽绩溪
			壳斗	6.60	5.00	—	57.00	浙江龙泉
	栗	Castanea mollissima	总苞	3.70	2.90	0.90	56.00	安徽绩溪
	茅栗	Castanea seguinii	壳斗	9.40	4.30	—	68.60	浙江龙泉
	华南锥	Castanopsis concinna	枝叶	6.20	5.50	0.40	53.00	浙江龙泉
	甜槠	Castanopsis eyrei	树皮	4.10	2.40	—	63.00	浙江龙泉
	栲	Castanopsis fargesii	树皮	6.00	7.90	1.50	42.50	浙江龙泉
	毛锥	Castanopsis fordii	树皮	18.10	9.80	—	64.70	福建将乐
	红锥	Castanopsis hystrix	树皮	18.63	10.33	2.05	64.35	福建将乐

科名	普通名	学名	含鞣质部分	分析结果（干基）				产地
				鞣质/%	非鞣质/%	不溶物/%	纯度/%	
壳斗科 Fagaceae	苦槠	Castanopsis sclerophylla	树皮	1.60	1.20	0.40	57.00	浙江龙泉
	钩锥	Castanopsis tibetana	木材	12.02	3.03	3.29	79.89	福建将乐
	菁冈	Cyclobalanopsis glauca	树皮	16.00	17.80	3.30	47.30	安徽绩溪
	麻栎	Quercus acutissima	壳斗	29.21	14.49	—	66.30	河南济源
			壳斗	21.47	9.07	—	70.30	河南济源
			壳斗	29.12	9.76	—	74.90	河南济源
			壳斗	28.84	11.13	—	72.20	河南济源
			壳斗	24.07	8.64	—	73.70	河南济源
			壳斗	31.39	14.44	—	65.50	河南济源
			壳斗	32.60	17.11	1.99	65.58	安徽绩溪
			壳斗	21.60	12.60	—	63.0	湖南
			壳斗	25.32	14.81	1.38	63.35	陕西石泉
			壳斗	28.64	14.55	1.96	66.31	浙江龙泉
			树叶	5.60	10.70	7.00	34.40	浙江龙泉
			枝叶	6.90	7.30	1.10	48.20	浙江龙泉
	槲栎	Quercus aliena	壳斗	9.64	4.00	—	71.20	山西中条山
			壳斗	2.15	7.12	0.76	23.15	贵州
	小叶栎	Quercus chenii	树皮	3.40	2.00	1.30	63.00	浙江龙泉
			壳斗	14.40	6.10	—	70.00	安徽绩溪

科名	普通名	学名	含鞣质部分	分析结果（干基）				产地
				鞣质/%	非鞣质/%	不溶物/%	纯度/%	
壳斗科 Fagaceae	槲树	*Quercus dentata*	壳斗	3.83	3.04	0.65	32.01	河南栾川
			壳斗	3.41	2.94	—	61.20	山西中条山
			壳斗	5.13	9.24	—	60.80	河南济源
			树皮	9.31	5.96	2.52	61.00	河南栾川
			树皮	14.44	5.84	1.59	71.20	陕西石泉
			树皮	3.07	5.54	1.48	35.52	贵州
	巴东栎	*Quercus engleriana*	树皮	18.63	10.33	2.05	64.35	福建将乐
	白栎	*Quercus fabri*	枝叶	7.80	3.50	1.20	45.00	浙江龙泉
	蒙古栎	*Quercus mongolica*	壳斗	9.60	5.60	—	64.40	河南济源
			壳斗	6.70	7.30	2.00	48.80	浙江龙泉
	乌冈栎	*Quercus phillyraeoides*	树皮	9.10	5.40	2.30	63.10	安徽绩溪
	栓皮栎	*Quercus variabilis*	壳斗	26.06	15.31	—	62.70	河南济源
			壳斗	25.56	10.32	2.06	29.20	河南济源
			壳斗	23.47	16.62	—	58.63	贵州
			壳斗	29.8	11.8	—	73.0	安徽绩溪
蓼科 Polygomaceae	拳参	*Polygonum bistorta*	根部	12.11	17.75	3.88	40.56	新疆西部
	矮大黄	*Rheum nanum*	根部	11.31	28.73	1.39	28.24	新疆西部
	酸模	*Rumex acetosa*	根部	15.77	6.79	0.5	69.90	河北围场

科名	普通名	学名	含鞣质部分	分析结果（干基）				产地
				鞣质/%	非鞣质/%	不溶物/%	纯度/%	
山茶科 Theaceae	油茶	Camellia oleifera	茶蒲	8.60	16.70	1.20	34.10	浙江龙泉
			树皮	4.50	14.50	0.70	23.60	浙江龙泉
			叶	1.00	20.60	3.30	4.80	浙江龙泉
	木荷	Schima superba	木材	33.92	8.07	1.52	19.22	浙江龙泉
	日本厚皮香	Ternstroemia japonica	树皮	6.10	11.40	5.00	34.30	浙江龙泉
木兰科 Magnoliaceae	厚朴	Houpoea officinalis	树皮	6.50	10.30	0.30	37.00	浙江龙泉
			树皮	1.70	20.00	2.00	8.00	浙江龙泉
金缕梅科 Hamamelidaceae	蚊母树	Distylium racemosum	树皮	6.62	5.52	1.42	54.53	福建将乐
	枫香树	Liquidambar formosana	树叶	13.50	15.90	4.60	45.90	浙江龙泉
			树皮	2.20	12.10	3.30	15.30	浙江龙泉
	檵木	Loropetalum chinense	枝叶	5.70	13.70	0.80	29.30	浙江龙泉
蔷薇科 Rosaceae	小果蔷薇	Rosa cymosa	根皮	23.33	10.10	11.37	69.59	湖南
	金樱子	Rosa laevigata	根皮	20.60	11.80	11.10	63.50	浙江龙泉
			木材	6.98	11.44	8.52	37.89	浙江龙泉
豆科 Fabaceae	台湾相思	Acacia confusa	树皮	25.54	13.76	7.11	64.98	福建莆田
			树皮	23.23	13.74	4.49	62.80	广东潮阳
			树皮	10.45	12.74	3.25	45.06	广西南宁
			树皮	16.47	11.67	6.89	58.51	广西南宁

科名	普通名	学名	含鞣质部分	分析结果（干基）				产地
				鞣质/%	非鞣质/%	不溶物/%	纯度/%	
豆科 Fabaceae	黑荆	*Acacia mearnsii*	树皮	44.60	12.98	4.84	77.46	广西南宁
			树皮	37.05	8.57	2.98	81.21	广西大青山
			树皮	48.17	7.90	3.39	85.91	广东廉江
			树皮	38.80	7.65	2.91	83.51	广东廉江
	楹树	*Albizia chinensis*	树皮	11.39	10.81	2.55	51.31	广西凭祥
			树皮	9.86	9.35	0.94	51.33	广西凭祥
	山槐	*Albizia kalkora*	树皮	1.09	8.84	0.47	10.98	广西凭祥
			树皮	22.31	8.04	1.03	73.51	广西百色
			树皮	11.41	10.54	0.84	51.98	广西百色
			树皮	15.12	12.17	1.39	55.43	广西百色
	日本羊蹄甲	*Bauhinia japonica*	根皮	20.75	7.46	4.76	73.55	广东徐闻
	云实	*Caesalpinia decapetala*	果荚	4.30	8.70	2.80	33.00	浙江龙泉
大戟科 Euphorbiaceae	毛果算盘子	*Glochidion eriocarpum*	树皮	9.65	10.99	2.00	46.70	广西
	余甘子	*Phyllanthus emblica*	树皮	28.00	13.94	—	66.67	广东潮阳
			树皮	22.40	6.50	—	77.50	云南屏边
	乌桕	*Triadica sebifera*	叶	8.70	24.00	2.30	26.60	浙江龙泉
	木油桐	*Vernicia montana*	树皮	18.26	7.48	5.57	70.94	福建将乐
漆树科 Anacardiaceae	黄栌	*Cotinus coggygria*	木材（带皮）	6.54	7.33	2.33	47.15	河南南阳

科名	普通名	学名	含鞣质部分	分析结果（干基）				产地
				鞣质/%	非鞣质/%	不溶物/%	纯度/%	
漆树科 Anacardiaceae	黄栌	Cotinus coggygria	树叶	10.34	13.25	—	43.40	河北
			树干	6.43	6.13	—	51.20	河北
杜英科 Elaeocarpaceae	猴欢喜	Sloanea sinensis	叶	4.63	7.50	0.72	38.17	广东德封
			总苞	1.70	2.80	2.10	38.00	浙江龙泉
桃金娘科 Myrtaceae	蓝桉	Eucalyptus glabulus	树皮	4.61	12.77	2.47	26.52	四川雅安
	桉	Eucalyptus robusta	树皮	2.17	8.08	0.75	21.17	四川雅安
	细叶桉	Eucalyptus tereticornis	树皮	7.03	18.48	2.49	24.11	四川雅安
	桃金娘	Rhodomyrtus tomentosa	干枝及叶	10.13	9.28	3.67	52.12	广西
红树科 Rhizophoraceae	木榄	Bruguiera gymnorhiza	树皮	7.71	20.64	3.52	27.21	广东合浦
			树皮	19.68	15.62	1.96	55.75	广东合浦
	海莲	Bruguiera sexangula	树皮	20.00	19.13	0.89	51.11	雷州半岛
			树皮	33.15	12.32	2.87	73.12	海南岛铺前港
			树皮	20.34	11.20	3.02	64.48	海南岛清澜港
			树皮	20.10	16.88	2.06	54.35	海南岛新英港
			木材	1.73	4.61	0.45	27.28	海南岛琼山
	角果木	Ceriops tagal	树皮	28.15	12.84	8.36	68.58	海南岛铺前港
			树皮	27.67	11.56	8.26	71.97	海南岛铺前港
			木材	5.73	5.13	2.21	52.76	海南岛铺前港

科名	普通名	学名	含鞣质部分	分析结果（干基）				产地
				鞣质/%	非鞣质/%	不溶物/%	纯度/%	
红树科 Rhizophoraceae	秋茄树	Kandelia obovata	树皮	23.30	22.60	3.67	50.75	广东合浦
			树皮	26.08	23.54	3.78	52.55	广东合浦
			树皮	17.79	17.80	4.23	49.98	雷州半岛
			树皮	12.14	6.87	3.46	63.86	海南岛琼山
			树皮	27.08	12.84	7.09	67.84	海南岛琼山
			树皮	30.76	13.15	6.54	70.04	福建
	红树	Rhizophora apiculata	树皮	17.94	11.78	4.79	60.36	海南岛铺前港
			树皮	12.36	16.62	4.84	42.65	海南岛新英港
			树皮	17.79	15.62	6.92	53.30	雷州半岛海康港
			木材	2.38	7.62	1.01	23.80	海南岛琼山
使君子科 Combretaceae	榄李	Lumnitzera racemosa	树皮	15.82	12.63	3.46	55.61	广东合浦
			树皮	15.05	11.82	2.89	56.01	广东合浦
			树皮	22.73	14.80	4.26	60.53	广东合浦
紫金牛科 Myrsinaceae	蜡烛果	Aegiceras corniculatum	树皮	20.80	11.39	5.22	63.96	海南岛清澜港
			树皮	17.12	19.87	2.03	46.28	广东合浦
			树皮	19.58	18.14	0.68	51.91	广东合浦
			树皮	6.74	12.85	1.93	34.41	海南岛清澜港
柿科 Ebenaceae	柿	Diospyros kaki	成熟果实	4.10	16.21	0.52	32.72	山西平遥

科名	普通名	学名	含鞣质部分	分析结果（干基）				产地
				鞣质/%	非鞣质/%	不溶物/%	纯度/%	
薯蓣科 Dioscoreaceae	薯莨	*Dioscorea cirrhosa*	块茎	16.24	13.75	4.85	54.19	贵州平塘
			块茎	18.72	10.08	4.43	65.24	湖南郴县
			块茎	24.70	14.29	3.02	33.35	广东高要
			块茎	30.65	10.55	4.33	74.39	四川眉山
			块茎	23.00	9.80	—	70.10	云南屏边
百合科 Liliaceae	菝葜	*Smilax china*	根	4.30	10.37	0.58	29.31	浙江龙泉

注：鞣质测定采用 LY/T 1082—2021《栲胶原料与产品试验方法》。

虫即离开五倍子，迁移到提灯藓上继续繁殖后代过冬，到来年春季盐肤木萌芽前，再从提灯藓迁移到盐肤木上来。因此，五倍子蚜虫有两种寄主：第一寄主（夏寄主）盐肤木，第二寄主（冬寄主）提灯藓。

五倍子是一种林副产品，又名文蛤，是五倍子蚜虫在漆树科植物盐肤木、青麸杨或红麸杨叶子上寄生所形成的早瘿。我国是五倍子的生产大国，占世界产量的75％～90％。国际上把五倍子称为中国五倍子（Chinese gall-nut）。五倍子适宜生长在温暖湿润的山区和丘陵，我国大部分地区均有分布，主产区集中在湖北、湖南、贵州、四川、陕西、云南等六省，这些省的五倍子产量约占全国的90％以上。2020年，由各地林业部分统计的各省（市）倍林面积见图1-2，虽然近年来各地大力发展人工倍林，但目前各地仍然以野生倍林为主。我国五倍子现年产量12000～13000t。五倍子由于蚜虫种类与寄主不同，外形各异，主要分为肚倍、角倍和倍花三类。其中角倍含五倍子单宁约为65.5％～67.5％，肚倍约68.8％～71.4％，倍花类约33.9％～38.5％。以五倍子为原料生产的单宁酸及其系列产品被广泛应用于医药、食品、制革、冶金、印染、电子、化妆品、国防等行业。随着工农业的发展，对五倍子的需求量越来越大，将来亦可能出现有价无货的现象。近年来不少产区均在建立大面积的五倍子生产基地，大力发展五倍子产业，以满足工业生产的需要。

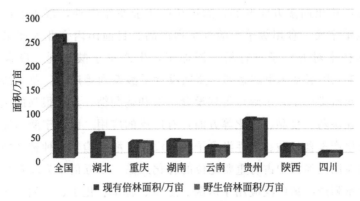

图 1-2 我国五倍子资源状况
（2020 年统计数据，相关数据由各省林业部门提供）
1 亩＝666.67m²

除了上述不同产区的五倍子产量不同，我国各产地角倍单宁酸、没食子酸含量和性状特征也不相同。表1-4列出了各产地角倍单宁酸、没食子酸含量和性状特征。

表 1-4　各产地角倍单宁酸、没食子酸含量和性状特征

产地	单宁酸含量/%	没食子酸含量/%	倍壁厚度/%	密度/(g/mL)
盐津	62.67±0.30	70.35±0.41	1.62±0.18	0.20±0.05
绥阳	66.55±0.58	74.94±1.01	1.65±0.22	0.27±0.09
湘潭	64.73±0.47	74.62±0.21	1.67±0.20	0.22±0.05
台江	64.44±1.09	73.68±0.48	1.63±0.17	0.30±0.08
印江	61.59±0.36	71.56±0.83	1.87±0.32	0.33±0.08
万源	67.43±0.22	77.61±0.79	1.79±0.20	0.27±0.07
峨眉	67.67±0.02	77.08±0.52	2.01±0.22	0.15±0.04
永定	64.72±0.73	74.27±1.04	1.85±0.22	0.26±0.07
桑植	63.75±0.27	73.66±0.56	1.85±0.17	0.27±0.05
古丈	62.55±0.32	72.07±0.79	1.54±0.20	0.27±0.07
竹山	61.72±1.22	70.65±0.33	1.70±0.09	0.23±0.08
五峰	65.11±0.35	75.86±1.07	1.70±0.22	0.29±0.08

　　1888 年德国用五倍子制造出黑色染料和鞣料，以后欧、美用其生产没食子酸和焦性没食子酸作医药、染料和照相显影剂。随着现代科技的发展，以及分析手段的改进，五倍子单宁的研究与应用都取得了较大进展，五倍子的用途也日趋广泛。我国从 20 世纪 80 年代开始以五倍子为原料生产单宁酸，目前产品结构也向多方面发展，除传统的工业单宁酸外，市场上已经开发出药用级单宁酸、食用级单宁酸等系列产品。目前国内企业大多采用现代生物化学技术对五倍子进行精、深加工，生产单宁酸系列、没食子酸系列、3,4,5-三甲氧基苯甲酸系列、焦性没食子酸系列等产品。单宁酸又称鞣酸，属于水解类单宁，水解可得到没食子酸和葡萄糖，具有很强的生物和药理活性，在医药、食品、日化等方面具有广泛的应用。以单宁酸为原料通过深加工可生产没食子酸、焦性没食子酸、没食子酸丙酯等多种林产精细化工产品，是在国民经济中占有重要地位的林化产品。以五倍子为原料生产的单宁酸及其系列产品被广泛应用于医药、卫生、轻工、化工、石油、矿冶、食品、农业、电子、国防等行业，堪称"工业味精""食品添加剂"。

1.1.2.2　五倍子质量标准

　　五倍子质量标准是衡量五倍子质量的准绳，是生产和商品流通的共同技术依据，对于充分利用五倍子资源、加速生产发展、提高原料质量及增加经济效益具有重要意义。

　　我国五倍子标准最早有国家标准（GB 5848—1986），后来转为林业行业

标准（LY/T 1302－1999），目前，现行的标准为林业行业标准 LY/T 1302－2016《五倍子》，其主要内容包括：前言、技术要求、试验方法、检验规则、包装、标志、贮存和运输、分析报告等几个方面，这里仅将其技术要求和检验规则摘录如下。

（1）技术要求

① 外观要求。肚倍为长椭圆形或椭圆形，无角状突起；角倍多呈菱角形，具不规则角状突起；倍花呈菊花或鸡冠花状。倍表一般为黄褐色或灰褐色，倍壳质硬声脆，断面淡黄褐色，具光泽。应无潮湿、无霉烂、无掺假、无掺杂。

② 技术指标。五倍子技术指标应符合表 1-5 要求。

表 1-5　五倍子技术指标

指标名称		肚倍		角倍		倍花
		一级	二级	一级	二级	
个体数/（个/500g）	≤	80	130	100	180	
夹杂物/%	≤	0.6	1.0	0.6	1.0	3.0
水分/%	≤	14.0	14.0	14.0	14.0	14.0
单宁（干基计）/%	≤	67.0	63.0	64.0	60.0	30.0

③ 取样。取样规则：

100 件以下不少于 5 件，100～500 件不少于 10 件，500～2500 件不少于 15 件，2500 件以上按式（1-1）计算：

$$X_0 \geq 0.3 \times n^{1/2} \qquad (1\text{-}1)$$

式中　X_0——取样件数；

　　　　n——每批五倍子件数。

④ 取样方法。在袋内不同部位随机取样，原料中有霉烂及掺假、掺杂者，不予取样。每袋取样约 2kg，放在 2.5m×2.5m 的帆布上，枝、叶、沙尘等夹杂物不能弃去。混合均匀，用四分法缩分得 4kg 左右样品两份。取其中一份再缩分得样品约 500g，装入塑料袋，扎紧袋口，尽量不使五倍子破碎，以备检验个体数和夹杂物。然后将另一份样品放在帆布上，折叠帆布，将五倍子压碎，缩分至约 250g 时，装入广口瓶。贴上标签，注明样品号、商品名称、送检单位、取样人与取样日期。

⑤ 试样制备。取压碎供检的试样约 250g，倒入盘内拣去夹杂物，除去虫尸（虫尸百分数在报告中注明）。用四分法缩分至约 125g，倒入微型植物粉碎机粉碎通过 0.425mm 筛板，混合均匀，盛入具磨塞的广口瓶中，以备

测定水分和单宁含量用。

(2) 试验方法

① 个体数。称取完整的倍子约 500g，称准至 0.4g。统计倍子数，个体数（X_1）以 500g 中含完整倍子个数表示，按式（1-2）计算：

$$X_1 = 500 \times \frac{n}{m_1} \tag{1-2}$$

式中 n——倍子数，个；

m_1——完整倍子的质量，g。

② 夹杂物含量。称取试样约 500g，称准至 0.1g。放入搪瓷盘内，用镊子拣出细枝、碎叶和沙砾等夹杂物称重。夹杂物含量（X_2）用百分数表示，按式（1-3）计算：

$$X_2 = \frac{m_2}{m_3} \times 100\% \tag{1-3}$$

式中 m_2——夹杂物的质量，g；

m_3——试样的质量，g。

③ 水分。按照 LY/T 1083—2008 规定进行。

④ 单宁。a. 试样溶液的制备。按照 LY/T 1083—2008 中 4.2.2～4.2.4.6 的规定进行，得到 2000mL 五倍子提取液。从该提取液中吸取 25mL，移入 100mL 容量瓶，用水稀释至刻度，摇匀。

b. 单宁酸含量的测定。用上述制备的试样溶液，按照 LY/T 1642—2005 中 4.2～4.2.5 的规定进行。

c. 结果的计算。五倍子样品单宁酸含量以干基质量百分数 X_4 计，数值以％表示，按式（1-4）计算：

$$X_4 = \frac{2000 \times m_4 (A_0 - A_2)}{25 \times m_5 A_1 (1 - X_3)} \times 100\% \tag{1-4}$$

式中 2000——五倍子提取液体积的数值，mL；

m_4——单宁酸标准样品质量的数值，g；

A_0——试样工作溶液的吸光度的数值；

A_2——试样中非单宁工作溶液的吸光度的数值；

25——从 2000mL 五倍子提取液中吸取，用于试样溶液制备的体积的数值，mL；

m_5——制备 2000mL 五倍子提取液的五倍子质量的数值，g；

A_1——单宁酸标准样品工作溶液的吸光度的数值；

X_3——试样干燥失重的数值，％。

平行测定两次结果之差不大于 1.5％，取平行测定结果的算术平均值为测定结果。

（3）验收规则

收购部门和使用单位，有权按照本标准规定的技术要求和检验方法对每批原料进行检验。

供需双方对原料质量如有争议，可由双方按照本标准取样方法共同取样，各保存一份，另一份委托法定单位仲裁分析。

红小铁枣、黄毛小铁枣、米倍和倍花类不测定个体数。

定级标准：以个体数、夹杂物、单宁含量三项为定级标准。水分含量超过 14.0％时，由双方协商解决。

检验结果如有一项指标不符合要求时，应重新在两倍样件中取样，重新检验不合格指标，如仍不符合要求时，作为降一级处理，不符合二级品要求时，由双方协商解决。

使用单位对原料质量另有要求时，如总抽出物和总颜色等，由双方自行商定。测定方法按照 LY/T 1083 规定进行。

（4）包装、标志、贮存和运输

包装：五倍子用洁净的麻袋或编织袋分品种、等级包装，每袋净重50kg，袋口缝合牢固。

标志：包装上应注明名称、等级、产地、净重、时间和防雨、防潮及质量符合本标准要求编号。

贮存：五倍子应放置于通风、干燥的仓库中贮存，叠放高度以不压碎五倍子为宜，不能与易潮、易污物品混堆。

运输：严防雨淋、受潮，避免重压。

1.1.3 塔拉

1.1.3.1 塔拉资源状况

塔拉［*Caesalpinia spinosa*（*Molina*）Kuntze］学名刺云实（见图 1-3），属苏木科（*Caesalpiniaceae*）云实属（*Caesalpinia* L.）中的一种常绿具刺灌木或小乔木，原产南美洲，盛产于秘鲁；3 年开花结果，5 年逐步进入盛产；茎干、主枝、小枝和叶轴上散生棕褐色图钉状倒钩皮刺；二回羽状复叶，小叶对生或近对生，偏卵圆形或偏长卵形，总状花序常分支，黄色；荚果悬垂，粉红色至红褐色，内含种子 2～6 粒，种子扁卵形至偏椭圆形，浅栗色至栗褐色。原产南美洲西北部，盛产于秘鲁；中国无自然分布。20 世纪

90 年代初中国林业科学研究院资源昆虫研究所从秘鲁引进栽培成功，所产塔拉豆荚壳含塔拉单宁 50％以上，其豆含塔拉多糖 20％以上，能生产上百种医药、化工等产品，是一种珍贵的生态经济树种。

图 1-3　塔拉豆荚和塔拉粉

塔拉粉是塔拉成熟的豆荚，经风干或晒干，脱粒、除杂、去种子加工成片状和粉状（全部通过 1cm×1cm 大小的筛孔）的混合体，外观为浅黄褐色或黄褐色的片状和粉状的混合体。质量技术指标应符合表 1-6 要求。

表 1-6　塔拉粉质量技术指标

指标名称		一级	二级	三级
外观性状		无潮湿、霉变和掺杂		
水分/％	≤	12.0	12.0	12.0
单宁（以干基计)/％	≥	55.0	52.0	48.0

塔拉粉主要成分为塔拉单宁，利用塔拉粉可加工塔拉单宁、塔拉没食子酸、焦性没食子酸等上百种产品，在医药、化工、食品、电子、钻井等行业广泛应用。

1.1.3.2　塔拉单宁

塔拉单宁属水解类单宁，无臭、微有特殊气味、味极涩；不溶于乙醚、苯、氯仿，易溶于水、乙醇、丙酮；在空气中颜色逐渐变深，有强吸湿性。塔拉单宁平均分子量960，化学式为 $C_{35}H_{28}O_{32}$，化学结构是以 3,4,5-三-O-倍酰-奎宁酸为"核心"的聚棓酸酯（结构式见图1-4），即相当于1个奎宁酸结合4～5个没食子酰基，塔拉单宁分子中的没食子酰基结构与五倍子单宁中的没食子酰基相同。

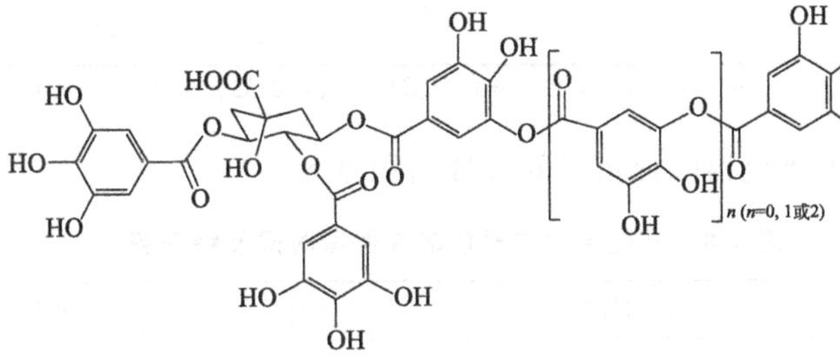

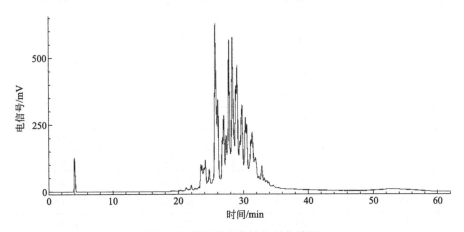

图1-4 塔拉单宁化学结构式

塔拉单宁典型的高效液相色谱图见图1-5。

图1-5 塔拉单宁高效液相色谱图

梯度洗脱条件见表1-7。

表1-7 梯度洗脱条件

时间/min	流动相	
	甲醇/%	0.1%三氟乙酸（或1%磷酸）水溶液/%
0	10	90
3	10	90
25	30	70

时间/min	流动相	
	甲醇/%	0.1%三氟乙酸（或1%磷酸）水溶液/%
50	80	20
55	10	90
60	10	90

注：流速：1.0mL/min；检测波长：280nm；色谱柱温度：28℃；进样量：10μL。

塔拉单宁主要色谱峰保留时间及峰面积见表1-8。

表1-8 塔拉单宁主要色谱峰保留时间及峰面积

峰序号	保留时间/min	面积	面积百分比/%
1	23.469	1153194	1.075
2	23.657	1189795	1.109
3	23.978	1130552	1.054
4	24.166	1528068	1.424
5	24.500	438843	0.409
6	24.756	1523104	1.420
7	25.303	611784	0.570
8	25.680	11730598	10.933
9	26.092	4971931	4.634
10	26.777	2663920	2.483
11	27.005	4111185	3.832
12	27.365	2794680	2.605
13	27.814	9044244	8.429
14	28.330	11757918	10.958
15	28.880	5304918	4.944

塔拉单宁是由塔拉粉经浸提、过滤、浓缩、精制、喷雾干燥加工而得的黄色或棕黄色无定形松散粉末。塔拉单宁水溶液与铁盐溶液相遇变蓝黑色，加亚硫酸钠可延缓变色；能使蛋白质凝固，在工业上，能使生猪皮、生牛皮中的可溶性蛋白质凝固，变成干净、柔韧、经久耐用的皮革。塔拉单宁进一步加工可生产试剂单宁酸、食用单宁酸、没食子酸、电子级没食子酸、焦性没食子酸等系列产品，在医药、化工、食品、电子、钻井等行业广泛应用。

1.2 单宁化学结构、反应活性及提取

1.2.1 单宁的通性

单宁与蛋白质的结合是单宁最重要的特征。单宁的收敛性、涩味、生物活性无不与它和蛋白质的结合有关。单宁能与蛋白质结合产生不溶于水的化合物，能使明胶从水溶液中沉析出，能使生皮成革。单宁有涩味，这是由于单宁与口腔的唾液蛋白、糖原结合，使它们失去对口腔的润滑作用，并能引起舌的上皮组织收缩，产生干燥的感觉。但是，非单宁酚在浓度大时也有涩味。含单宁的茶叶是重要的饮料；大麦、高粱、葡萄中的单宁成分赋予酿制酒以特殊的风味；饲料中少量的单宁有助于反刍动物的消化。单宁的高涩味又使植物免于受到动物的噬食。在医药上单宁有止血、止泻作用。单宁能抑制多种微生物的活性，含单宁高的木材不易腐烂，也抑制了微生物分解植物体形成土壤。桉树心材中的单宁给制浆造纸带来困难。单宁在不同的科、属植物中的化学结构及其组成也不尽相同，这能够对植物成分的生源关系及化学植物分类学的研究提供依据。

1.2.2 植物单宁的分类

植物单宁的分类随着单宁化学结构研究的进步而得到发展，表 1-9 记载了植物单宁的分类方法发展历史。

不同植物以及同种植物不同器官中的单宁因其化学结构不同用途也各不相同。水解类单宁（hydrolysable tannins，HT，结构式见图 1-6），是由酸及其衍生物与葡萄糖或多元醇主要通过酯键形成的化合物，容易被酸（或酶）水解为糖（1）、多元醇和酚性羧酸。根据酚性羧酸的化学结构不同，水解单宁通常又分为没食子单宁（棓单宁）(2) 和鞣花单宁（4）。没食子单宁水解产生没食子酸（3），鞣花单宁的水解产物为六羟基联苯二甲酸（5）和鞣花酸（6）。水解单宁生物活性较强，在医药、食品、化工等领域应用广泛。

缩合单宁（condensed tannins，CT，图 1-7），又称原花色素，通常是一类由黄烷-3-醇结构单元通过 4→8（或 4→6）C—C 键缩合而形成的寡聚或多聚物（B 型），其在热的醇-酸溶液中能酸解生成花色素，如黑荆树皮单宁、落叶松树皮单宁以及茶叶中所含单宁，表现出不同于水解类单宁的特征。自

表 1-9　植物单宁的分类方法发展历史

时间，人物	依据	分类	特征	备注
1894 年，Procter	在 180～200℃ 受热分解产物不同	儿茶酚类单宁	与三价铁盐生绿色，受热分解产物含儿茶酚	曾在制革业长期沿用
		焦棓酚（焦性没食子酸）类单宁	与三价铁盐生蓝色，受热分解产物含邻苯三酚	
		混合类单宁	受热分解产物含有上述两种产物	
1920 年，Freudenberg	单宁的化学结构特征	缩合单宁	羟基黄烷类单体组成的缩合物，单体间以 C—C 键连接，在水溶液中不易分解，在强酸的作用下，缩合单宁发生缩聚，产生暗红棕色沉淀。属于 $C_6C_3C_6$ 类植物酚类化合物，又称聚黄烷类单宁	至今仍然得到公认，大体上，焦棓酚单宁相当于水解单宁，儿茶酚单宁相当于缩合单宁
		水解单宁	没食子酸，或与没食子酸有生源关系的酚羧酸与多元醇组成的酯。水解单宁分子内的酯键在酸、酶或碱作用下易水解，产生多元醇及酚羧酸。根据所产生多元酚羧酸的不同，水解单宁又分为没食子单宁（棓单宁）及鞣花单宁。属于 C_6C_1 类的植物酚类化合物	
		复杂单宁	有缩合单宁和水解单宁两种类型的结构单元（$C_6C_3C_6$ 及 C_6C_1），具有两类单宁的特征	
		混合单宁	是缩合单宁与水解单宁的混合物	
1977 年，Glombitza	单宁的化学结构特征	褐藻单宁	存在于褐藻（如海带、岩藻、砂藻等中），为多聚间苯三酚结构，具有沉淀蛋白质的能力	在水解单宁和缩合单宁的基础上补充

然界存在的缩合单宁除了单体间主要以 C—C 键相连外，有些植物单宁结构中还具有一定数量的双连接键（A 型）。黄烷-3-醇及黄烷-3,4-二醇是缩合单宁的前体，经缩合成为缩合单宁。黄烷-3-醇在热的酸处理下不产生花色素，不属于原花色素，但它是原花色素的重要前体。原花色素具有多种生理活性，在医药上止血愈伤，抑菌抗过敏，尤其具有抗氧化、抗癌变、防止心脑血管疾病的功效，成为近年来植物多酚类物质研究的热点之一。

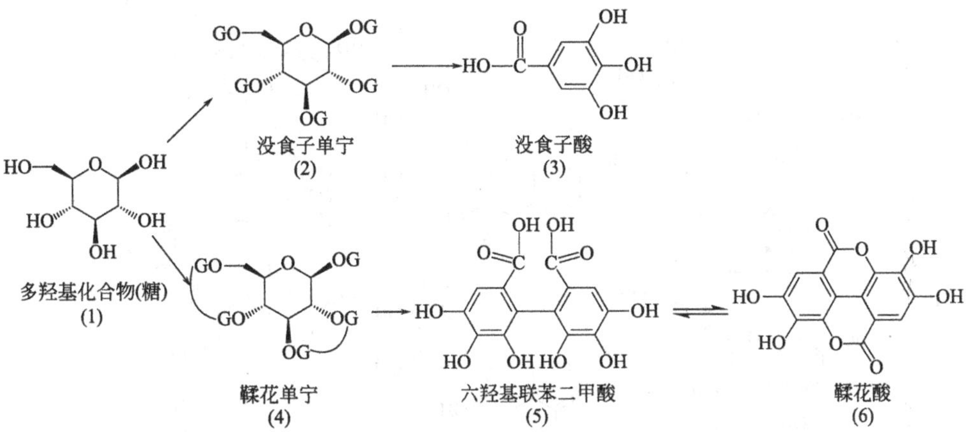

图 1-6 水解单宁和鞣花单宁

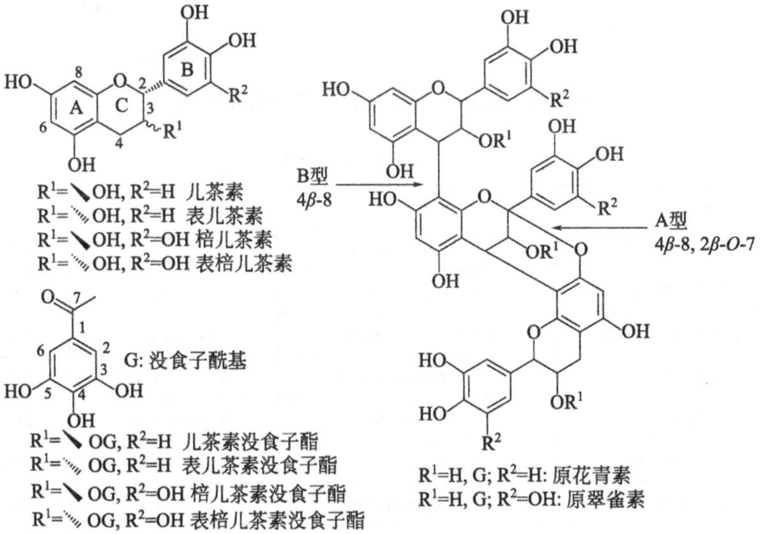

图 1-7 缩合单宁的结构单元及其连接方式

1.2.3 单宁的理化性质

1.2.3.1 缩合单宁

黄烷-3-醇、黄烷-3,4-二醇是缩合单宁的前体化合物，是缩合单宁化学研究的基本对象，反映出缩合单宁的结构特征、化学性质、波谱特征等。

（1）黄烷-3-醇

部分天然存在的黄烷-3-醇，见图 1-8 和表 1-10。

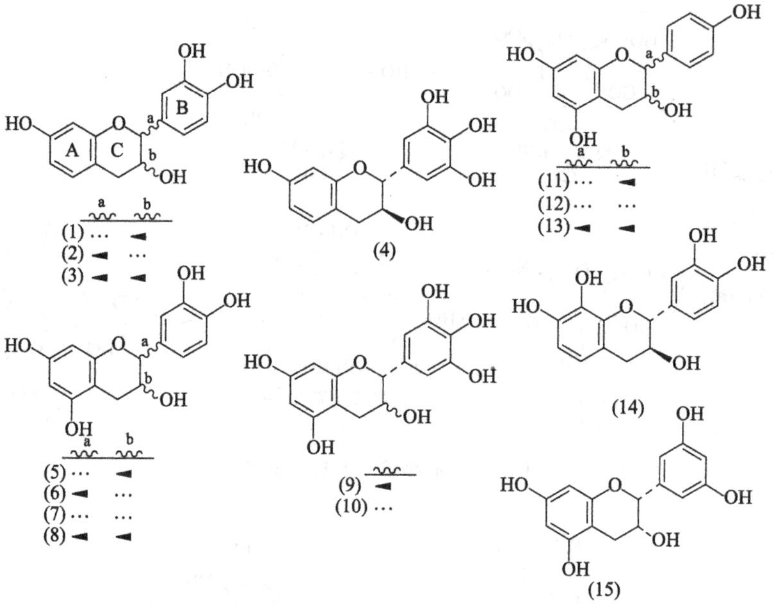

图 1-8 部分天然存在的黄烷-3-醇结构式

表 1-10 部分天然存在的黄烷-3-醇

名称	英文名称	羟基取代位置	绝对构型
（－)-菲瑟亭醇（1）	（－)-fisetinidol	3,7,3′,4′	2R，3S
（＋)-菲瑟亭醇（2）	（＋)-fisetinidol	3,7,3′,4′	2S，3R
（＋)-表菲瑟亭醇（3）	（＋)-epifisetinidol	3,7,3′,4′	2S，3S
（－)-刺槐亭醇（4）	（－)-robinetinidol	3,7,3′,4′,5′	2R，3S
（＋)-儿茶素（5）	（＋)-catechin	3,5,7,3′,4′	2R，3S
（－)-儿茶素（6）	（－)-catechin	3,5,7,3′,4′	2S，3R
（－)-表儿茶素（7）	（－)-epicatechin	3,5,7,3′,4′	2R，3R
（＋)-表儿茶素 （对映-表儿茶素)(8)	（＋)-epicatechin (*ent*-epicatechin)	3,5,7,3′,4′	2S，3S
（＋)-棓儿茶素（9）	（＋)-gallocatechin	3,5,7,3′,4′,5′	2R，3S
（－)-表棓儿茶素（10）	（－)-epigallocatechin	3,5,7,3′,4′,5′	2R，3R
（＋)-阿福豆素（11）	（＋)-afzelechin	3,5,7,4′	2R，3S
（－)-表阿福豆素（12）	（－)-epiafzelechin	3,5,7,4′	2R，3R
（＋)-表阿福豆素（13）	（＋)-epiafzelechin	3,5,7,4′	2S，3S
（＋)-牧豆素（14）	（＋)-prosopin	3,7,8,3′,4′	2R，3S
(2R，3R)-5,7,3′,5′- 四羟基-黄烷-3-醇（15）	(2R,3R)-5,7,3′,5′- tetrahydroxyl-flavan-3-ol	3,5,7,3′,5′	2R，3R

依照 A 环羟基取代格式的不同，黄烷-3-醇有 3 类：

间苯三酚 A 环（5,7-OH）型，如儿茶素、棓儿茶素、阿福豆素等，分布最广；

间苯二酚 A 环（7-OH）型，如菲瑟亭醇、刺槐亭醇等，分布较窄；

邻苯三酚 A 环（7,8-OH）型，如牧豆素，分布最少。

在黄烷-3-醇中，儿茶素是最重要的化合物，分布最广，共有四个立体异构体，即：（＋）-儿茶素（5）、（－）-儿茶素（6）、（－）-表儿茶素（7）及（＋）-表儿茶素（8）。（＋）-儿茶素与（－）-儿茶素是一对对映异构体，（－）-表儿茶素与（＋）-表儿茶素是一对对映异构体。

黄烷-3-醇的化学反应主要体现为酚类物质的反应和呋喃环的反应。

①溴化反应。黄烷-3-醇的 A 环 8-位及 6 位易于发生溴化反应。以过溴化氢溴化吡啶处理（＋）-儿茶素（摩尔比 1∶1，室温），生成 8-溴-（＋）-儿茶素、6-溴-（＋）-儿茶素及 6,8-二溴-（＋）-儿茶素，三者的比率为 2∶1∶2，处理（－）-表儿茶的结果也大致相同。

用相同的方法处理四-O-甲基-3-O-苄基（＋）-儿茶素时，由于—OCH_3 对 C-6 位的空间位阻较大，只生成 8-溴取代物，在 C-8 全部溴化后，才生成 6,8-二溴取代物。有过量的试剂时，B 环也被溴化，生成 6,8,2'-三溴取代物。用局部脱溴法可从 6,8-二溴取代物制取 6-溴取代物，如图 1-9 所示。

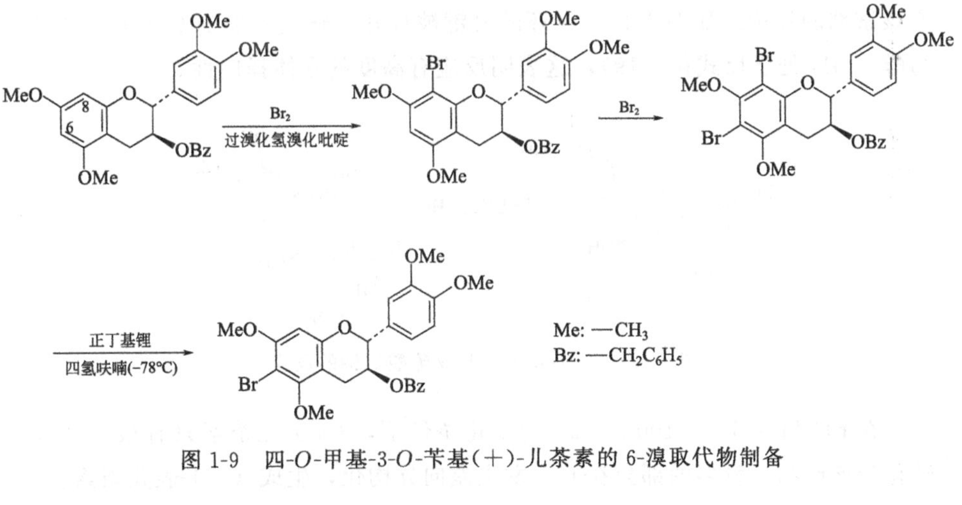

图 1-9　四-O-甲基-3-O-苄基（＋）-儿茶素的 6-溴取代物制备

②氢化反应。儿茶素在催化氢化下（H_2，钯-碳催化剂，乙醇溶液）杂环被打开，3-OH 也被氢取代，生成 1-(3,4-二羟基苯基)-3-(2,4,6-三羟基苯基)-丙烷-2-醇(伴有局部的外消旋化)(16、17) 及 1-(3,4-二羟基苯基)-3-(2,4,6-三羟基苯基)-丙烷（18），如图 1-10 所示。

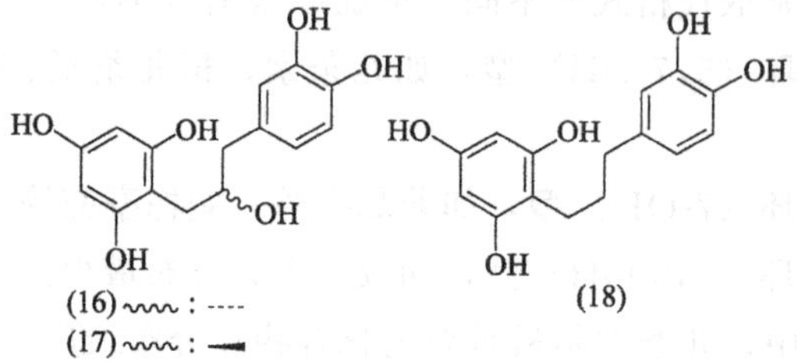

图 1-10　儿茶素催化氢化产物结构式

③ 黄酮类化合物转化反应。四-O-甲基-(＋)-儿茶素在溴的氧化作用下生成溴取代的四甲基溴化花青定。再以碘化氢脱去甲基，转化为氯化花青定，如图 1-11。

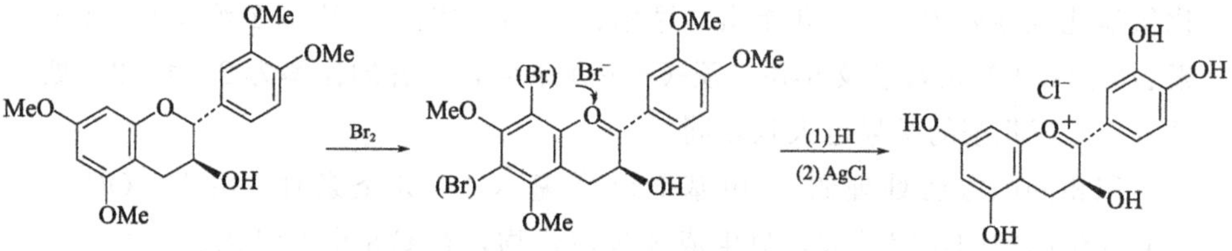

图 1-11　四-O-甲基-(＋)-儿茶素的花青定转化

④ 亚硫酸盐反应。用亚硫酸氢钠处理黄烷-3-醇时，亚硫酸盐离子起着亲核试剂的作用。如图 1-12，杂环的醚键被打开，磺酸基加到 C-2 上，并且与醇—OH 处于反式位 (19)，这表明反应有高度的立体择向性。

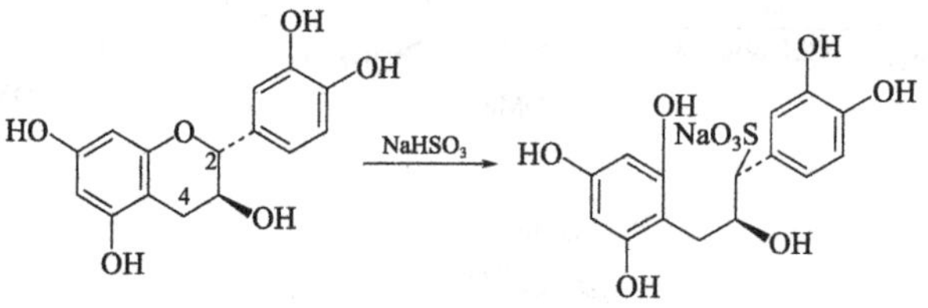

图 1-12　(＋)-儿茶素与亚硫酸氢钠的反应

在 pH 值为 5.5、100℃、2h 的磺化条件下，(＋)-儿茶素只有很小部分转化为该产物。较多的部分在 C-2 发生差向异构化，生成 (＋)-表儿茶素。

⑤ 降解反应。黄烷-3-醇在熔融降解下，生成相应的酚及酚酸。例如，儿茶素产生间苯三酚、原儿茶素、儿茶酚、3,4-二羟基苯甲酸等。氧化降解法常用于黄烷-3-醇的结构测定。例如，三-O-甲基表阿福豆素在高锰酸钾的氧化降解下得到茴香酸，证明有对-羟基苯型结构。

⑥ 黄烷-3-醇与醛类的反应。黄烷-3-醇能与醛发生亲电取代反应,产生缩合产物。(+)-儿茶素与甲醛很快形成二聚合物,如图1-13,其中主要的是二-(8-儿茶素基)-甲烷(20)。(+)-儿茶素与糠醛反应生成2-呋喃基-二-(8-儿茶素基)-甲烷(21)及两个非对映异构的2-呋喃基-(6-儿茶素基)(8-儿茶素基)-甲烷。

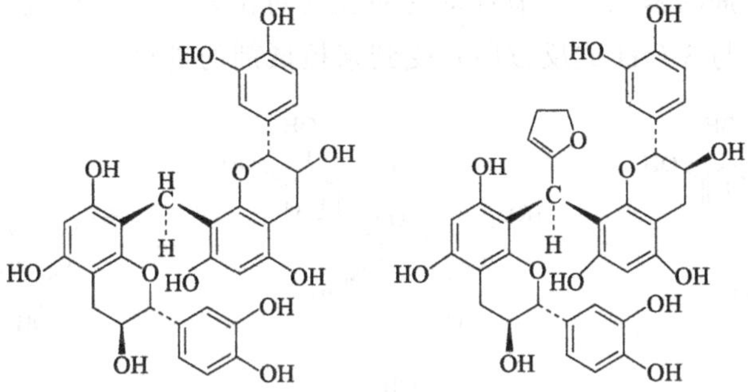

图1-13 (+)-儿茶素与甲醛和糠醛反应产物结构式

⑦ 黄烷-3-醇与羟甲基酚的反应。羟甲基酚是苯酚与甲醛缩合反应的初阶段产物。在碱催化下反应时,最先形成邻或对-羟甲基酚。作为模型化合物的黄烷-3-醇与羟甲基酚的反应,反映了单宁胶黏剂制作的基本反应。(+)-儿茶素与对羟甲基酚反应时(pH 7.0,水溶液,回流沸腾7.5h),生成8-二取代产物,6-二取代产物,6,8-二取代产物,三者的产率比例几乎相等,如图1-14。

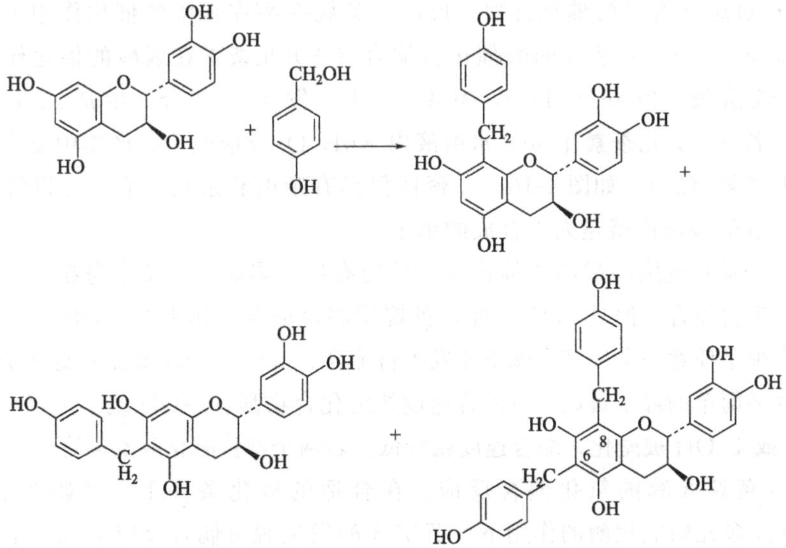

图1-14 儿茶素与羟甲基酚的反应

⑧ 黄烷-3-醇与简单酚的反应。黄烷-3-醇与简单酚的反应，是研究黄烷醇之间的缩合反应的基础。（+）-儿茶素与间苯二酚在酸的催化作用下反应生成化合物（22）及其脱水产物（23），如图1-15。在酸的作用下，黄烷-3-醇的杂环O原子得到一个质子，形成氧离子，在4'-OH的活化作用下（对位作用），处于苄醚键位置的杂环醚键被打开，形成了C-2碳正离子。碳正离子与亲核试剂间苯二酚在酚羟基的邻位或对位发生取代反应，在空间阻力最小的一侧（与3-OH成反方向）受到亲核试剂的进攻。

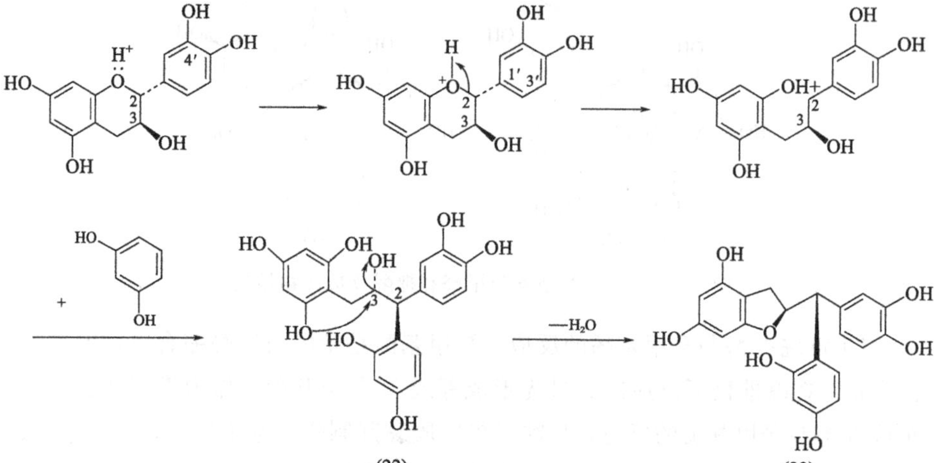

图1-15　儿茶素与间苯二酚在酸性条件下的反应

⑨ 黄烷-3-醇的酸催化自缩合反应。黄烷-3-醇在强酸的催化作用下发生自缩反应。（+）-儿茶素的酸催化自缩合　（+）-儿茶素在强酸的催化作用下（二噁烷溶液，2mol/L HCl，室温，30h）发生自缩合，生成二儿茶素（24），若（+）-儿茶素在90℃水溶液内（pH 4）反应数天，产物中就出现脱水二儿茶素（25），如图1-16。二聚体仍具有亲电和亲核中心，可以继续缩合，生成的多聚体就是人工合成的单宁。

酚羟基对黄烷-3-醇的酸催化自缩反应有较大影响：黄烷本身在酸的作用下不发生自缩合，但是7,4'-二羟基黄烷能够自缩合。如果在7-OH和4'-OH二者中少了任意一个羟基，就不能发生自缩合。7,4'-二羟基黄烷是能够发生自缩合的最简单的羟基黄烷。自缩合速度快的化合物都有7-OH或4'-OH。如果7-OH或4'-OH被醚化，缩合速度就降低。若两个都被醚化就不再缩合。

⑩ 黄烷-3-醇的氧化偶合反应。在合适的氧化条件下，例如在空气、Ag_2O或多元酚氧化酶的作用下，黄烷-3-醇发生脱氢偶合反应生成单宁。简单酚的氧化偶合原理主要包括游离基历程、游离基-离子反应历程、离子反

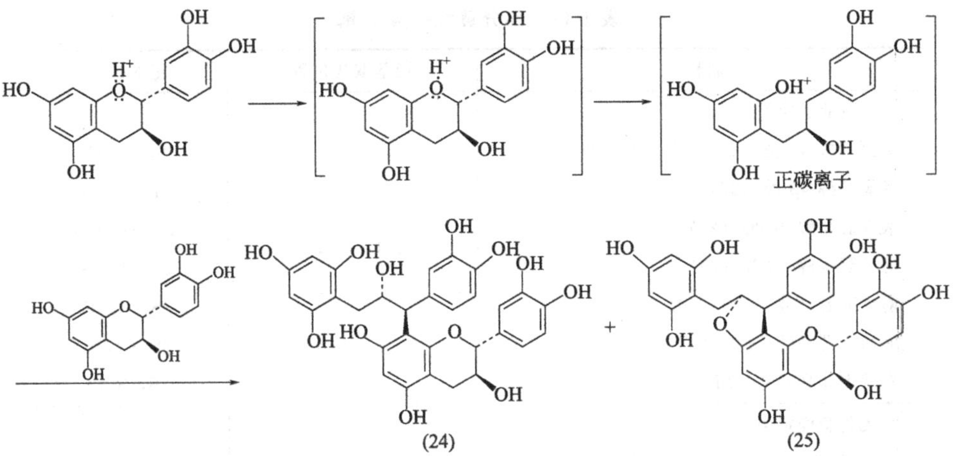

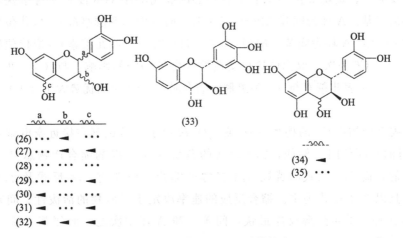

图 1-16　儿茶素的酸催化自缩合

应历程，以及进一步的反应。

（2）黄烷-3,4-二醇

黄烷-3,4-二醇是一种单体的原花色素，又名无色花色素，在酸-醇处理下生成花色素。黄烷-3,4-二醇的化学性质极为活泼，容易发生缩聚反应，在植物体内含量很少。最活泼的黄烷-3,4-二醇如无色花青定、无色翠雀定至今尚未能够从植物体中分离出来。

依照 A 环羟基取代格式的不同，黄烷-3,4-二醇也有 3 类，即：间苯二酚 A 环型（如：无色菲瑟定、无色刺槐定）；间苯三酚 A 环型（如：无色花青定、无色翠雀定）及邻苯三酚 A 环型（如无色特金合欢定、无色黑木金合欢定）。

部分黄烷-3,4-二醇见图 1-17 和表 1-11。

图 1-17　部分黄烷-3,4-二醇结构式

表 1-11　部分黄烷-3,4-二醇

名称	羟基取代位置	绝对构型
（a）无色菲瑟定类		
菲瑟亭醇-4α-醇［（＋）-黑荆定］（26）		2R,3S,4R
菲瑟亭醇-4β-醇（27）		2R,3S,4S
表菲瑟亭醇-4α-醇（28）		2R,3R,4R
表菲瑟亭醇-4β-醇（29）	3,4,7,3′,4′	2R,3R,4S
对映菲瑟亭醇-4α-醇（30）		2S,3R,4R
对映菲瑟亭醇-4β-醇（31）		2S,3R,4S
对映表菲瑟亭醇-4β-醇（32）		2S,3S,4S
（b）无色刺槐定类		
刺槐亭醇-4α-醇［（＋）-无色刺槐定］（33）	3,4,7,3′,4′,5′	2R,3S,4R
（c）无色花青定类		
儿茶素-4β-醇（34）	3,4,5,7,3′,4′	2R,3S,4S
儿茶素-4α-醇（35）		2R,3S,4R

黄烷-3,4-二醇与黄烷-3-醇在十分缓和的酸性条件下就能发生缩合反应。黄烷-3,4-二醇（亲电试剂）以其 C4 亲电中心与黄烷-3-醇（亲核试剂）的 C6 或 C8 亲核中心结合生成二聚的原花色素。来自黄烷-3,4-二醇的单元（已失去 4-OH）及来自黄烷-3-醇的单元分别组成了二聚体的"上部"及"下部"。黑荆定与儿茶素的缩合反应见图 1-18。二聚体仍然具有亲核中心，能够继续与更多的黄烷-3,4-二醇发生缩合，生成缩聚物，即聚合的原花色素（缩合单宁）。

反应时，黄烷-3-醇 A 环的亲核中心的取代位置（C6 或 C8）主要决定于 A 环的羟基。A 环为间苯二酚型（7-OH）时（例如菲瑟亭醇），取代位置总是在 C6 上。A 环为间苯三酚型（5,7-OH）时（例如儿茶素），取代位置以 C8 为主、C6 为次。取代位置也受黄烷-3-醇的构型的影响。与（＋）-儿茶素相比，（－）-表儿茶素与（＋）-黑荆定缩合时，4→8 位的优势大于（＋）-儿茶素的。

缩合产物在 C4 的构型（4α 或 4β）决定于亲核试剂在接近亲电试剂的 C4 时的空间位阻。例如，2,3-顺式的黄烷-3,4-二醇的缩合产物总是 3,4-反式的，而 3,4-反式的黄烷-3,4-二醇的缩合产物兼有 3,4-反式及 3,4-顺式，且以 3,4-反式为主。缩合反应的速率决定于反应物的活泼性。间苯三酚的 A 环型的黄烷醇反应最快，间苯二酚 A 环型次之，而邻苯三酚 A 环型则慢得多。

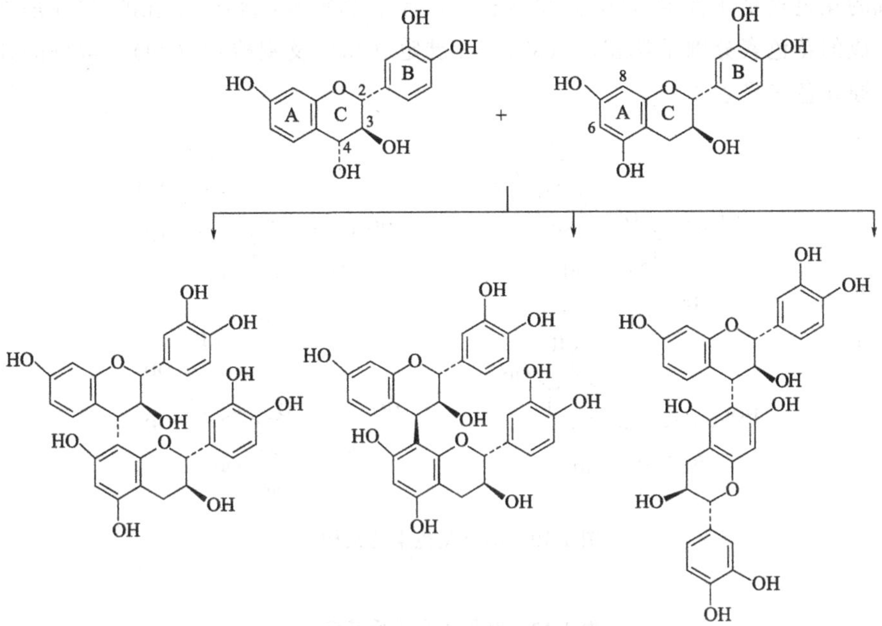

图 1-18　黑荆定与儿茶素的缩合反应

黄烷-3,4-二醇还能发生自缩合而形成单宁。例如,向无色花青定滴入盐酸,就立即生成聚合度很高的缩合单宁。黄烷-3-醇［如（＋)-儿茶素］在强酸的催化作用下也能发生自聚合,所生成的聚合物虽然也是单宁,但不具有原花色素型的化学结构。此外,黄烷-3-醇在适当的氧化条件下发生脱氢偶合反应也生成单宁,这类单宁也不具有原花色素型的化学结构,如红茶中的单宁。

（3）原花色素

绝大部分天然植物单宁都是聚合原花色素。单体原花色素（又称无色花色素）不是单宁,也不具有鞣性,二聚原花色素能沉淀水溶液中的蛋白质。自三聚体起有明显的鞣性,并随着聚合度增加而增加,到一定限度为止。聚合度大的不溶于热水但溶于醇或亚硫酸盐水溶液的原花色素相当于水不溶性单宁,习惯上称为"红粉"。

原花色素在热的酸-醇处理下能生成花色素,但是植物体内的原花色素和花色素间并不存在着生源上的关系。原花色素的上部组成单元不同,在酸-醇作用下生成的花色素也不同。据此,原花色素可分为原花青定、原翠雀定等不同类型,见图 1-19。例如,原花青定的上部组成单元是 3,5,7,3',4'-OH 取代型的黄烷醇单元（相当于儿茶素或表儿茶素基）,在酸-醇处理下生成的花色素是花青定（36）。原翠雀定、原菲瑟定及原刺槐定在酸-醇处理下生成的花色素分别是翠雀定（37）、菲瑟定（38）及刺槐定（39）。常见的几种原花色素见表1-12。

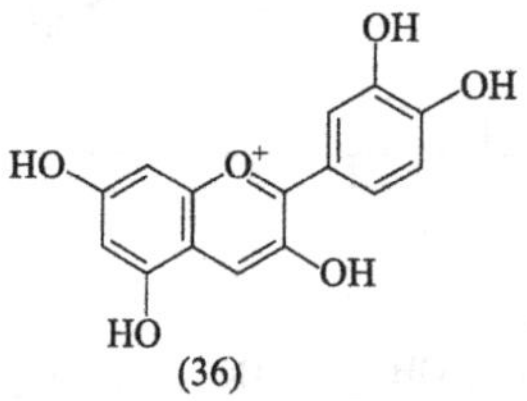

图 1-19　部分花色素的结构式

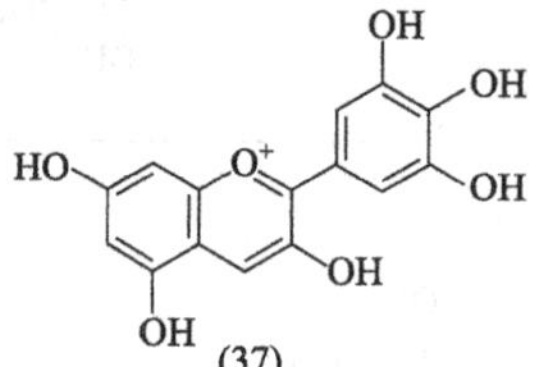

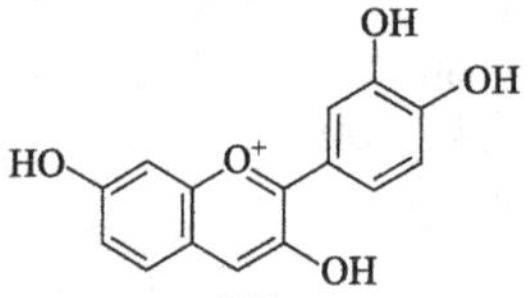

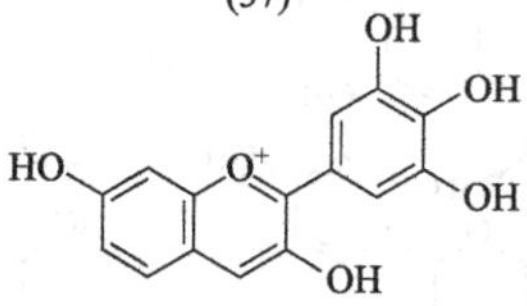

表 1-12　常见的几种原花色素

原花色素名称	对应组成单元的黄烷-3-醇	羟基取代位置
原天竺葵定	阿福豆素	3,5,7,4′
原花青定	儿茶素	3,5,7,3′,4′
原翠雀定	棓儿茶素	3,5,7,3′,4′,5′
原桂金合欢定	桂金合欢亭醇	3,7,4′
原菲瑟定	菲瑟亭醇	3,7,3′,4′
原刺槐定	刺槐亭醇	3,7,3′,4′,5′
原特金合欢定	奥利素	3,7,8,4′
原黑木金合欢定	牧豆素	3,7,8,3′,4′

原花色素的组成单元之间，通常以一个 4→8 位或 4→6 位的 C—C 链相连接，这种单连接键型的原花色素分布最广，例如原花色素 B。双连接键型的原花色素的组成单元之间，除了有 4～8 或 4～6 位的 C—C 键外，还有一个 C—O—C 连接键（例如 2→O→7 或 2→O→5 位），例如原花青定 A。

聚合原花色素的组成单元的排列形式有直链型、角链型及支链型（图 1-20）。不同链型的下端均只有一个底端单元（B）。顶端单元（T）和中间单元（M）合称为延伸单元或上部单元。坚木单宁的三聚原菲瑟定和黑荆树皮的三聚原花色素都是角链型的。

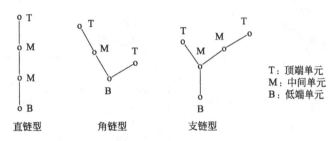

T：顶端单元
M：中间单元
B：低端单元

直链型　　　　　角链型　　　　　支链型

图 1-20　聚合原花色素组成单元的排列形式

普通的原花色素全由黄烷型的单元组成。复杂原花色素的组成单元除黄烷基外，还有其他类型的单元，在酸-醇处理下生成复杂的花色素。

原花青定是分布最广、数量最多的原花色素，含于许多植物的叶、果、皮、木内。原花青定 Bl（40）、B2（41）、B3（42）、B4（43）、B5（44）、B6（45）、B7（46）、B8（47）的组成单元是（＋）-儿茶素基或（－）-表儿茶素基上、下单元间以 4→8 或 4→6 位 C—C 键连接，且均是 3,4-反式的，结构如图 1-21。

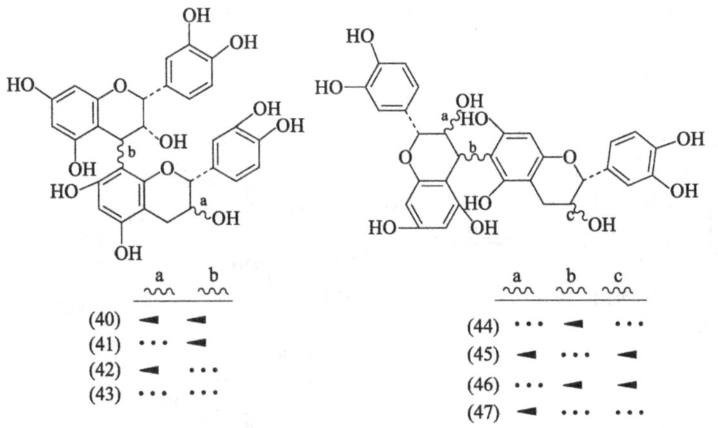

	a	b
(40)	◄	◄
(41)	⋯	◄
(42)	◄	⋯
(43)	⋯	⋯

	a	b	c
(44)	⋯	◄	⋯
(45)	◄	⋯	◄
(46)	⋯	◄	◄
(47)	◄	⋯	⋯

图 1-21　原花青定 B 的结构式

原花色素的化学反应主要是组成单元 A 环的亲电取代反应、B 环的氧化反应、络合反应，以及单元间连接键处的裂解反应等。

① 花色素反应。对原花青定在正丁醇-浓盐酸（95：5）中 95℃处理40min，即可产生花色素，如图 1-22。

② 溶剂分解反应。溶剂分解反应是聚合原花色素的降解反应。在酸性介质内，原花色素的单元间连接键发生断裂，上部单元成为碳正离子。如果

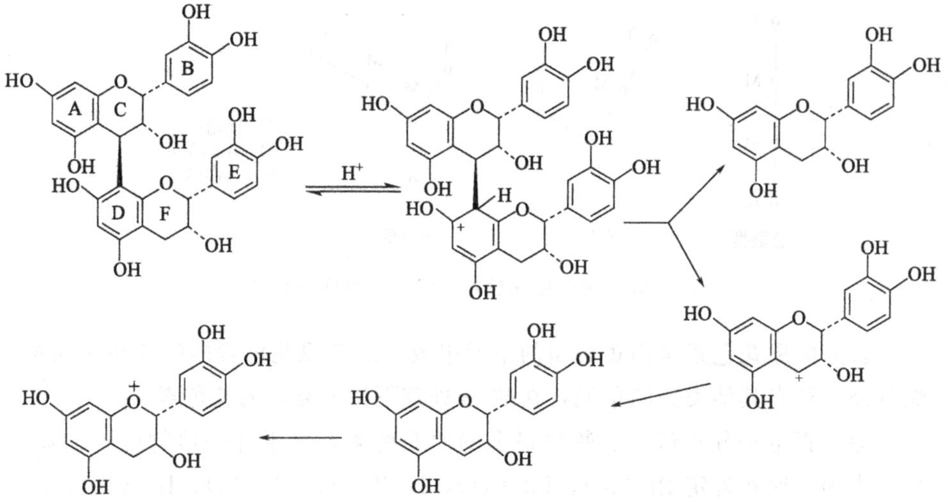

图 1-22　由原花青定 B2 制备花色素的反应

这时伴有亲核试剂（如硫醇、间苯三酚等）时，碳正离子就迅速被亲核试剂俘获，生产新的加成产物，这些加成产物的结构反映了聚合原花色素组成单元的结构。原花青定 B1 的溶剂分解反应如图 1-23。

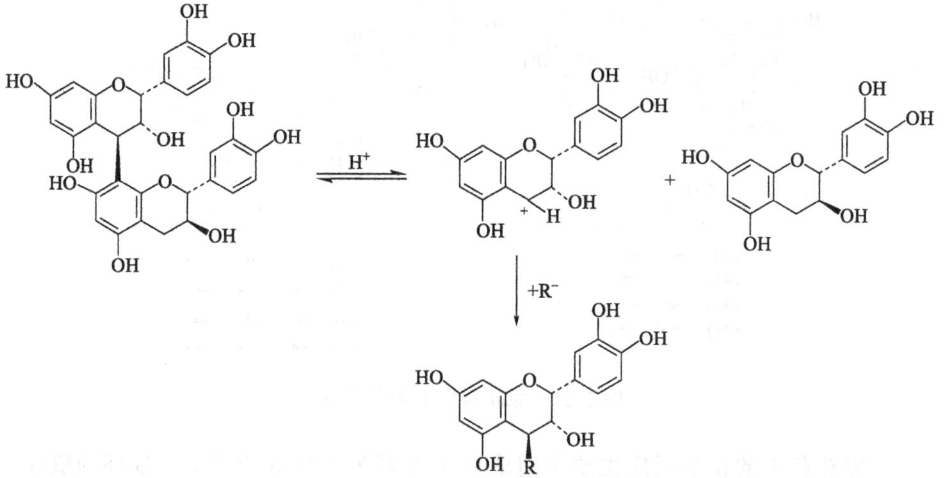

R⁻：亲核试剂，如SCH₂C₆H₅

图 1-23　原花青定 B1 的溶剂分解反应

反应速率受多方面因素影响，其中：上、下单元 A 环羟基的影响很大，尤以上部单元 A 环羟基的影响最大。5,7-OH 型 A 环的单元间 C—C 键最易开裂，在有 HCl（室温）或乙酸（100℃）条件下就裂解。7-OH 型 A 环

（如原菲瑟定）单元间 C—C 键开裂难度较大。下部单元 D 环羟基的影响仅次于 A 环。上下单元的 A、D 环都是 5,7-OH 型的原花色素最易降解。上下单元的 A、D 环都是 7-OH 型的原花色素最难降解。4～8 键比 4～6 键易于断裂，在上、下单元 A、D 环有相同的酚羟基时，4～8 与 4～6 位连接的 A、D 环酚羟基与连接键的相对位置不同。D 环上有两个羟基时（与连接键形成一个邻位、一个对位，或者形成两个邻位）有利于原花色素的质子化和 C—C 键断裂。对位羟基的作用大于邻位。4～8 位连接键有一个对位和一个邻位酚羟基，4～6 键有两个邻位酚羟基，因此 4～8 键的断裂快于 4～6 键。下部单元（D 环）的位置在直立键上的原花色素比在平伏键上易于断裂。下部单元 F 环的相对构型，对降解速率没有明显的影响。

需要注意的是：原花色素在强无机酸中加热时发生降解和缩合两种竞争的反应。在醇溶液中优先发生降解反应，生成花色素及黄烷-3-醇，同时也有缩合反应。在水溶液中优先发生缩合反应，形成不溶于水的红褐色沉淀物"红粉"。

③ 亚硫酸盐反应。原花色素的亚硫酸盐处理应用较多。5,7-OH 型（如原花青定）与 7-OH 型 A 环（如原菲瑟定）由于单元间连接键相对于杂环醚键的稳定性不同，原花色素的亚硫酸盐处理产物有明显区别。

用亚硫酸氢钠处理原花青定 B1（100℃，pH 5.5），单元间连接键断裂，上部单元生成表儿茶素-4β-磺酸盐，下部单元生成儿茶素及其差向异构物——（+）-表儿茶素，如图 1-24。

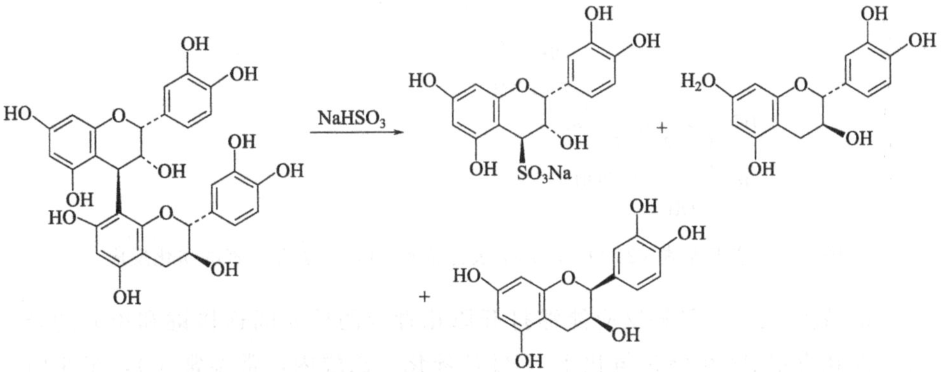

图 1-24 原花青定 B1 与亚硫酸氢钠的反应

用亚硫酸氢钠处理黑荆树皮单宁（原刺槐定为主）时，如图 1-25，单元间连接键的相对稳定性使杂环醚键先被打开，磺酸盐加到 C2 位。原花色素没有明显的降解。

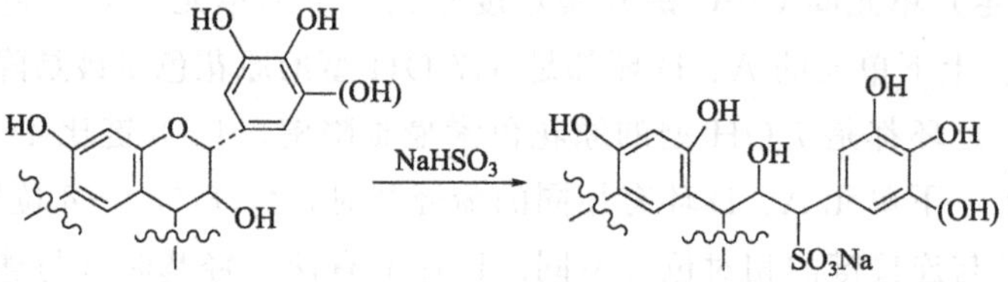

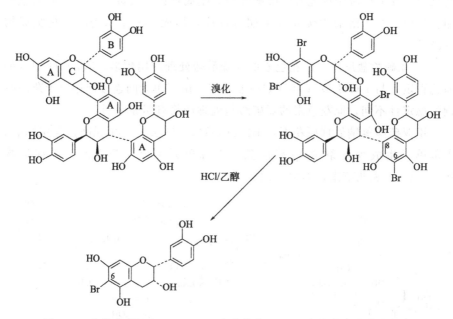

图 1-25　黑荆树皮单宁与亚硫酸氢钠的反应

④ 溴化反应。用过溴氢溴化吡啶在乙腈溶液内处理表儿茶素-(2β-O-7，4β-8)-表儿茶素-(4α-8)-表儿茶素时，A 环的可反应位置全被溴化，生成四溴化物。用 0.2mol/L HCl-乙醇分解（回流沸腾 3h）四溴化物，生成 6-溴-儿茶素及混合的溴化花色素，说明反应物中底端的表儿茶素基是以 C8 位连接的，如图 1-26。

图 1-26　表儿茶素-(2β-O-7,4β-8)-表儿茶素-(4α-8)-表儿茶素的溴化反应

⑤ 氢解反应。氢解反应能够打开原花青定的单元间连接键和单元的杂环。原花青定 B2 在催化氢化下（Pd-C 催化、乙醇内，常温常压），半小时就有（一）-表儿茶素产生。48h 产生 1,3-二苯基-丙烷型化合物（48）和（49），如图 1-27。

⑥ 碱性降解反应。原花色素在碱性条件下的反应，对于单宁胶黏剂的研究有实用上的意义。

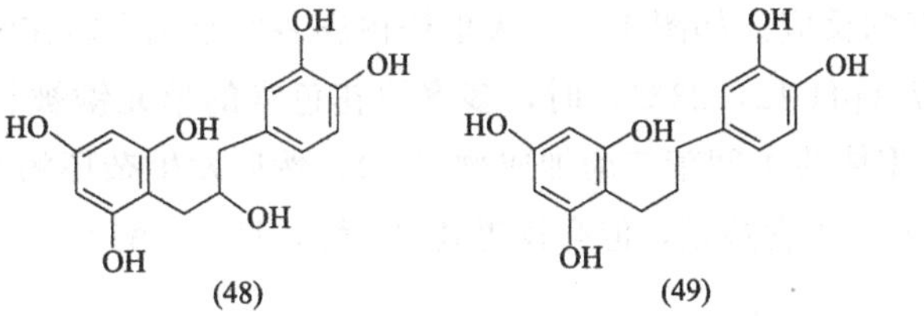

图 1-27　原花青定 B2 经催化氢化产生的 1,3-二苯基-丙烷型化合物

a.苄硫醇反应。如图 1-28，火炬松树皮多聚原花青定（数均分子量 2500～3000）在强碱性条件下与苄硫醇反应（pH 12、室温，16～48h），上部单元生成 4-硫醚（50），4-硫醚的杂环在碱性条件下易被打开，通过亚甲基醌中间物与苄硫醇继续反应生成化合物（51）。反应是择向性的，C1 上的硫醚反式于 2-OH。原花色青定的下部单元先形成（＋）-儿茶素，儿茶素在碱性条件下也通过开环的亚甲基醌中间物生成硫醚（52）。

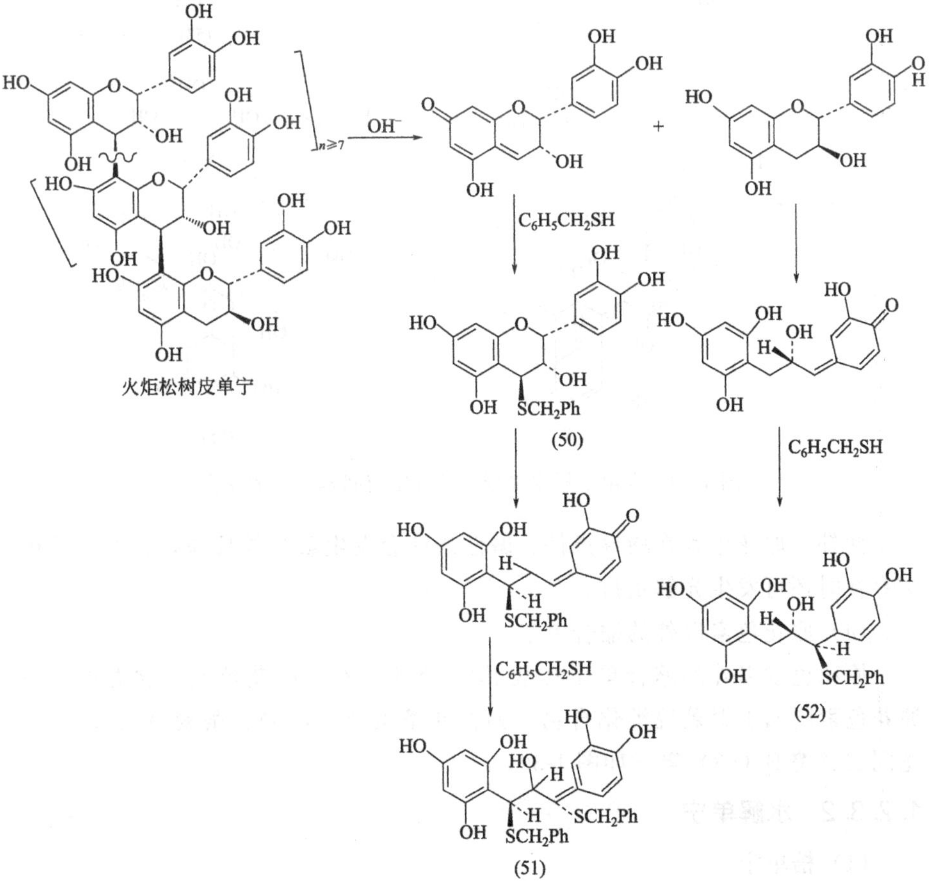

图 1-28　火炬松树皮多聚原花青定与苄硫醇的反应

b.间苯三酚反应。如图 1-29，火炬松树皮多聚原花青定在强碱性条件下与间苯三酚反应（pH 12，23℃）时，多聚原花色素的单元键被打开，上部单元形成单体或二聚体的 4-间苯三酚加成物（53），然后发生杂环的开环、重排，产物（54）、（55）虽不含羧基，但有较明显的酸性，且与甲醛的反应活性降低。

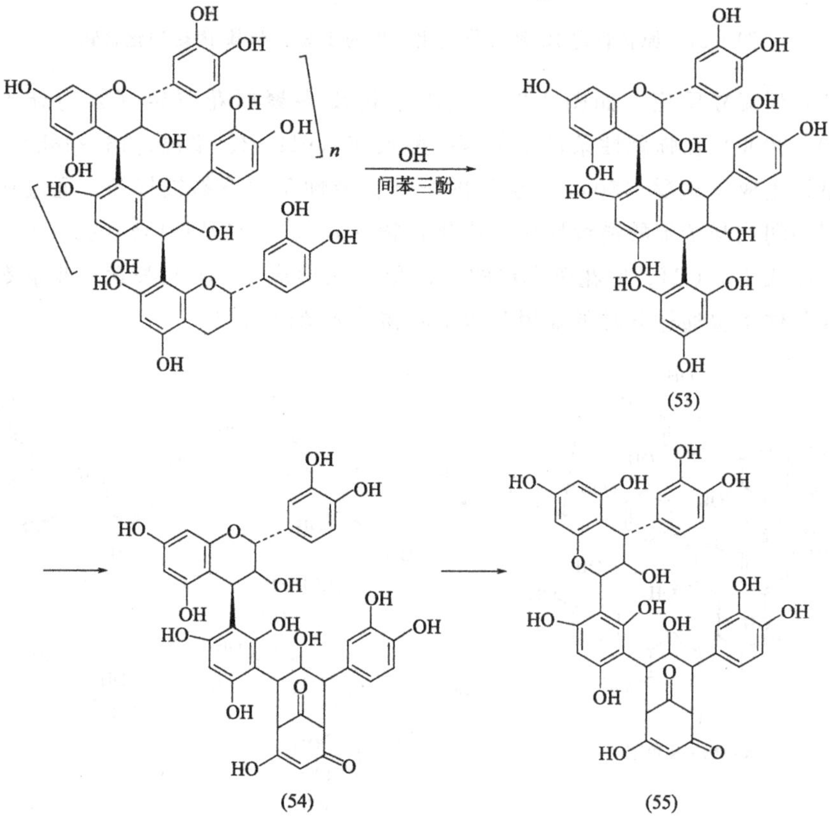

图 1-29　火炬松树皮多聚原花青定与间苯三酚的反应

此外，原花色素在酸性条件、碱性条件会发生重排等反应，在有二苯甲酮存在时还可发生光解重排。

（4）原花色素以外的缩合单宁

原花色素以外的缩合单宁在酸-醇的处理下不生成花色素。这类单宁与原花色素同属于聚黄烷类化合物，如棕儿茶素 A1（56）、茶素 A（57）、乌龙同二黄烷 B（58）等，如图 1-30。

1.2.3.2　水解单宁

（1）棓单宁

棓酸酯是棓酸（即没食子酸）与多元醇组成的酯。棓酸酯在植物界的分

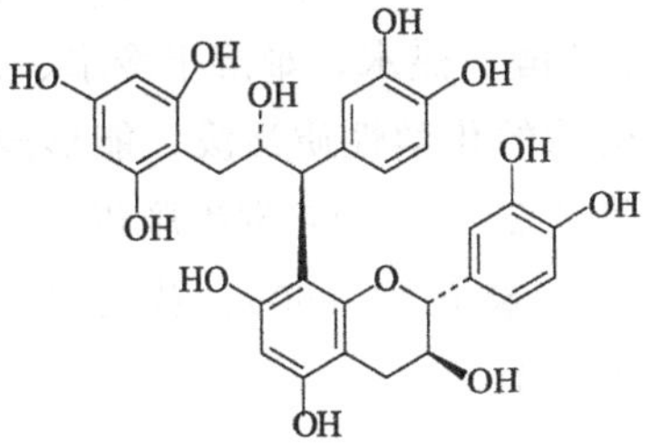

图 1-30　棕儿茶素 A1、茶素 A 、乌龙同二黄烷 B 的化学结构式

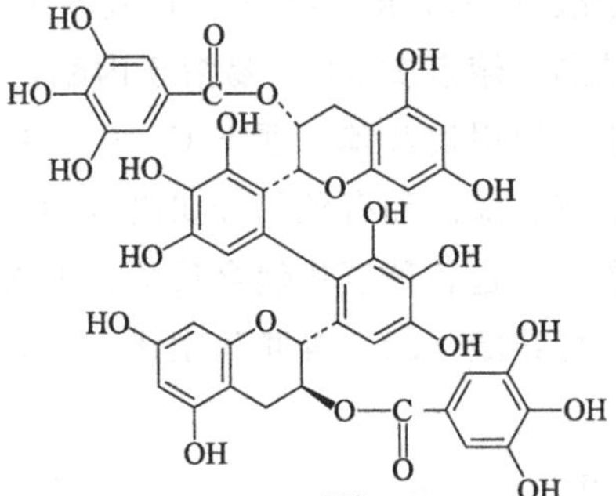

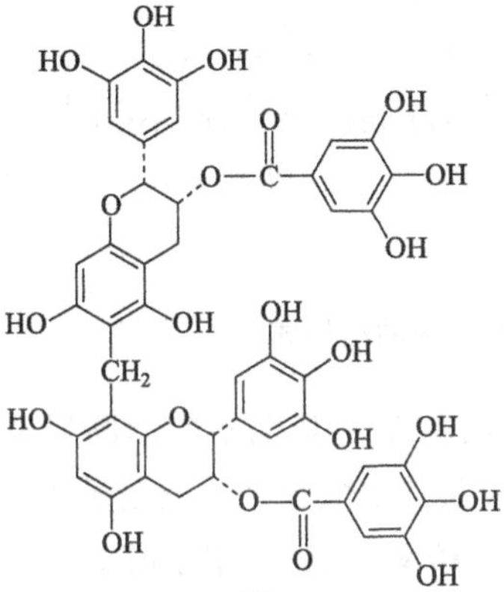

布极为广泛，主要是葡萄糖的桔酸酯。此外，还有金缕梅糖、果糖、木糖、蔗糖、奎宁酸、莽草酸、栎醇等的桔酸酯。目前尚未发现含氮化合物（胺、氨基酸、生物碱）组成的天然桔酸酯。

　　桔单宁是具有鞣性的桔酸酯。一般说来，分子量在 500 以上的多桔酸酯（分子中含桔酰基在 2~3 个以上）才具有鞣性，可被称为桔单宁。

　　根据桔酰基结合形式的不同，可将桔酸酯分为简单桔酸酯与缩酚酸型桔酸酯。简单桔酸酯是桔酸与多元醇以酯键结合形成的酯。缩酚酸型的桔酸酯（即聚桔酸酯）是简单桔酸酯与更多的桔酸以缩酚酸的形式结合形成的酯。缩酚酸是桔酸以其羧基与另一个桔酰基的酚羟基结合形成的，因而具有聚桔酸的形式。这种形式使一个葡萄糖基能够与 10 个以上的桔酰基相结合。

　　（2）桔酸

　　桔酸在水解单宁化学中处于核心地位。在植物体内，所有水解单宁都是桔酸的代谢产物，是桔酸（或与桔酸有生源关系的酚羧酸）和多元醇形成的酯。

栲酸（59），即3,4,5-三羟基苯甲酸，又名没食子酸，$C_7H_6O_5$，为无色针状结晶。熔点253℃，易溶于丙酮，溶于乙醇、热水，难溶于冷水、乙醚，不溶于三氯甲烷及苯。遇$FeCl_3$生蓝色。栲酸的化学性质活泼，能形成多种酯、酰胺、酰卤和有色的金属络合物。加热到250～260℃发生脱羧，生成邻苯三酚。通过各种氧化偶合反应能从栲酸制得鞣花酸（60）、黄栲酚（61）、脱氢二鞣花酸（62）等联苯型化合物，如图1-31。

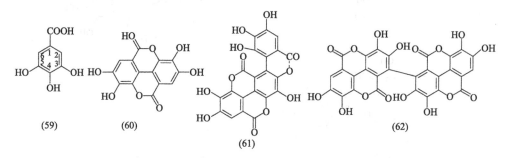

图1-31　几种栲酸代谢产物的结构式

二栲酸及三栲酸都是缩酚酸，由栲酸的羧基与其他栲酸的酚羟基结合而成。五倍子及塔拉内都有天然游离的二栲酸及三栲酸存在。五倍子单宁的缓和酸水解产物中也能够发现二栲酸（63）及三栲酸（64）。用甲醇对五倍子单宁进行局部醇解，能够得到二栲酸甲酯（63a）及三栲酸甲酯（64a），如图1-32。

二栲酸甲酯实际是间-二栲酸甲酯及对-二栲酸甲酯的平衡混合物。用重氮甲烷处理二栲酸甲酯时，生成物只有间-五-O-甲基二栲酸甲酯。这是由于对位酚羟基的酸性较强而优先甲基化，因此得不到对-五-O-甲基-二栲酸甲酯。

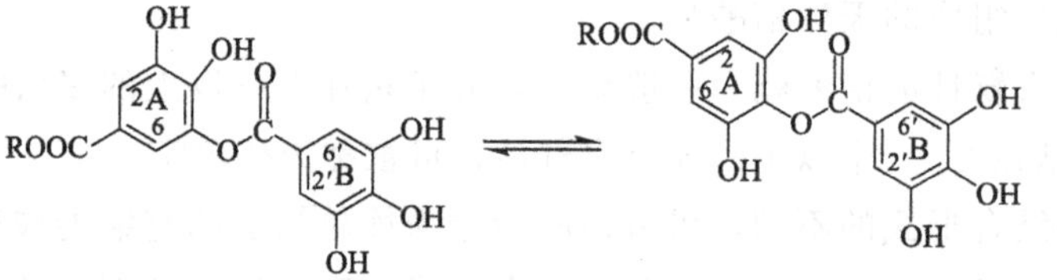

	R
(63)	H
(63a)	CH_3

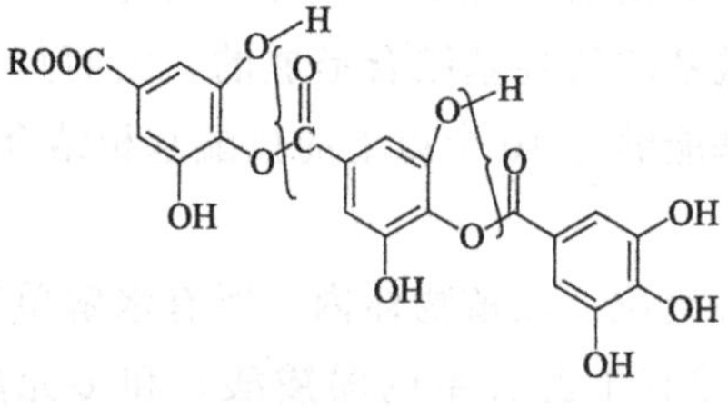

	R
(64)	H
(64a)	CH_3

图1-32　二栲酸、三栲酸及其甲酯的结构式

（3）葡萄糖的棓酸酯

葡萄糖的棓酸酯包括简单棓酸酯和聚棓酸酯。在棓酸酯分子中、葡萄糖基以吡喃环的形式存在并具有正椅式构象，棓酰基位于平伏键上，使分子呈盘形。

葡萄糖分子有五个醇羟基，可以与 1～5 个棓酰基结合，生成一、二、三、四或五取代的简单棓酸酯。最早得到的棓酰葡萄糖是 1903 年从中国大黄（*Rheum palmatum*）中分离出来的 β-D-葡棓素结晶。棓酰葡萄糖在水解下均生成葡萄糖和数量不等的棓酸。1,2,3-*O*-棓酰葡萄糖分子量小，不属于单宁，没有涩味，几种简单的结构（65、66、67）见图 1-33。随着棓酰基个数的增加，棓酸酯的鞣性也迅速增加。

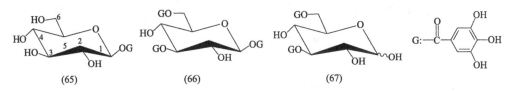

(65)　　　　　　　(66)　　　　　　　(67)

图 1-33　1,2,3-*O*-棓酰葡萄糖结构式

葡萄糖聚棓酸酯在自然界中存在较少，虫瘿五倍子、芍药树根是其主要来源。五倍子单宁又名单宁酸，在国外称为中国棓单宁，是水解类单宁的典型代表。五倍子单宁实际上是许多葡萄糖聚棓酸酯的混合物，而不是单一的化合物。Fischer 等提出了五倍子单宁的平均化学结构式是五-*O*-间-双棓酰-β-D-吡喃葡萄糖，相当于一个葡萄糖基与 10 个棓酰基结合，实验式 $C_{76}H_{52}O_{46}$。五倍子单宁在酸催化下完全水解，生成葡萄糖及棓酸（比例为 1：7～9）。在水解中途有间-二棓酸生成。甲基化的五倍子单宁在酸的水解作用下生成葡萄糖、3,4-二-*O*-甲基棓酸及 3,4,5-三-*O*-甲基-棓酸。两种棓酸的比例为 1：1。3,4-二-*O*-甲基棓酸的生成，证明五倍子单宁的分子内有缩酚酸型聚棓酸存在。

葡萄糖的聚棓酸酯的分子结构中有缩酚酸型的键。大都是以 1,2,3,4,6-五-*O*-β-D-棓酰葡萄糖或 1,2,3,6-四-*O*-β-D-棓酰葡萄糖为"核心"（68），由更多的棓酰基以缩酚酸的形式连在"核心"上。缩酚酸型棓酰基的酯键比糖与棓酰基间酯键易于水解。由于有邻位酚羟基的存在，缩酚酸型的酯键（69、70）能在极温和的条件下（pH 6.0，室温）发生甲醇醇解，生成棓酸甲酯。而棓酰基与糖之间的酯键不被甲醇打开，图 1-34。

（4）葡萄糖以外的多元醇的棓酸酯

除葡萄糖外，自然界中还存在多种其他多元醇的棓酸酯，如金缕梅糖的棓酸酯、蔗糖等的棓酸酯、莽草酸的棓酸酯、奎宁酸的棓酸酯等。在水解作

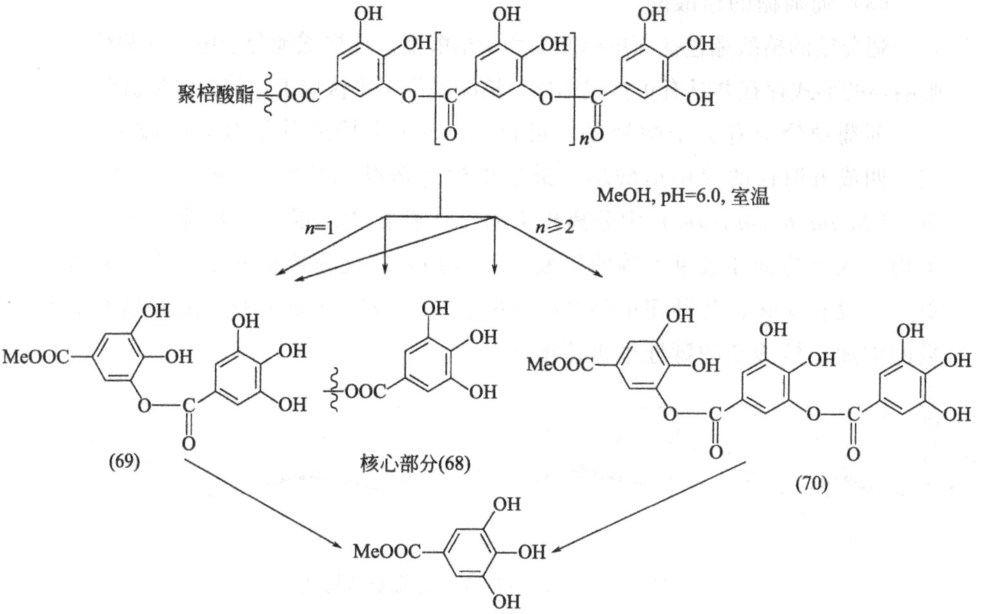

图 1-34　葡萄糖聚棓酸酯在 pH 为 6.0、室温条件下的甲醇醇解

用下，这些棓酸酯均生成棓酸及相应的多元醇或多元醇酸。

（5）鞣花单宁

鞣花单宁是六羟基联苯二酰基（或其他与六羟基联苯二酰基有生源关系的酚羧酸基）与多元醇（主要是葡萄糖）形成的酯。六羟基联苯二酸酯在水解时生成不溶于水的黄色沉淀——鞣花酸，因此称为鞣花单宁。狭义的鞣花单宁仅指六羟基联苯二酸酯。鞣花酸（71）并不存在于鞣花单宁分子结构内，它只是六羟基联苯二酰基（72）从单宁分子中被水解下来后发生内酯化的产物（图 1-35）。鞣花酸广泛存在于植物界，常和棓酸酯共同存在。棓酸酯在光的氧化作用或自氧化作用下都能产生鞣花酸。

鞣花酸，$C_{14}H_6O_8$ 为黄色针状结晶。熔点大于 360℃，极不溶于水，可溶于二甲基甲酰胺、二甲基亚砜，在加有 NaOH 的水中形成钠盐黄色溶液。紫外光下为蓝色，NH_3 薰后紫外光下为黄色。遇 $FeCl_3$ 呈深蓝色，与 $K_3Fe(CN)_6$ 生蓝色，与对-硝基苯胺生黄褐色，与 $AgNO_3$-NH_4OH 生暗褐色。鞣花酸不旋光。

与鞣花酸结构密切相关的酚羧酸酰基有：脱氢六羟基联苯二酰基（73）、脱氢二棓酰基（74a，74b）、九羟基联三苯三酰基（75）、橡椀酰基（76）、地榆酰基（77）、榄棓酰基（78）、恺木酰基（79）、桄刺酰基（80）、鞣花酰基（81）等，如图 1-35。这些以酰基态存在于植物体内的酚羧酸可能均来源于棓酰基，是相邻的两个、三个或四个棓酰基之间发生脱氢、偶合、重排、环裂等变化形成的。

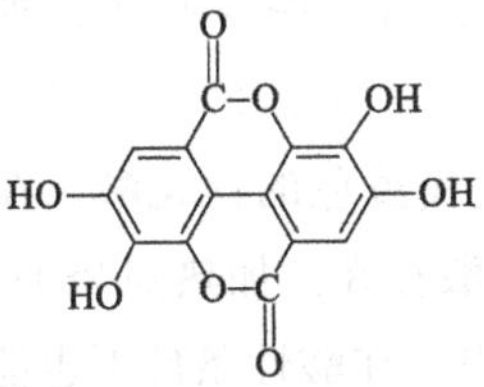

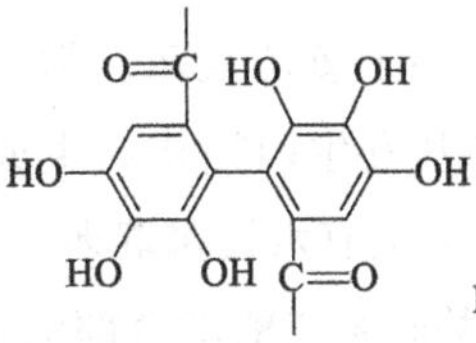

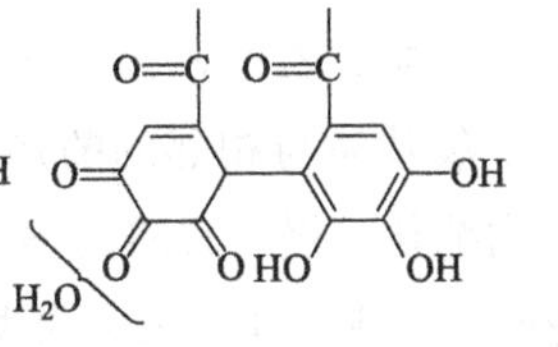

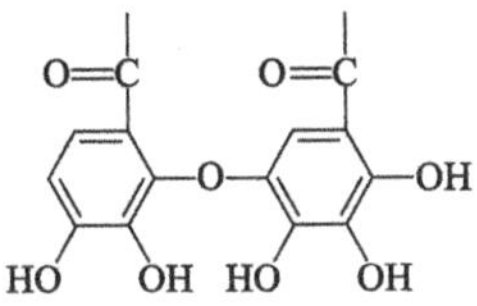

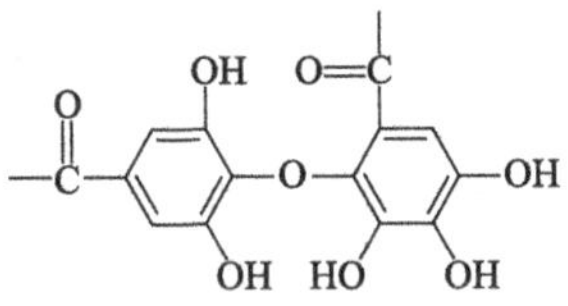

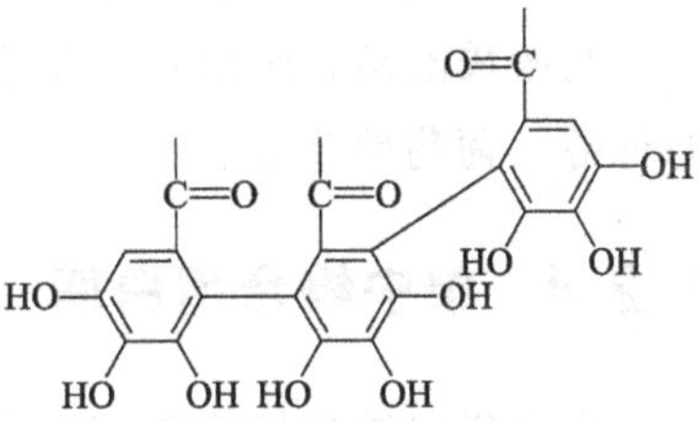

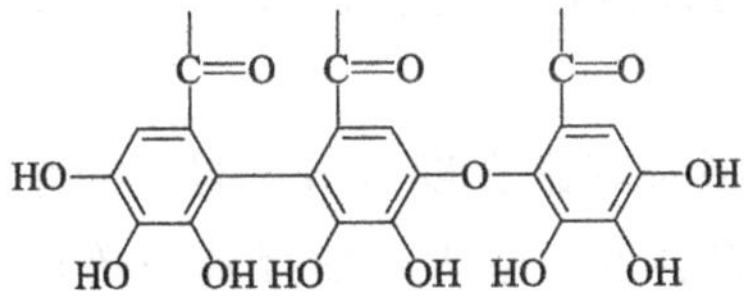

图 1-35　鞣花酸及与其密切相关的酚羧酸酰基结构式

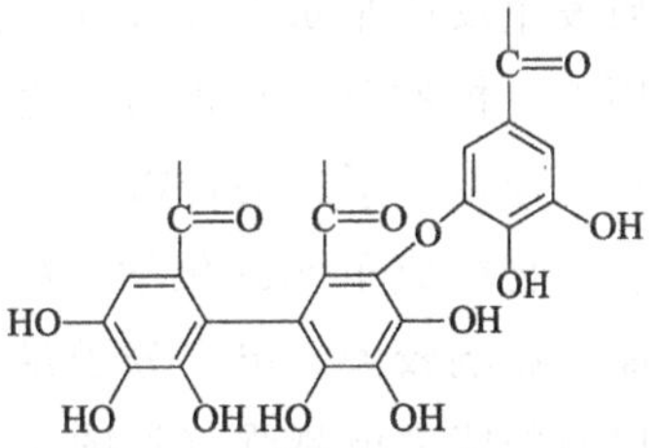

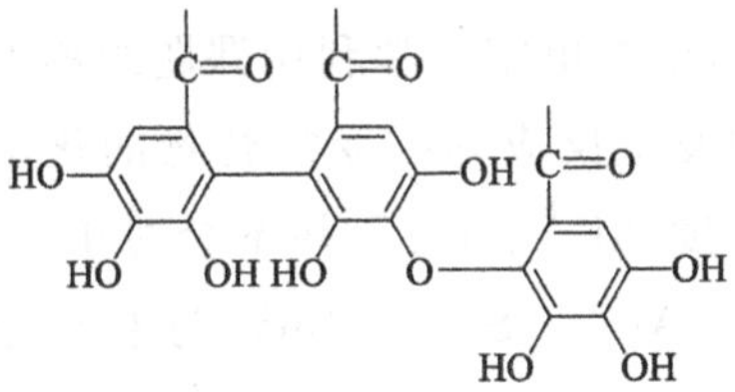

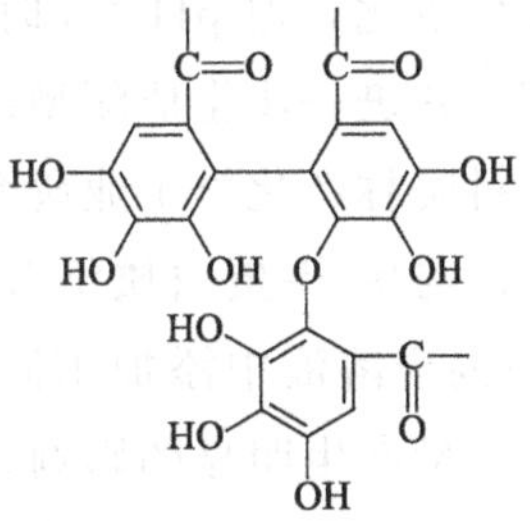

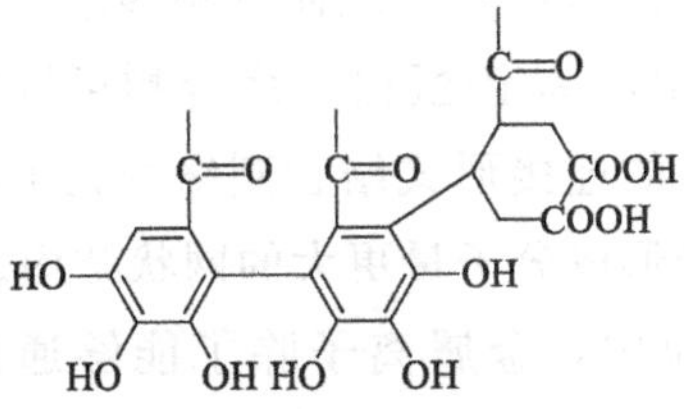

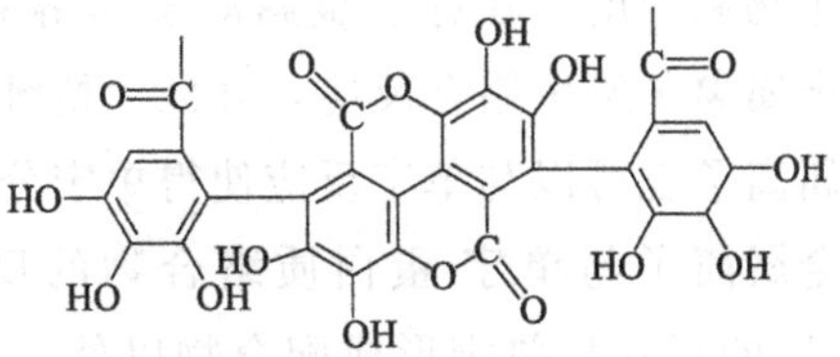

六羟基联苯二酸酯在自然界存在广泛，但未发现天然游离的六羟基联苯二酸。人工合成六羟基联苯二酸为无色固体，无固定熔点，在紫外光下有浅蓝色，NH_3 薰后变为黄绿色。易溶于甲醇、乙醇、二噁烷、四氢呋喃、水或丙酮。难溶于乙醚、乙酸乙酯，不溶于氯仿及苯。遇 $FeCl_3$ 呈蓝色。六羟基联苯二酸的两个羧基易与相邻的酚羟基发生内酯化，生成浅黄色的鞣花酸。在固态受热时，内酯化较慢。$100℃$、8 天仍有六羟基联苯二酸存在。加热到 $280℃$ 时转变为鞣花酸。在沸水中 11h 六羟基联苯二酸就全部消失。在酸性条件下也能迅速变为鞣花酸。因此一般在加热酸水解条件下，从鞣花单宁只能得到鞣花酸。

与酚羧酸结合组成鞣花单宁的多元醇除了葡萄糖以外，还有葡萄糖酸、原栎醇、葡萄糖苷等。

1.2.4　单宁络合蛋白质

络合蛋白质是植物单宁（多酚）另一个最重要的化学特性。植物单宁能够与蛋白质发生反应形成单宁-蛋白质络合物从而降低蛋白质与多酚化合物的生物利用度。植物单宁与蛋白质之间可以通过氢键、疏水键、π-π 堆积作用或静电相互连接，形成络合物。

单宁聚合物组成单元的化学结构类型及其聚合度（分子量）对单宁-蛋白质结合能力影响较大。单宁分子量（聚合度）越大、酚羟基团数目越多，其络合蛋白质的能力就越强（见图 1-36）。单宁分子中的儿茶酚基团在空气中很容易发生氧化，但 pH＞5 时，空气中儿茶酚基团易生成半醌结构的阴离子自由基，并进一步生成醌型结构（见图 1-37）。

中国林科院林产化学工业研究所植物单宁化学利用课题组前期研究发现金属离子可以与单宁-蛋白质络合物发生反应并改变络合物的化学性质；向单宁-蛋白质混合溶液中添加不同浓度 Al^{3+}、Cu^{2+} 并不会对单宁-蛋白质络合物中单宁含量产生明显的影响，但 Al^{3+}、Sn^{2+}、Sn^{4+} 与单宁-蛋白质络合物反应后生成了不溶性的络合物。研究发现，Al、Sn 能够通过改变单宁-蛋白质络合物内部连接方式，从而改变络合物的溶解性，从而影响多酚与蛋白质的生物利用度。在存在金属离子的溶液中，单宁-蛋白质络合物可以进一步与金属离子发生络合反应，并以"桥键"的连接形式结合到络合物上，同时金属离子也可以与单宁反应使得单宁分子形成分子量更大的网状结构。

金属离子与单宁-蛋白质络合物的反应中，金属离子除了能够通过以"桥键"的形式与单宁形成配合物以外，由于部分金属离子如 Fe^{3+}、Cu^{2+}、Sn^{4+} 均具有氧化性可以将单宁分子中的儿茶酚结构氧化为半醌结构，可以通

单宁分子量越大，其络合蛋白质能力越强　　　　单宁酚羟基数目越多，络合蛋白质能力越强

T: 单宁
P: 蛋白质

图 1-36　单宁分子量越大、酚羟基数目越多络合蛋白质能力越强

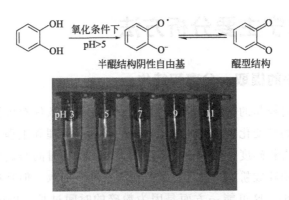

图 1-37　单宁中酚羟基的氧化过程

过自由基与蛋白质相互聚合形成蛋白质-多酚络合物，或半醌结构进一步氧化为醌可与蛋白质发生席夫碱（Schiff's bases）反应生成蛋白质-多酚络合物（见图1-38）。但该反应是不可逆的，因此可以通过测定单宁-蛋白质络合物的溶解性来判断金属离子在单宁-蛋白质络合物中的化学键连接类型。Geibel和Hagerman最近研究发现Al能够使原花青素-蛋白质络合物形成复杂牢固的网状连接形式，从而影响多酚-蛋白质的生物利用度，并由此推测茶叶中较高的Al含量是造成人体对茶叶中重要多酚化合物（EGCg）较低的生物利用度的重要原因之一。建议可以通过去除茶叶产品中含量较高的Al来增加人体对茶叶多酚（EGCg）的生物利用度。

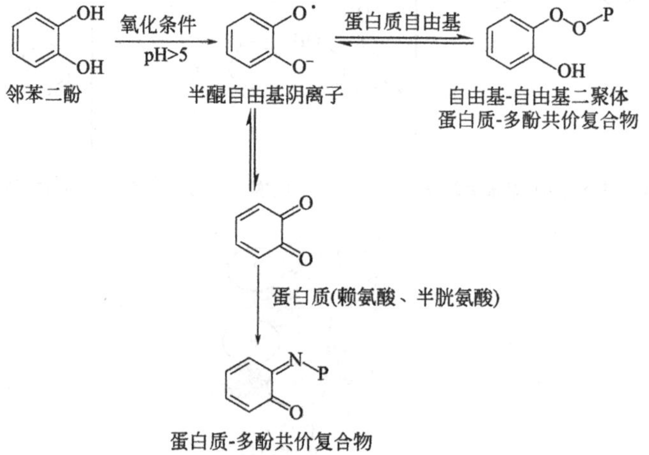

图1-38　儿茶酚基团的氧化还原反应机制及其与蛋白质形成共价络合物
P为蛋白质

1.3　单宁主要分析方法

1.3.1　单宁的提取、分离和纯化

　　单宁提取时样品的状况如原料贮存、干燥和提取条件都可能导致提取率和单宁组成结构的变化，从而改变了单宁的化学、物理和生理活性。影响单宁提取的因素有粉碎度、料剂比、溶剂种类、温度、时间与提取次数等。样品提取前需经粉碎成粉末。通常较细的粉末有利于提取，但是过细时单宁的提取量反而减小，这可能一方面是因为粉碎的时间过长，单宁已经氧化变性，另一方面是过细的粉末容易团聚，阻碍溶剂渗透，最适合的尺寸是100目左右。水是单宁的良好溶剂。有机溶剂和水的复合体系（有机溶剂占

50%～70%）使用更为普遍，可选的有机溶剂有乙醇、甲醇、丙醇、丙酮、乙酸乙酯、乙醚等。丙酮-水体系对单宁溶解能力最强，能够打开单宁-蛋白质的连接键，减压蒸发易除去丙酮，是目前使用最普遍的溶剂体系。

单宁粗提物中含有大量的糖、蛋白质、脂质等杂质，加上单宁本身是许多结构和理化性质十分接近的混合物，需进一步分离纯化。通常采用有机溶剂分步萃取的方法进行初步纯化，甲醇能使水解单宁中的缩酚酸键发生醇解，乙酸乙酯能够溶解多种水解单宁及低聚的缩合单宁，乙醚只溶解分子量小的多元酚。初步分离还可以采取皮粉法、乙酸铅沉淀法、氯化钠盐析法、渗析法、超滤法和结晶法等。柱色谱是目前制备纯单宁及有关化合物的最主要方法，可选用的固定相有硅胶、纤维素、聚酰胺、聚苯乙烯凝胶（如MCI-gelCHP-20)、聚乙烯凝胶、葡聚糖凝胶等，其中又以葡聚糖凝胶 Sephadex LH-20 最为常用。其他一些色谱方法如纸色谱、薄层色谱、液滴逆流色谱法、离心分配色谱等也有应用于单宁提取的报道。

提取原料得到的溶液是单宁与其他物质的混合物，需进一步分离、纯化。由于单宁是复杂多元酚、有较大分子量和强极性，又是许多化学结构和理化性质十分接近的复杂混合物，因此单宁的分离和纯化难度很大。此外，单宁化学性质活泼，分离时可能发生氧化、解离、聚合等反应而结构发生改变。将单宁制成衍生物（甲基醚、乙酸酯）有助于单宁的分离。

1.3.1.1 单宁的分离

单宁的分离，是指用色谱以外的方法对单宁进行初步的分离、精制、纯化。除了结晶法外，其他方法只能将单宁与非单宁分开，或者将单宁分为不同的组分，得到粗分离的单宁混合物。

（1）皮粉法

用皮粉将栲胶溶液中的单宁吸附出来，经挤压、水洗，再以丙酮-水（1∶1）将单宁从皮粉中洗脱出来。这个方法能够从黑荆树皮栲胶得到纯度为95.6%的单宁，但因为一部分单宁不被洗脱，获得率仅76%。

（2）沉淀法

① 化学沉淀法。在中性条件下用乙酸铅将单宁从溶液中沉淀出来，再以酸或 H_2S 分解沉淀收回单宁。此法能从黑荆树皮栲胶中回收全部单宁，纯度95.1%。用铜离子、铝离子、钙离子、聚酰胺、生物碱处理也有相同的作用。

② 冷却沉淀法。将热水浸提的坚木单宁溶液冷却时，一部分大分子单宁就沉降出来。冷却柯子栲胶溶液到8℃左右产生的沉淀主要是单宁。可用

倾析法或离心法将沉淀分开。

③ 盐析法。向栲胶溶液加入氯化钠，一部分大颗粒的亲水性低的单宁失去稳定性而聚集、絮凝，成为沉淀。随着氯化钠加入量的增加，小颗粒的单宁也陆续沉淀出来。因此分级盐析法可以将单宁分级。

（3）渗析法及超滤法

用半透膜进行渗析时，非单宁通过半透膜而透析，留下纯度较高的单宁，但总有少量非单宁因吸附作用而与单宁留在一起。

超滤法则利用多孔膜的不同系列孔径进行超滤分级，将分子量不同的单宁分为不同的级分，或将分子量过小、过大的部分去掉。

（4）结晶法

由于植物单宁大多是相似化合物的混合物，所以通常是无定形状态。不同结构分子间的相互作用使难溶的单宁部分可溶，并且难于结晶。例如纯的鞣花酸难溶于水，但可以部分溶于栲胶水溶液。只有在单宁组分具有结晶能力、含量高，并且分离开大量的伴存物时才能从合适的溶剂中结晶出来。例如棕儿茶叶子的水浸提液经活性炭脱色后，能从水溶液中析出（＋）-儿茶素结晶。儿茶木材的乙醚浸提物可以从水溶液中析出（－）-表儿茶素结晶。

（5）溶剂浸提法及溶剂沉淀法

利用不同化合物在溶剂中的溶解度不同，可以对混合物分组，例如：从原料得到的原花色素的丙酮-水提取物的水溶液（经蒸发除去丙酮），经氯仿或石油醚浸提，除去脂溶性部分，再用乙酸乙酯或正丁醇浸提，以富集黄烷-3-醇及低聚原花色素在乙酸乙酯内。剩下的水溶液则富集了多聚原花色素。反之，向黑荆树皮单宁水溶液加入过量的 95％乙醇，树胶类物质就沉淀出来，向单宁的甲醇或乙酸乙酯溶液加入乙醚，单宁就因溶解度降低而沉淀。

逆流分配法相当于多级液-液浸提，按照液-液分配原理实现分离，处理样品量较大，适于色谱法以前阶段的处理。

1.3.1.2 纯化

现代色谱分离法在制备单宁纯样中不可或缺，这里主要介绍色谱法纯化单宁的应用。

（1）纸色谱

纸色谱法（paper chromatography，PC）在单宁化学研究中用于检测或鉴别已知化合物，监测化学反应或柱色谱的进行、化合物纸上定量、纸上化学反应等，也用于制备性分离。纸色谱对黄烷醇、二聚原花色素及许多水解单宁的分离效果很好，但是对多聚原花色素的分离差。

常用的一对双向纸色谱流动相是：水相展开剂为乙酸水溶液（2%～20%不等，一般用6%～10%，体积分数，下同）；有机溶剂相展开剂为BAW（仲丁醇：乙酸：水）4：1：5上层液（其成分相当于6：1：2单相液）或TBA（叔丁醇：乙酸：水）3：1：1。乙酸的作用是：防止酚的氧化；减少酚的离子化，以减少展开时的"拖尾"现象；增加溶剂的极性以利于分离。BAW或TBA中的水可以防止固定相的吸附水被带走而发生失水。BAW的展开时间短于TBA，但是TBA溶液易配制，而且展开的比移值（R_f）大些。6%乙酸的展开时间短于BAW，但是BAW的分离能力强，在进行双向纸色谱时，先用BAW，再用6%乙酸展开，效果较好。

（2）薄层色谱

薄层色谱（thin layer chromatography，TLC）需用样品量少、展开快、分离能力强，适于代替纸色谱用于柱色谱或化学反应的监督，供层析鉴别已知化合物，也用于制备性分离。常用的薄层色谱板有纤维素板、硅胶板。纤维素板的移动相与纸色谱相同。硅胶板的移动相种类较多，例如：乙酸乙酯-甲酸-水（90：5：5）等，用于分析性（厚≤0.3mm）或制备性（厚0.5～1mm）的分离。常用的纸色谱及薄层色谱的喷洒显色剂见表1-13。

表1-13　常用的纸色谱及薄层色谱的喷洒显色剂

名称	配方	特征
香草醛-盐酸	5%香草醛（甲醇）-浓盐酸（5：1）	间苯三酚型化合物生淡红色
三氯化铁	2%（乙醇）	邻位酚羟基生绿色或蓝色
三氯化铁-铁氰化钾	2% $FeCl_3$-2%$K_3Fe(CN)_6$	邻位酚羟基生蓝色
亚硝酸钠-乙酸（或亚硝酸）	10% $NaNO_2$-HAc	六羟基联苯二酸酯生红色或褐色，以后转为蓝色
碘酸钾	KIO_3 饱和溶液	棓酸酯生红色，以后转为褐色
硝酸银	14% $AgNO_3$（水）加 6mol/L 氨水至沉淀刚溶解	酚类生褐黑色
重氮化对氨基苯磺酸	0.3%对氨基苯磺酸（8% HCl）-5% $NaNO_2$（25：1.5）	酚类生黄、橙或红色
茴香醛-硫酸	茴香醛-浓硫酸-乙醇（1：1：18）	间苯三酚型化合物生橙色或黄色

聚酰胺板也有较好的分离效果。以丙酮-甲醇-甲酸-水（3：6：5：5）、丙酮-甲醇-1mol/L吡啶（5：4：1）或丙酮-甲醇-1mol/L乙酸（5：4：2）为流动相的双向色谱能够将栗木的甲醇提取物分开为22个点，将五倍子的乙酸乙酯提取物分开为15个点。

（3）柱色谱

柱色谱（column chromatography，CC）是目前制备纯单宁及有关化合物的最主要的方法。已用过的固定相有硅胶、纤维素、聚酰胺及葡聚糖凝胶G-25等。但是，目前普遍采用的固定相是葡聚糖凝胶Sephadex LH-20。它是G型葡聚糖凝胶的羟丙基化合物，有较强的吸附能力及分辨能力，以水-乙醇、乙醇-水、甲醇、甲醇-水、丙酮-水为流动相，已成功地用于原花青定B的分离，并得到广泛使用。Sephadex LH-20的分离过程主要是吸附色谱过程。配比不同的水-甲醇或水-乙醇为流动相的梯度洗脱，也提高了LH-20柱色谱的分离效果。

（4）高效液相色谱

高效液相色谱（high performance liquid chromatography，HPLC）用于单宁及其有关化合物的分析性分离，也用于半制备性分离，分离效果好、速度快，能够方便地对多组分进行定性鉴定及定量测定，而且耗用样品很少。正相HPLC常用于分开分子量不同的化合物，反向HPLC可用于分开分子量相同的结构异构体，手性HPLC将一对对映异构体分开。HPLC的缺点是柱容量小，宜配合柱色谱用于末级精制，也不适于多聚原花色素的分离。

（5）液滴逆流色谱

液滴逆流色谱（droplet reflux chromatography，DRC）按照液-液分配的原理进行分离，使样品溶液以液滴的形式（流动相）流经溶剂（固定相）。流动相应该轻于或重于固定相。当轻于固定相时，流动相从柱的下部进入（上升法），反之从上部进入（下降法）。液滴逆流色谱的优点是没有固体相，不存在不可逆吸附问题，其分离效果优于逆流分布法、操作简单。适于制备性的分离。

（6）凝胶渗透色谱

凝胶渗透色谱（gel permeation chromatography，GPC）用于测定缩合单宁的数均分子量（M_n）、重均分子量（M_w）及分子量分布。多聚原花色素由于极性太强，在GPC中难以分离。常制成乙酸酯衍生物来降低极性，用四氢呋喃洗脱。

（7）气相色谱

单宁及其有关化合物是非挥发性的热敏性物质，不能用气相色谱（gas chromatography）直接分离，必须制成可挥发的衍生物（甲基醚、三甲基硅醚、乙酸酯）或分解产物之后，才能用气相色谱法分析。

1.3.2 单宁的定性鉴定及定量测定

1.3.2.1 单宁的定性鉴定

单宁的定性鉴定反应很多，最基本的定性反应是使明胶溶液变浑浊或产生沉淀。用颜色反应和沉淀反应可以分辨单宁的类别：与三价铁盐生绿色的单宁是缩合类的，绿色来源于分子内的儿茶酚基；与三价铁盐生蓝色的则不能确定是哪一类的，蓝色反应来源于分子中的邻苯三酚基，水解类单宁和缩合单宁中的原翠雀定、原刺槐定都有邻苯三酚基；与甲醛-盐酸共沸时，缩合类单宁与甲醛聚合，基本上全部沉淀下来，水解类单宁则不产生沉淀；溴水与缩合类单宁产生沉淀，与水解类单宁不产生沉淀；水解类单宁与乙酸铅-乙酸产生沉淀，缩合类单宁一般不产生沉淀；缩合类单宁遇浓硫酸变红色，水解类单宁仍保持黄色或褐色；有间苯三酚型 A 环的缩合单宁，遇香草醛-盐酸生红色、遇茴香醛-硫酸生橙色；六羟基联苯二酸酯遇亚硝酸（$NaNO_2$-HAc）生红色或棕色，以后经绿、紫色变为蓝色。

1.3.2.2 单宁的定量测定

单宁的定量方法很多，有重量分析法、容量分析法、比色法、分光光度法、高效液相色谱法等。

（1）重量分析法——皮粉法

皮粉法是国际公认的单宁分析方法，通过皮粉蛋白质与单宁的结合测定单宁含量。根据皮粉与单宁溶液接触方式的不同，将皮粉法分为振荡法和过滤法。振荡法是皮粉与单宁溶液在一起振荡以脱去溶液中的单宁。过滤法是单宁溶液流过皮粉柱层以脱去单宁。过滤法测的单宁值比振荡法高 5％～7％。我国和大多数国家一样，采用振荡法。

皮粉法适用的范围广，在严格的操作条件下有较好的重复性，缺点是耗用样品多，测定时间长。除皮粉外，聚酰胺也用于单宁的含量测定。

（2）容量分析法

① 锌离子络合滴定法：Zn^{2+} 离子有较好的选择性，只与单宁络合而不与非单宁反应，以过量的乙酸锌为络合沉淀剂加到单宁溶液内，在 pH 为10、温度 35℃±2℃下反应 30min。溶液内多余的锌离子以乙二胺四乙酸二钠（EDTA）溶液滴定。每毫升 1mol/L 浓度乙酸锌溶液平均消耗单宁 0.1556g。

高锰酸钾氧化法（又名 Lowenthal 法）：单宁溶液在伴有靛蓝及稀酸下以 $KMnO_4$ 溶液滴定，将单宁氧化达到终点时，靛蓝由蓝色变为黄色。将测得的总氧化物换算出单宁量。

② 碱性乙酸铅沉淀法：用碱性乙酸铅使单宁溶液沉淀出来，从沉淀的质量求出单宁含量。

③ 明胶沉淀法：以明胶溶液滴定单宁溶液使单宁沉淀，至反应物的滤液不再有明胶反应。

④ 偶氮法：以对-硝基苯胺配制的偶氮溶液在避光下与单宁反应，反应后多余的偶氮以 β-萘酚溶液滴定到红色消失。

（3）比色法

① 赛璐玢薄膜染色法。以经过 $AlCl_3$ 预处理过的赛璐玢薄膜浸沾单宁溶液，再用亚甲基蓝或氯化铁对薄膜染色。以光电比色计测薄膜的吸光度。吸光度随单宁溶液浓度的增加而增加。

② 钨酸钠法。钨酸钠（Na_2WO_4）与单宁反应产生蓝色（使 W^{6+} 变为 W^{5+}），用比色计测定。

（4）分光光度法

① 分光光度法（酒石酸亚铁试剂）。用酒石酸钾钠、硫酸铁与硫酸配成的试剂，与单宁形成蓝紫色络合物，在 545nm 光下测定，可测定 0.002%～0.003%的单宁含量。

② 紫外分光光度法。在波长 280nm 下测定黑荆树皮栲胶水溶液的吸光度，所反映的是单宁与非单宁酚总量。

（5）高效液相色谱法

随着科技的进步，现代仪器分析方法应用愈加广泛。日本公定书中已采用高效液相色谱法测定植物单宁含量。

（6）其他方法

① 香草醛-盐酸法。香草醛-盐酸适用于间苯三酚 A 环型的原花色素及黄烷醇的定量测定。此法灵敏、快速，需用样品量少，但不能将单体与聚合体区分开来。

② 亚硝酸法。亚硝酸钠与六羟基联苯二酸酯在甲醇-乙酸溶液中产生蓝色（最初为红色，以后转为蓝色）。此法用于测定各种植物提取物中的六羟基联苯二酸酯的量。

1.4 单宁的用途

植物单宁是植物体内的次生代谢产物。单宁具有独特的化学特性和生理活性，例如：单宁涩味可以使植物免于受到动物的噬食，含单宁的木材不易腐烂；单宁能够结合蛋白质，在植物体内可以抑制微生物酶和病毒的生长；植物体受到外伤时，单宁的聚合物可以形成不溶性保护层，抵抗微生物侵入；叶子在合成多酚时，能够将日光的强紫外辐射转化为较温和的辐射。此外，单宁还可能参与了植物的呼吸和木质化过程等。目前，基于植物单宁的鞣革、络合金属以及食品保健功能等，在制革、食品、医药等工业中被广泛应用。

1.4.1　单宁在皮革鞣制中的应用

铬鞣法发明之前，植物单宁一直是最主要的制革鞣剂。植物单宁具有填充性、成型性好等特性，植鞣革坚实、丰满，具有较高的收缩温度和较强的耐化学试剂能力，这些都是其他鞣剂难以替代的。目前，世界制革行业每年仍使用约 50 万吨栲胶，主要用于底革、带革、箱包革的鞣制和鞋面革的复鞣。

单宁只在水溶液中有鞣制作用。植物鞣制过程，是由扩散、渗透、吸收及结合等过程组成的复杂的物理和化学过程。单宁微粒借助于浓度差而向裸皮内部扩散和渗透，分布于胶原纤维结构间，受到胶原纤维固相表面的吸附而沉积。这时单宁分子和胶原多肽链官能团之间在多点上以多种不同形式结合，产生新的分子交联键，完成鞣制过程。

单宁分子参与结合的官能团主要是邻位酚羟基。羧基、醇羟基、醚氧基等基团也参与结合。单宁是多基配位体。它的多酚羟基能够与蛋白质的官能团形成多点结合。单宁与蛋白质的可能的结合形式有：氢键结合、疏水结合、离子结合、共价结合。前三种是可逆结合，共价结合是不可逆结合。

1.4.1.1　植鞣法

用栲胶溶液加工裸皮成革的方法称作植鞣法，植鞣法已有六千多年历史，由于使用栲胶溶液鞣制的革具有独特的优点，如：得革率大，成革组织紧密、坚实饱满、延伸性小，不易变形及抗水性较强等独特的优点，直到现在仍然是生产重革的基本鞣法。目前在轻革的生产过程中，也多利用植物鞣剂进行预鞣、复鞣或填充，尤其是对容易空松的皮革鞣制，广泛应用。

根据植物鞣制成革的特点，栲胶在制革工业中主要用于制重革，少数用来制轻革，以植鞣底革为主，其次还有植鞣轮带革、植鞣装具革、植鞣密封革等，轻革的植鞣几乎只限于鞋里革的鞣制。使用栲胶配合其他鞣剂进行预鞣、复鞣或填充主要生产轻革。铬-植结合鞣是最重要，最普遍的方法，用植鞣做复鞣后，铬鞣制的革丰满性有很大改善，吸水性、透气性、保温性、可塑性和可磨性都有改善，有利于涂饰层的附着。革的厚度也将增加，能多加油而不致松软透油，革利用率也显著提高，适用于做多脂鞋面革的生产，也适用于制造丰满柔软、舒适的鞋面革、服装革和手套革生产。

可见，植鞣在制革工业中占有一定地位，栲胶是制革工业的重要材料之一。

1.4.1.2 制革工业对栲胶的选用

制革工业要求栲胶溶解性能好、渗透速度快、颜色浅、沉淀物少、结合好、不易发霉变质、pH值合适、成分均匀稳定、得革率高等。制革工业对栲胶质量要求是多方面的，从我国现有的栲胶品种来看，只有少数几种原料如油柑、橡椀、木麻黄等生产的栲胶能较好地满足制革工业对质量的要求（油柑、橡椀、木麻黄栲胶鞣制的革成品质量见表1-14），其他都不同程度地存在着缺陷，所以实际上，制革工业很少单独用一种栲胶去鞣制皮革，而是采用多种不同品种栲胶按不同比例混合配用。

表1-14　油柑、橡椀、木麻黄与进口荆树皮栲胶鞣革性能

指标名称	油柑栲胶鞣制的牛皮底革	橡椀栲胶鞣制的牛皮底革	木麻黄栲胶鞣制的羊皮革	荆树皮栲胶鞣制的羊皮革
水分/%	16.99	16.27	14.74	13.06
油脂/%	2.39	4.82	5.68	6.48
水溶物/%	7.44	9.13	7.44	7.63
水不溶灰分/%	0.14	0.27		
皮质/%	42.95	40	36.31	42.73
结合鞣质/%	29.08	27.49	32.61	23.92
鞣制系数/%	67.71	67.98	89	56
总灰分/%	0.46	0.52	0.74	0.41
抗张强度（纵）/(kg/mm^2)	3.67	3	1.57	3.14
抗张强度（横）/(kg/mm^2)	3.40	3.53	1.14	2.21
吸水性2h不大于/%	29.46	30.62		
吸水性24h不大于/%	31.25	32.37		
收缩温度/℃	82	77	72	72
密度/(g/cm^3)	1	1		
延长率（纵）/%	6	5	20	15
延长率（横）/%	8	5.90	40	22
革质/%			68.27	67.28
得革率/%			280	231
厚度/mm			1.02	0.78

指标名称	油柑栲胶鞣制的牛皮底革	橡椀栲胶鞣制的牛皮底革	木麻黄栲胶鞣制的羊皮革	荆树皮栲胶鞣制的羊皮革
渗透速度			48h 全透	48h 全透

1.4.1.3 植鞣重革工艺

植鞣重革工艺基本流程包括：

原料皮→准备→裸皮→鞣制→初革→整理→成品革

准备：包括浸水、去肉、浸灰碱、脱毛、剖层、脱灰碱、软化等工序。将原料制成适合于鞣制的裸皮。

裸皮的预处理（或预鞣）：使皮纤维有适当的分散度，并使纤维走向趋于基本定型，减少黏合性，保持多微孔结构，使鞣质向皮内渗透的途径畅通，以加速鞣质渗透。常采用浸酸-去酸法进行预处理和预鞣。

鞣制：一般采用无液速鞣法，此法通过裸皮预处理，选用优良植物鞣剂，采用高浓度干粉鞣剂等措施，达到快速鞣皮成革的目的。此法鞣期短（3～4 天）、成革质量好。速鞣应选用易冷溶、渗透速度快、含盐量低、结合好、沉淀少的栲胶。

植鞣后经漂洗、退鞣成为初革，再经过包括初革挤水、加油、干燥、打光等整理工序成为成品革。

1.4.2 单宁在食品中的应用

广泛存在于植物体的单宁是人类膳食中的一类重要成分。由于单宁独特的化学和生物特性，从食用植物中提取单宁并将其纯化，作为一类天然的食品添加剂，做米酒、啤酒、果汁中的澄清剂，可以调节食品风味，还可以起到高效、无毒且具有保健性的抗氧化和防腐作用。

单宁对人体有良好的保健作用，具体表现如下：

① 抗炎作用。过敏反应和炎症反应的发生均伴随有机体组织中组胺的释放。有研究证明，单宁等物质对组胺的释放具有 50% 以上的抑制作用。

② 抗病毒作用。经反复实验证明，单宁类物质对疱疹病毒具有抵抗作用。

③ 抗脂质氧化作用。脂质过氧化物在人体内的沉积能够损伤肝脏、肾脏和血管，从而引发多种疾病。单宁物质可通过抑制过氧化物的形成而对肝脏和组织起到一定的保护作用。

④ 自由基清除作用。人体在代谢过程中，随时都可能受各种内外环境因素的影响而产生超氧自由基，若不能靠自身防御系统将其及时清除，则会

对血管、细胞膜及肝脏产生损害而导致各种疾病的发生。众多研究表明：单宁物质对超氧自由基具有清除作用。

⑤ 抗癌作用。单宁作为癌症促发剂与受体结合的阻断物，可抑制癌症的发展。

由上述可见，单宁类物质具有消炎、止痛、杀菌、抗衰老、抗癌等多种生物活性，各种中草药内的单宁的研究表明，单宁还具有降低血液中尿素氮的作用、治疗精神病作用、抗过敏作用等多方面的生物活性。许多研究单宁的中外科技工作者，把单宁称为"生命的保护神"，并积极开发了单宁类保健食品。

单宁可从色、味方面影响食品的风味。天然植物单宁容易被氧化成红棕色或褐色的醌类产物，成为食品色素或天然色素，具有辅色作用。食物中的涩味源自单宁与口腔翻膜或唾液蛋白结合并生成沉淀，引起粗糙褶皱的收敛感和干燥感。涩味可以促进口腔对其他味觉的感受能力，特别是对于多种饮料，如茶、葡萄酒、咖啡、啤酒，涩味对于产品独特口感的形成具有不可替代的作用。果酒和果汁饮料中的颜色、涩味和苦味都与单宁等多酚类物质密切相关。

（1）单宁与茶

根据制造工艺的不同，茶分为发酵茶（红茶）、半发酵茶（乌龙茶）和非发酵茶（绿茶）三大类。单宁为茶的主要成分（茶多酚），在不同的生产工艺中发生复杂的变化，茶的生产过程即是单宁发生各类化学变化的过程。绿茶不经过发酵，其主要成分仍然保持鲜叶中原有的状态，单宁的结构和含量基本不变。红茶的制作要经过发酵，利用单宁的氧化作用得到红茶特有的红色色调和较弱的涩味。乌龙茶的生产方法介于绿茶与红茶之间，即虽有发酵工序，但发酵时间短而不完全，其单宁的化学变化也介于绿茶和红茶之间。

（2）单宁与葡萄酒

红葡萄酒由果皮带色的葡萄制成，同时具有涩味、苦味和甜味，其中涩味和苦味都产生于单宁。葡萄酒在陈放时单宁的各种化学反应是酒色泽和口感变化的主要原因，单宁对葡萄酒风味的形成、酒的类型和品质起到重要作用。白葡萄酒由不带色的葡萄果肉发酵制成，通常单宁含量较低，尤其不含花色素。白兰地是由葡萄酒蒸馏而成，因此不含葡萄单宁，但在橡木桶存放过程中，可从橡木中溶出水解单宁和鞣花酸为主的单宁成分。

（3）单宁与食品添加剂

单宁因具有很高的抗氧化活性和自由基清除能力而用作抗氧化剂。单宁在弱酸性和中性条件下对于大多数微生物的生长具有抑制能力，对于食品防腐非常有利。单宁具有抗氧化和清除自由基的能力，从食用资源中提取、分离的单宁，可作为天然的食品添加剂，用以调节食品风味，具有保健性的抗氧化和防腐作用。一些低分子量的单宁（如茶单宁和梧酸）已经在食品工业中得到实际应用。目前，茶单宁作为食品添加剂已被广泛应用于饮料、面包、糖果等食品中。

1.4.3 单宁在反刍动物中的应用

单宁特别是缩合单宁广泛分布于反刍动物经常食用的牧草、乔木、灌木和豆科植物中。单宁在反刍动物应用中表现出的功能作用总结如下。

（1）提高生产性能

有研究表明，与饲喂不含缩合单宁的黑麦草（*Lolium perenne*）或白车轴草（*Trifolium repens*）的对照组相比，饲喂含适量单宁的百脉根（*Lotus corniculatus*）能提高羔羊的生长速率和绵羊的产毛量。此外，相对于不含单宁的牧草，含有适量单宁的驴食草（*onobrychis viciifolia*）、雏菊（*Bellis perennis*）和绣球小冠花（*Coronilla varia*）同样表现出提高反刍动物生产性能的特点，它们可能发生的作用机制包括提高饲料蛋白质和必需氨基酸的利用率、减少病原微生物和寄生虫的侵袭、提高反刍动物自身的免疫力。

（2）提高氮利用率

单宁对反刍动物氮利用率的改善作用源于其对饲料蛋白质的可逆结合，当 pH 在 4.0～7.0 时，单宁-蛋白质复合物相对稳定，低于或高于此范围则会发生解离。瘤胃环境的 pH 一般在 5.0～7.0，单宁-蛋白质复合物不易被微生物降解产生铵态氮，减少铵态氮被瘤胃壁吸收，在肝脏中转化为尿素，随尿液排出体外，而是直接流向后部消化道，当流经真胃（pH<2）和十二指肠（pH 8.0～9.0）时，单宁-蛋白质复合物发生解离，蛋白质被胃蛋白酶和胰蛋白酶进一步分解为肽类和氨基酸，在小肠内被吸收。单宁提高了过瘤胃蛋白的数量，保护饲料蛋白质不在瘤胃内降解，提高必需氨基酸的吸收利用或通过减少尿氮排放提高氮沉积率，改善反刍动物对饲料蛋白质的利用效率。

（3）温室气体减排

温室气体是造成全球变暖的主要原因之一，主要包括二氧化碳、甲烷、氧化亚氮、部分含氟类气体等，而反刍动物的瘤胃发酵和粪污储存过程中产生大量的甲烷和氧化亚氮，是温室气体排放的重要来源。有研究者分析了反刍动物日粮中单宁水平与甲烷产量的关系，结果表明随着单宁添加剂量的增加，甲烷产量逐渐降低。也有研究者利用含缩合单宁的豆科牧草湿地百脉根（*Lotus corniculatus*）研究了缩合单宁对体外甲烷产生的影响，指出单宁通过两种途径抑制甲烷产生，分别是通过抑制底物消化率降低 H^+ 的供应量和直接抑制产甲烷菌的生长繁殖。由于反刍动物对饲料蛋白质的利用效率相对较低，氮素排泄量高于单胃动物，排泄氮中粪氮占 20%～40%，尿氮占 60%～80%，然而尿氮更容易被微生物分解产生氨气和氧化亚氮等有害气体，单宁通过结合饲料蛋白质提高氮利用效率，同时改变氮排泄类型，增加粪氮排泄，减少尿氮排泄，最终减少氨气和氧化亚氮等有害气体的产生。

（4）防止瘤胃臌气

当反刍动物采食鲜嫩多汁的豆科牧草时，由于蛋白质溶解度较高，会使瘤胃中产生大量稳定的泡沫，瘤胃发酵产生的气体聚集在瘤胃中无法排出体外，造成瘤胃臌气，严重时直接导致动物死亡。但单宁通过结合可溶性蛋白和降低蛋白质溶解度减少泡沫的产生，从而有效降低瘤胃臌气的发病率。并且也有研究发现，与紫苜蓿（*Medicago sativa*）相比，肉牛采食苜蓿和红豆草（适量缩合单宁）混合牧草可以有效减少瘤胃臌气的发病率，但是不能完全避免瘤胃臌气的发生。

（5）减少寄生虫病的发生

反刍动物生产过程中会受到寄生虫病的侵扰，尤其在放牧条件下，寄生虫的幼虫可以通过多种途径进入反刍动物体内，轻则影响动物生长发育和生产性能，重则导致死亡，给反刍动物生产带来经济损失。人们通过体外和体内试验均发现单宁具有有效的抗寄生虫效果，有研究指出单宁对寄生虫的抑制作用源于单宁的蛋白质结合特性，单宁能够结合寄生虫产生的关键酶，从而抑制寄生虫的生长。另外，单宁可以抑制幼虫的生长和成虫的繁殖。虽然单宁具有抗寄生虫活性，但是由于单宁浓度和化学结构复杂多样，因此，不同文献的研究结果并不一致，还需继续探索单宁的化学结构与抗寄生虫活性之间的关系。

植物单宁作为天然多酚类物质，由于其分子结构特点的多样性，使其具有多种对反刍动物生长有利的生物学活性，对维持反刍动物营养和健康有重要作用。目前，人们对单宁的结构和营养特性研究还不够充分，试验对象多集中于单宁复合物，单一单宁的作用研究较少，学科间的交叉研究也很欠缺，导致部分结论还限于推测，作用机理尚未清楚。研究人员需要进一步研究不同来源的单宁中起主要作用的活性成分，以及它们的结构特点和发挥作用的机理，才能实现单宁在反刍动物上的精准应用。

1.4.4　单宁在单胃动物中的应用

与反刍动物不同，单宁在传统上被认为是单胃动物营养中的"抗营养"因子，对单胃动物的采食量、营养物质消化率和生产性能都有负面的影响。因此，在饲料工业中，尽量减少含单宁饲料在猪和家禽饲料中的使用，或在使用此类饲料时采取措施降低其膳食浓度。然而，最近的一些报告显示，低浓度的几种单宁来源改善了单胃动物的健康状况、营养和动物性能。与反刍动物相比，单宁在单胃动物体内促进生长的作用机制尚不清楚。虽然有报道表明，低浓度的单宁增加了单胃动物的采食量，从而提高了单胃动物的性能，但鉴于单宁的涩味，似乎没有理由认为这是通过改善饲料的适口性来实现的。迄今为止的资料似乎表明，单胃动物中单宁的促生长作用依赖于它们在抗菌、抗氧化和抗炎方面的积极作用，促进了动物肠道生态系统的健康。但单宁对动物生长性能的最终影响取决于动物的种类和它们的生理状态、饲料、单宁的类型以及它们在饮食中的浓度。与其他家畜相比，猪在饮食中似乎对单宁有相对的抵抗力，它们能够食用相对大量富含单宁的饲料，而不会出现任何有毒症状。这可能是由于腮腺肥大和唾液中分泌的富含脯氨酸的蛋白质结合并中和了单宁的毒性作用。与反刍动物单宁的广泛来源相比，用于单胃动物的单宁来源相当有限，迄今为止只有少数几种被研究并显示出作为饲料添加剂的潜力，见表1-15。

表1-15　单宁在单胃动物中的应用

来源	单宁种类	动物	用量	效果
栗木	水解类单宁	猪	0.15％、0.15％ 4种酸的混合物	对健康状况或生长表现无影响
栗木	水解类单宁	猪	0.19％、0.16％ 5种酸的混合物	增加体重；增加乳酸菌含量；降低肠道大肠埃希菌含量
栗木	水解类单宁	猪	0.71％、1.5％	对采食量、体重增加和胴体性状无影响；降低饲料效率；唾液腺和球尾腺的大小减小
栗木	水解类单宁	猪	0.11％、0.23％、0.45％	提高饲料效率；降低了氨、异丁酸和异戊酸的盲肠浓度；对细菌盲肠计数无影响；有增加空肠乳酸杆菌活菌数的趋势

来源	单宁种类	动物	用量	效果
栗木	水解类单宁	猪	0.3%	对沙门菌的粪便排泄无影响；对肠道和内脏器官的定植没有影响
栗木	水解类单宁	猪	1%、2%、3%	增加小肠绒毛高度、绒毛周长和黏膜厚度；减少大肠有丝分裂和凋亡；对肝脏没有影响
栗木	水解类单宁	肉鸡	0.15%~1.2%	减少肠道中的产气荚膜梭菌数量
栗木	水解类单宁	肉鸡	0.15%、0.2%、0.25%	0.20%时能改善生长性能；对肠道内N平衡和胴体特性无影响
葡萄籽	缩合类单宁和其他酚类化合物	猪	1%	粪便微生物群落中毛螺旋菌科、梭状芽孢杆菌、乳酸杆菌和瘤胃球菌科的丰度增加
葡萄籽提取物	缩合类单宁和其他酚类化合物	肉鸡	0.72%	体重增加减少；增加乳酸杆菌，肠球菌和减少回肠内容物中梭菌的数量；盲肠消化物中大肠埃希菌，乳酸杆菌、肠球菌和梭菌的数量增加
葡萄籽提取物	缩合类单宁	肉鸡	5mg/kg、10mg/kg、20mg/kg、40mg/kg、80mg/kg	10~20mg/kg的剂量降低了黄粉虫感染后的死亡率和体重增加，取得了较好的效果；提高了被感染肉鸡的抗氧化状态和生长性能
葡萄籽提取物	缩合类单宁	肉鸡	125mg/kg、250mg/kg、500mg/kg、1000mg/kg、2000mg/kg	对生长性能、死亡率、总脂质、高密度脂蛋白和极低密度脂蛋白胆固醇没有影响；降低总胆固醇和低密度脂蛋白胆固醇；增加针对新城疫病毒疫苗的抗体滴度
葡萄籽提取物	缩合类单宁	肉鸡	0.025g/kg、0.25g/kg、2.5g/kg、5g/kg	5.0g/kg时会降低生长性能，蛋白质和氨基酸的回肠消化率；对腰肉样品中硫代巴比妥酸活性物质的生成无影响；铜、铁和锌的血浆浓度呈线性降低；葡萄籽提取物在鸡肉日粮中添加量高达2.5g/kg时对生长性能或蛋白质和AA消化率没有不利影响
布拉酵母菌发酵葡萄渣	缩合类单宁	猪	0.3%	30g/kg提高了猪肉的生长性能、养分消化率，改变了皮下脂肪的脂肪酸结构和某些特性
葡萄籽	缩合类单宁和其他酚类化合物	猪	2.80%	减少了霉菌毒素的胃肠吸收；马来西亚白葡萄渣比红葡萄渣更有效

来源	单宁种类	动物	用量	效果
葡萄籽	缩合类单宁	猪	10%	不影响硫代巴比妥酸反应产物的产生；加深猪肉的红色程度
葡萄籽	缩合类单宁和其他酚类化合物	肉鸡	6%	对体重增长无影响；增加了乳酸菌、肠球菌的数量；降低了回肠中梭菌的数量；盲肠消化系统中大肠埃希菌、乳酸菌、肠球菌和梭菌的数量增加
葡萄籽	缩合类单宁和其他酚类化合物	肉鸡	5%、10%	对体重增长无影响；提高大腿肉的氧化稳定性和多不饱和脂肪酸含量
葡萄籽	缩合类单宁和其他酚类化合物	肉鸡	1.5%、3%、6%（0.22%、0.4%、0.9%）	对生长性能，消化器官大小和蛋白质消化率无影响；增加饮食量、排泄物量、回肠内容物和胸肌的抗氧化活性
单宁酸	水解类单宁	猪	125mg/kg、250mg/kg、500mg/kg、1000mg/kg	降低了总体平均日增重、饲料效率和粪便大肠菌群计数
单宁酸	水解类单宁	猪	125mg/kg	对生长性能没有影响；当饮食中的铁含量不足时，对血液学和血浆铁状态有负面影响；总厌氧菌、梭状芽孢杆菌和大肠埃希菌减少，但双歧杆菌和乳酸杆菌增加
单宁酸	水解类单宁	肉鸡	0.5%	提高生长性能；降低血糖水平；增加鸡胸肉和大腿肉中的脂肪含量；降低肝脏中的胆固醇含量
单宁酸	水解类单宁	肉鸡	0.75%、1.5%	对盲肠沙门菌培养阳性鸡和盲肠内容物中伤寒沙门菌数量无影响
单宁酸	水解类单宁	肉鸡	2.5%、3%	减少体重增加、蛋白质效率和法氏囊、胸腺和脾脏的重量；减少总免疫球蛋白 M（IgM）和总免疫球蛋白 G（IgG）水平、总白细胞数量、绝对淋巴细胞数量
单宁酸	水解类单宁	肉鸡	1%	降低体重增加和饲料摄入量；通过减少单不饱和脂肪酸，改善热应激下肉鸡胸肌脂肪酸分布
甜栗木	水解类单宁	肉鸡	0.025%、0.05%、0.1%	0.025%和0.05%对生长和饲料效率无影响；0.1%时生长降低；对胴体品质无影响；减少小肠内大肠埃希菌数

来源	单宁种类	动物	用量	效果
甜栗木	水解类单宁	鸡	0.07%、0.2% (0.05%、0.15%)	对生长性能无影响;对有机质、粗蛋白、钙和腐败无影响;排泄物中干物质含量增加
含羞草	缩合类单宁	肉鸡	0.5%、1.5%、2.0%、2.5%	减少饲料摄入量和体重增加;在低于1.5%的水平下提高饲料效率;降低能量、蛋白质和氨基酸的回肠消化率;对胰腺和空肠酶的活性没有影响
红坚木	缩合类单宁	肉鸡	10%	受试鸡体重增加,绒毛比例增加;卵囊排泄减少
橡木	水解类单宁	猪	0.516g/kg	不影响采食量,提高饲料效率;对胃黏膜无影响

1.4.5 单宁在医药工业中的应用

单宁酸的药理活性综合体现在其与蛋白质、酶、多糖、核酸等的相互作用,以及单宁酸的抗氧化和与金属离子相络合等性质。

单宁具有与生物体内的蛋白质、多糖、核酸等作用的生理活性,使其在医药领域应用广泛,自古以来就是多种传统草药和药方中的活性成分。单宁与蛋白质的结合是单宁最重要的特征,单宁的生理活性与它和蛋白质的结合密切相关。

(1)抑菌

单宁能凝固微生物体内的原生质并作用于多种酶,对多种病菌(如霍乱弧菌、大肠埃希菌、金黄色葡萄球菌等)有明显的抑制作用,而在相同的抑制浓度下不影响动物体细胞的生长。例如,柿子单宁可抑制百日咳毒素、破伤风杆菌、白喉杆菌、葡萄球菌等病菌的生长;茶单宁可作胃炎和溃疡药物成分,抑制幽门螺杆菌的生长;睡莲根所含的水解单宁具有杀菌能力,可治喉炎、眼部感染等疾病;槟榔单宁和茶单宁可阻止链球菌在牙齿表面的吸附和生长,并抑制糖苷转移酶的活性及糖苷合成,从而减少龋齿发生。已有生产将单宁用作防龋齿糖果的原料和消臭剂。

(2)抗病毒

单宁可以抑制许多对人体有害病毒。单宁的抗病毒性质和抑菌性相似,其中鞣花单宁抗病毒作用显著。一些低分子量的水解类单宁,尤其是二聚鞣花单宁和没食子单宁,具有明显的抗病毒和抗HIV活性。治疗流感、疱疹的药物，都与单宁抗病毒作用有关。单宁的抗病毒作用机制主要是由于单宁能够和酶作用形成复合物，抑制很多微生物酶的活性，如纤维素酶、胶质酶、木聚糖酶、过氧化物酶、紫胶酶和糖基转化酶等。另外，损伤微生物膜、与金属离子复合也是单宁抗病毒的机制。单宁分子内的酚羟基，能够与很多金属离子发生螯合作用，减少微生物生长所必需的金属离子，从而影响金属酶的活性。

（3）抗过敏

食物中某些未消化的小分子（源自蛋白质）对特殊人群来说是过敏原，其体内因过敏原产生特异的抗体，放出某种化学物质，从而引起过敏。单宁抗过敏机制是抑制化学物质的释放。临床试验表明，甜茶对许多过敏患者具有显著疗效，经分析认为是鞣花单宁聚合物起到抗过敏作用。

（4）抗氧化和延缓衰老

生物体内过剩的自由基会损伤生物大分子、破坏蛋白质构象，引发组织器官老化，促进衰老进程和导致多种疾病。研究表明，单宁对超氧自由基（$O_2 \cdot$，$HO_2 \cdot$）和羟自由基（$\cdot OH$）、硝氧基（$NO_2 \cdot$）、臭氧（O_3）和过氧化氢（H_2O_2）等多种活性氧和脂质过氧化自由基（$ROO \cdot$、$R \cdot$）等具有广谱清除能力，比常用抗氧化剂维生素 C、维生素 E 的自由基清除能力强。单宁可以通过还原反应降低环境中氧的含量，也可以作为氢体与环境中的自由基结合，终止自由基引发的连锁反应，从而阻止氧化的继续。如桑葚、肉桂、杜仲等含有的单宁可减少肝脏线粒体自由基，从而抑制肝脂质过氧化而保护肝肾。单宁还可以防止 UV 照射所致的皮肤红斑等伤害，增加皮肤弹性和光滑度。

（5）预防心脑血管疾病

血液流变性降低、血脂浓度增加、血小板功能异常是心脑血管疾病发生的重要因素。一些单宁（如大黄、三七、紫荆皮等草药中的多酚）具有活血化瘀的功能，可以改善血液流变性。单宁还可以通过降低小肠对胆固醇的吸收从而降低血脂浓度，减少心脑血管疾病的发生。单宁具有突出的抗高血压性质，柯子酸、槟榔单宁本身具有降血压作用，虎杖单宁具有降血糖的作用。一些水解类单宁（如云实素、大黄单宁等）虽然不能降血压，但是可以减少患脑出血、脑梗死的发生。

（6）抗肿瘤和抗癌变

单宁分子量大小、棓酰基含量及酚羟基的立体构象对抗癌活性有影响。研究发现，含棓酰基越多，单宁的抗癌活性越强。单宁的抗肿瘤作用是通过提高受体对肿瘤细胞的免疫力来实现的。仙鹤草、猪牙皂等草药具有抗肿瘤活性，长期饮用绿茶和食用水果、蔬菜可有效减少癌症和肿瘤的发病率，这些都与植物中所含的单宁类化合物有关。单宁是有效的抗诱变剂，对多种诱变剂具有多重抑制活性，并能促进生物大分子（DNA）和细胞的损伤修复，体现出一定的抗癌作用。单宁可以提高染色体精确修复的能力和细胞的免疫力，抑制肿瘤细胞的生长。在这些作用中，单宁的收敛性、酶抑制、清除自由基、抗脂质过氧化等活性得到了集中体现。

1.4.6 其他作用

柿子单宁能抑制蛇毒蛋白的活性，对多种眼镜蛇的毒素有很强的解毒作用。单宁除了其本身具有生物活性外，其降解后的小分子产物还可用于合成药物中间体。对单宁进行化学修饰和改性，以单宁为中间体进一步合成药物已成为研究热点。

由于单宁是一种天然多元酚，因此可以代替苯酚与甲醛等聚合形成树脂，用作胶合板等的胶黏剂。

黑荆树、落叶松、毛杨梅单宁，具有间苯二酚或间苯三酚型 A 环，A 环对甲醛的反应活性大于苯酚。黑荆树单宁大体上与间苯二酚相当。落叶松、毛杨梅单宁的反应活性更大，大体上与间苯三酚相当。B 环的反应活性远不及 A 环。通常不参加交联反应。只有在高碱性（pH＞10）或二价金属的催化下，B 环才参加交联反应。

（1）黑荆树单宁胶黏剂的制备与应用

采用酚醛树脂或酚-脲醛树脂作加强剂兼固化剂，与黑荆树栲胶水溶液混合成胶。例如：45%黑荆树栲胶水溶液 70 份，45%酚醛树脂液 30 份，面粉 8 份，40%NaOH 调 pH 值 5～7。以此配方的黑荆树单宁胶压制的马尾松胶合板符合室外级胶合板的要求。

（2）落叶松单宁胶的制备和应用

用落叶松栲胶取代 60%苯酚制成的单宁-苯酚-甲醛预树脂（暗红色稠状液体）。以该预树脂与其重 6%～10%工业甲醛（浓度 37%）混合成胶，涂于厚 5mm、含水量 8%的竹片上，涂胶量 450g/m^2。三层板预压 10h，热压温度 145～150℃、压力 3.3MPa、时间 17min。所制竹材胶合板都符合汽车车厢底板的要求（胶合强度≥2.5MPa，静电强度≥95MPa）。

除了上述用途以外，单宁还在其他许多方面得到了应用，如脱硫剂、钻井泥浆处理剂、锅炉的除垢防垢剂、水处理剂、金属防腐防锈剂等，但是植物单宁的高附加值应用材料仍然有待开发。

第 **2** 章
栲胶及栲胶产品

2.1 栲胶

由富含单宁的植物原料，经过浸提、浓缩等步骤加工制得的化工产品，称为栲胶。

2.1.1 栲胶原料

单宁的植物各部位（如树皮、根皮、果壳、木材和叶等），通称为栲胶原料或植物鞣料。黑荆树皮、坚木、栗木和橡椀等都是世界上著名的栲胶原料。我国常见的栲胶生产主要原料有落叶松树皮、毛杨梅树皮、马占相思树皮、余甘子树皮、橡椀等。

2.1.1.1 栲胶生产对原料的要求

植物界中含单宁的植物很多，但不是所有含单宁的植物都可以作为栲胶原料。栲胶生产一般对原料有如下要求：

① 原料的单宁含量和纯度较高：对于较分散的原料，一般要求单宁含量在15%以上，纯度50%以上。

② 栲胶性能良好：鞣制性能最好具有渗透速度快、结合牢固、颜色浅淡，以便数种栲胶搭配使用，成革丰满、富有弹性。

③ 原料资源丰富、生长较快：根据现有的生产水平，每生产1t栲胶需要的原料量较大，一般是2~8t，必须有足够的数量才能保证栲胶厂常年生产，同时原料生长快，形成良性循环，使原料资源不会逐年减少。

2.1.1.2 栲胶原料的采集

栲胶原料种类较多，采集时间、采集方式各不相同。例如：余甘子树皮一般在5~6月时立木剥皮，树干留1~3cm的树皮营养带，不损伤木质部，这样经1年后可长出再生树皮，以保护资源。毛杨梅树皮常在初夏树液流动时剥皮。落叶松树皮是在采伐、运到贮木场后剥皮。剥下的树皮尽快送到工厂加工，可提高栲胶质量和产量。对于果壳类原料，我国栓皮栎和麻栎的果实8~9月和9~10月成熟。一般橡椀过熟落地后收集则颜色变深，还有霉烂和杂物，影响质量。土耳其大鳞栎橡椀采集一般是在成熟前，橡椀颜色浅、质量好。

2.1.1.3 栲胶原料的贮存

新鲜栲胶原料含单宁多、颜色浅，栲胶产量高、质量好，因此尽量使用新鲜原料，避免使用陈料。但是由于植物原料季节性强，部分地区使用陈料是不可避免的。总体来说，原料在贮存过程中会发生质量下降，主要表现为：

① 栲胶得率降低：由于非单宁中糖类发酵分解，以及单宁水解或缩合等原因，可作为栲胶被提取出来的物质含量减少。

② 颜色变浅：原料在贮存过程中受空气中的氧、阳光及酶的作用，使单宁的酚羟基氧化成醌基，其颜色变深，并随温度、pH值提高而增加。所以原料贮存应避免日晒、高温和发酵。

③ 红粉值增大：在水中加5％（占原料重）的亚硫酸钠浸提原料所得的单宁量与清水浸提所得的单宁量之比值，称红粉值。如前所述，红粉是聚合度大、不溶于热水但溶于醇或亚硫酸盐水溶液的原花色素，相当于水不溶性单宁。栲胶原料在生长或存放过程中，随着时间的延长，缩合程度加大。

④ 发霉：原料含水率高、被雨淋湿、堆放不通风等条件，使微生物繁殖而引起发霉，导致栲胶产率和单宁含量大大下降，颜色变深。

2.1.2 栲胶的组成及其理化性质

2.1.2.1 栲胶的主要组成

用水将植物鞣料中的单宁浸提出来，再经进一步加工浓缩而得到栲胶。栲胶中的有效组分是单宁，伴随在一起的还有非单宁、水不溶物及水，组成了复杂的混合物，单宁和非单宁均溶于水，二者合称为可溶物。可溶物与不溶物一起称为总固物。事实上，单宁与非单宁之间，可溶物与不溶物之间并没有明显的界限，需采用公认的分析方法，在规定的操作条件下测定，才能得到比较可靠的、一致的数据。

单宁在可溶物中的相对含量，可以用单宁的比例值表示，也可以用纯度表示。纯度是单宁在可溶物中的百分率，亦即单宁在单宁与非单宁总量中所占的比率。

（1）单宁

单宁是栲胶中的有效组分，具有鞣制能力，能被皮粉吸收。单宁总是以多种化学结构相近的植物多酚组成的复杂混合物状态存在。

（2）非单宁

非单宁是栲胶中的不具有鞣制能力的水溶性物质，由非单宁酚类物质、糖、有机酸、含氮化合物、无机盐等组成，随栲胶的种类而异。非单宁酚类物质中，有些是单宁的前体化合物或分解物（如黄烷醇、棓酸），还有各种黄酮类化合物、羟基肉桂酸，低分子量棓酸酯等。有的低聚黄烷醇或低分子量的棓酸酯具有不完全的鞣性，被称为半单宁。半单宁的存在模糊了单宁和非单宁之间的界限，也造成了不同的单宁定量分析测定数据间的差异。糖是非单宁中的主要部分，如葡萄糖、果糖、半乳糖、木糖等。橡椀栲胶含糖6％～8％、落叶松栲胶含糖8％～10％。栲胶中的有机酸有乙酸、甲酸、乳酸、柠檬酸等。含氮化合物有植物蛋白、氨基酸、亚氨基酸等。黑荆树皮栲胶含氮约0.25％。无机盐中常见的是钙、镁、钠和钾盐，这些盐多是由栲胶浸提用水及栲胶原料所带入。经过亚硫酸盐处理使栲胶含盐量增加。

（3）不溶物

不溶物是常温下不溶于水的物质，主要有：单宁的分解产物（黄粉）、缩合产物（红粉）、果胶、树胶、低分散度的单宁、无机盐、机械杂质等。

2.1.2.2　栲胶的化学组成

（1）缩合类单宁

树皮类栲胶产品主要含缩合类单宁。常见的缩合类单宁，除黑荆树皮单宁和坚木单宁为间苯二酚A环型的原花色素外，大多属于间苯三酚A环型的原花色素，例如落叶松、木麻黄、山槐树皮、红根根皮、薯莨块茎所含的单宁为原花青定。余甘子、槲树皮所含的单宁为原翠雀定-原花青定。毛杨梅树皮单宁为原翠雀定。槲树皮及毛杨梅单宁还含少量的鞣花单宁。全世界在数量上占了单宁资源绝大部分的针叶树（如云杉、铁杉、辐射松、北美云杉等）树皮所含单宁均为原花青定，间或兼有少量的原翠雀定。

① 落叶松树皮单宁。从兴安落叶松树皮获得的黄烷醇有：（－）-表阿福豆素、（＋）-儿茶素、（－）-表儿茶素。二聚原花色素有：原花青定B-1、B-2、B-3、B-4。落叶松树皮的水溶性单宁是多聚原花青定，数均分子量约2800，相当于9～10聚体。多聚原花青定上部单元中，2,3-顺式与反式的比例约为6：4，底端单元由（＋）-儿茶素、（－）-表儿茶素组成，二者的比例约为8：2。除了水溶性单宁外，落叶松树皮还含有大量的水不溶性红粉单宁（约占总单宁的1/4～1/2）。红粉单宁在酸-醇处理下也生成花青定。

② 坚木单宁。坚木单宁属于原菲瑟定，其特点是组成单元为2S构型的。坚木多酚的分子量为200～50000，数均分子量1230。在坚木心材中，除原菲瑟定外，还有（－）-无色菲瑟定和（＋）-儿茶素等黄烷醇。从坚木单宁中找到的二聚原菲瑟定有：对映-菲瑟亭醇-(4β→8)-儿茶素、对映-菲瑟亭醇-(4α→8)-儿茶素、对映-菲瑟亭醇-(4β→6)-儿茶素、对映-菲瑟亭醇-(4α→6)-儿茶素，相对含量为11：5：3：1。

③ 黑荆树皮单宁。黑荆树皮单宁组成复杂，以聚合原刺槐定为主（约占70%），伴有原菲瑟定及少量的原翠雀定。单宁的分子量为550～3250，数均分子量1250。黑荆树皮内的黄烷醇有：（＋）-儿茶素、（＋）-棓儿茶素、（一）-菲瑟亭醇、（一）-刺槐亭醇、（＋）-无色刺槐定、（＋）-无色菲瑟定。二聚原花色素有：菲瑟亭醇-(4α→8)-儿茶素、菲瑟亭醇-(4β→8)-儿茶素、刺槐亭醇-(4α→8)-儿茶素、刺槐亭醇-(4α→8)-儿茶素、刺槐亭醇-(4α→8)-棓儿茶素。坚木单宁的三聚原菲瑟定和黑荆树皮的三聚原花色素都是角链型的。黑荆树的不成熟的树皮内含有原刺槐定、原菲瑟定及原翠雀定，成熟了的干皮只含前两者而几乎不含原翠雀定。

④ 云杉树皮单宁。欧洲云杉树皮含多量的云杉鞣酚等茋类化合物。但是云杉树皮单宁的组成则是葡萄糖苷化了的多聚原花青定。2,3-顺式单元占70%，底端单元为（＋）-儿茶素。糖基可能连在组成单元的酚羟基上，但具体位置尚未确定。

⑤ 辐射松树皮单宁。辐射松树皮单宁是多聚原花青定-原翠雀定，数均分子量达8400。内皮中原翠雀定较多，约占50%，外皮中原花青定约90%。从树皮单离出来的有关化合物有（＋）-儿茶素，二聚原花青定B-1、B-3、B-6及三聚原花青定C2。

⑥ 火炬松与短叶松树皮单宁。火炬松与短叶松树皮单宁的组成十分相似，均为2,3-顺式的多聚原花青定。火炬松树皮单宁的重均及数均分子量分别为4100及2150，4→8与4→6位连接单元的比例约为3:1。从火炬松树皮单离出来的有关化合物有：（＋）-儿茶素、二聚原花青定B-1、B-3、B-7等。

⑦ 毛杨梅树皮单宁。毛杨梅树皮中的水溶性单宁是局部棓酰化了的多聚原翠雀定，棓酰化的单元约占40%，2,3-顺式单元约占90%，底端单元为表棓儿茶素-3-O-棓酰酯。数均分子量约5000。从毛杨梅树皮单离出来的有关化合物有：棓酸，（一）-表棓儿茶素-3-O-棓酰酯及二聚原花青定，表棓儿茶素-(4β→8)-3-O-棓酰-表棓儿茶素及3-O-棓酰-表棓儿茶素-(4β→8)-3-O-棓酰-表棓儿茶素。此外，还有少量栗木鞣花素。

(2) 水解类单宁

① 五倍子单宁。五倍子是瘿绵蚜科一些种类的蚜虫寄生在漆树科盐肤木属盐肤木等植物叶上所形成的、富含单宁物质的各种虫瘿的总称，其中的单宁物质被称作五倍子单宁。五倍子单宁是聚棓酰葡萄糖的混合物，其化学结构均是以1,2,3,4,6-五-O-棓酰-β-D-吡喃葡萄糖为"核心"，在2，3，4位上有更多的棓酰基以缩酚酸的形式存在。五倍子单宁是五-O-棓酰葡萄糖～

十二-O-棓酰葡萄糖的混合物，最多的组分是七-O-棓酰葡萄糖～九-O-棓酰葡萄糖。平均分子量1434。平均每个葡萄糖基结合了8.3个棓酰基。混合物的结构式可用图2-1代表。

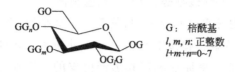

图2-1　五倍子单宁的代表结构式

② 土耳其棓子单宁。土耳其棓子为没食子蜂科（瘿蜂科）昆虫没食子蜂的幼虫，寄生于壳斗科植物没食子树幼枝上，雌虫产卵器刺伤没食子树的幼芽，使其长出赘生物，并将卵产于其中，至孵化成幼虫后，能分泌含有酶的液体，使植物体细胞中的淀粉迅速转变为糖，刺激植物细胞分生，赘生物逐渐长大，即成土耳其棓子。土耳其棓子单宁的组成比五倍子单宁复杂，有两种"核心"：$1,2,3,6$-四-O-棓酰-β-D-吡喃葡萄糖、$1,2,3,4,6$-五-O-棓酰-β-D-吡喃葡萄糖，结构式可用图2-2来代表。土耳其棓子单宁是三-O-棓酰葡萄糖～九-O-棓酰葡萄糖的混合物，最多的组分是五-O-棓酰葡萄糖～六-O-棓酰葡萄糖，平均分子量1032，平均每个糖基结合5.6个棓酰基。

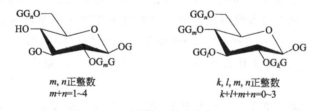

图2-2　土耳其棓子单宁代表结构式

③ 塔拉单宁。塔拉果荚的单宁是奎宁酸的棓酸酯及聚棓酸酯，有较大的酸性，这来源于奎宁酸的游离的羧基。平均1个奎宁酸结合4～5个棓酰基。它的化学结构式可能是以$3,4,5$-三-O-棓酰-奎宁酸为"核心"的聚棓酸酯。塔拉果荚还含有少量的葡萄糖、奎宁酸、莽草酸、棓酸、二棓酸、β-葡棓素及茶棓素等。

经LC-MS分析鉴定，塔拉单宁主要化学结构及化学成分见图2-3。

④ 栗木单宁和栎木单宁。欧洲栗及无梗花栎木材中的单宁组成十分相似。两种单宁的主要组分都是栗木素、甜栗素、栗木鞣花素及甜栗鞣花素，其含量在栗木单宁中分别占3%、8%、25%、53%，在栎木单宁中分别占7%、10%、19%、20%。

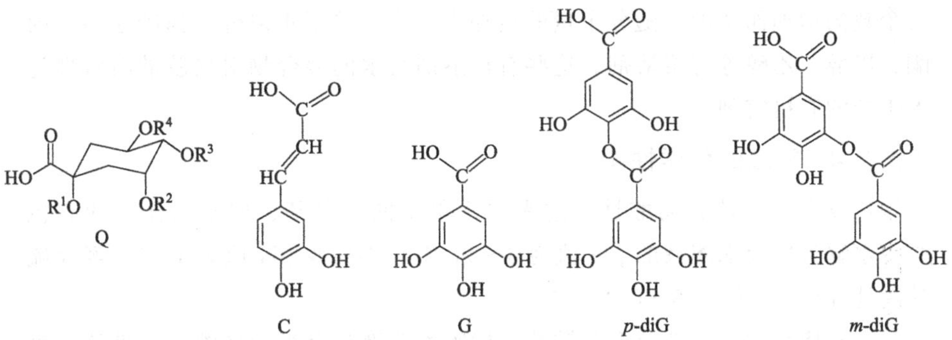

Q=奎宁酸, C=咖啡酸, G=没食子酸, diG=二没食子酸

化合物	R¹	R²	R³	R⁴	M_r
3-O-没食子奎宁酸	H	G	H	H	344
5-O-没食子奎宁酸	H	H	H	G	344
4-O-没食子奎宁酸	H	H	G	H	344
3,5-二-O-没食子奎宁酸	H	G	H	G	496
4,5-二-O-没食子奎宁酸	H	H	G	G	496
3,4,5-三-O-没食子奎宁酸	H	G	G	G	648
1,3,4,5-四-O-没食子奎宁酸	G	G	G	G	800
4-O-没食子酸酰基, 5-O-二没食子奎宁酸	H	H	G	diG	648
5-O-没食子酸酰基, 4-O-二没食子奎宁酸	H	H	diG	G	648

图 2-3 塔拉单宁中主要化学结构及化学成分

⑤ 橡椀单宁。小亚细亚栎及大叶栋的橡椀所含单宁由栗木鞣花素、甜栗鞣花素、栗椀宁酸、甜栗椀宁酸、橡椀鞣花素酸、异橡椀鞣花素酸及甜栗素组成。它们在单宁中所占比例分别为 14.4%（栗木鞣花素与栗椀宁酸）、29.3%（甜栗鞣花素与甜栗椀宁酸）、20.4%（橡椀鞣花素酸）及 14.2%（异橡椀鞣花素酸及甜栗素）。

⑥ 柯子单宁。柯子单宁含于柯子树的果实中。占单宁含量 2/3 的 6 种组分是：柯黎勒酸、柯黎勒鞣花酸、榄柯子素、1,2,3,4,6-五-O-棓酰葡萄糖、鞣料云实素及 1,3,6-三-O-棓酰葡萄糖。6 种组分在柯子粉中的含量分别为 16.4%、3.3%、1.3%、2.8%、0.8% 及 5.2%。

2.1.2.3 栲胶的物理性质

块状栲胶的相对密度为 1.42～1.55。粉状栲胶的相对密度为 0.4～0.7。栲胶水溶液的相对密度随浓度增加而增加，但随温度增加而降低。在相同浓度下，水解类栲胶的相对密度大于缩合类栲胶。

由于栲胶组成物的亲水性及各组分间的助溶作用等原因，栲胶在水中的溶解度较大，而单离单宁的溶解度较小。单宁的水溶性随分子中酚羟基的相对个数的增加而增加、随分子量的增加而减少。除了水以外，栲胶还溶于丙酮、甲醇、乙醇等有机溶剂。这些有机溶剂与水的混合物对栲胶的溶解性能大于纯的有机溶剂。

2.1.2.4　栲胶的化学性质

栲胶水溶液具有弱酸性，这来源于单宁的酚羟基、羧基及伴存的有机酸。水解类栲胶水溶液的 pH 值为 3～4，缩合类栲胶 pH 值为 4～5，经亚硫酸盐处理后 pH 值为 5～6。

由于栲胶的亲水性及多分散性，栲胶水溶液具有半胶体溶液的性质。单宁在胶体溶液中以胶团的形式存在，胶粒带负电。落叶松树皮单宁的动电电位（浓度 19.5g/L 时）为 -18mV。胶粒间的静电斥力，使栲胶溶液具有相对的稳定性而不易聚结。向栲胶溶液加入盐（例如 NaCl）后，溶液中部分单宁因失去稳定性而析出。利用分级盐析法可将单宁分离为重的（粗分散的）、基本的（中等分散的）和轻的（细分散的）单宁组分。

栲胶是以单宁为主要成分的工业品的名称，因此栲胶的化学性质即为单宁的化学性质，其中花色素的生成反应和原花色素的溶剂分解反应、亚硫酸盐反应等见 1.2 节。

（1）甲醛反应

缩合单宁与甲醛的反应是缩合单宁的定性反应之一（图 2-4）。原花色素的黄烷醇单元 A 环有高度活泼的亲核中心（C6、C8 位），容易发生亲电取代反应。与甲醛反应时，先在 A 环生成羟甲基取代基，然后与另一个 A 环发生脱水，生成亚甲基桥，将两个单宁分子桥连起来。

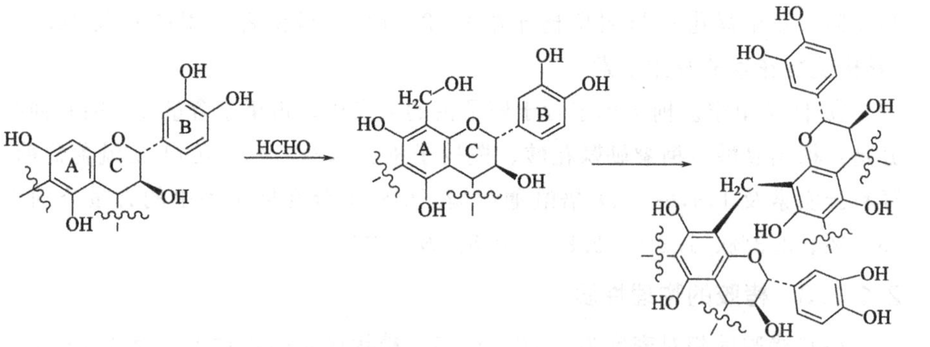

图 2-4　缩合单宁（以 C8 位为例）与甲醛的反应

反应继续进行时，产物的聚合度增加，成为热固性树脂，其原理与过程与酚醛树脂基本相同。原花色素组成单元的 B 环，还有水解单宁的芳环均有邻位的酚羟基而使反应活性降低，只有在金属离子催化或在较高 pH 值条件下才与甲醛发生反应。

（2）水解单宁的水解反应

在酸、碱或酶的水解作用下，水解单宁分子中的酯键发生断裂，生成多元醇（多数是葡萄糖）及酚羧酸。工业上对五倍子单宁或塔拉单宁进行水解，用以制取栲酸。

（3）氧化反应

单宁分子具有邻位酚羟基取代的芳环（儿茶型或邻苯三酚型）而易于氧化，生成邻醌或各种不同的氧化偶合产物。氧化反应的产物视反应物及反应条件而异。在碱性或有氧化酶的条件下，单宁的氧化很快。

五倍子单宁在水溶液中，随 pH 值的增加而被氧化，一般 pH≤2 时，氧化缓慢，pH 值为 3.5～4.6 时，氧化加快。如图 2-5，单宁中的栲酰被氧化成醌型或发生芳环间的氧化偶合，进而脱水，形成鞣花酸。

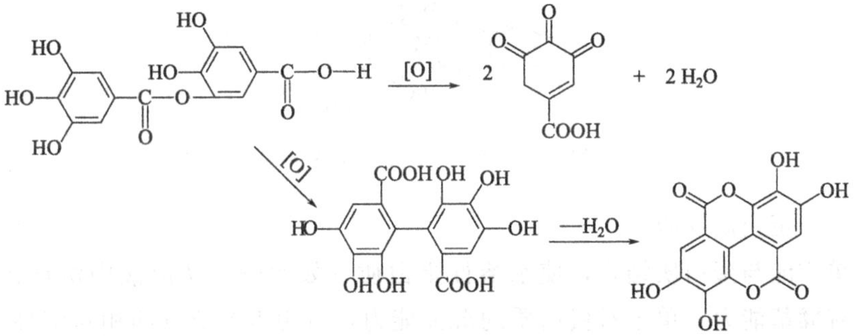

图 2-5　二栲酸的氧化反应

向栲胶溶液加入具有高于单宁分子中儿茶酚或邻苯三酚基的氧化势的化合物，如亚硫酸氢钠或二氧化硫，单宁的氧化就停止了。

（4）金属配合反应

单宁分子内有许多邻位的酚羟基，对金属离子有较强的配位作用。表 2-1为几种单宁及其前体化合物的加质子常数。表 2-2 为两种单宁及有关的模型化合物与不同金属离子生成的配合物的稳定常数。

表 2-1　几种单宁及其前化合物的加质子常数

$\lg K^k$	五倍子单宁（单宁酸）	木麻黄单宁	儿茶素	表儿茶素	原花青定 B2
$\lg K_1^k$	11.05	11.47	13.26	13.40	11.20
$\lg K_2^k$	10.81	11.40	11.26	11.23	9.61
$\lg K_3^k$	8.42	10.70	9.41	9.49	9.52
$\lg K_4^k$	—	9.92	8.64	8.72	8.59

表 2-2　单宁金属配位化合物的稳定常数（lg$K$）（20℃）

金属离子	模型化合物			单宁	
	苯酚	儿茶酚	棓酸	五倍子单宁	木麻黄单宁
Mn^{2+}	3.09	5.93	8.46	9.20	5.80
Zn^{2+}	4.01	6.42	7.50	14.70	14.45
Cu^{2+}	5.57	10.67	13.60	18.30	18.80
Fe^{3+}	8.34	15.33	20.90	24.60	27.60

单宁的金属配合物的稳定常数依顺序为 $Fe^{3+}>Cu^{2+}>Zn^{2+}>Mn^{2+}>Ca^{2+}$。单宁对金属的配合能力随 pH 值的增加而增加。在酸性条件下，黑荆树皮单宁与 Fe^{3+} 生成二螯合体（图 2-6）。只有在碱性条件下，黑荆树皮单宁与 Fe^{3+} 才生成三螯合体。

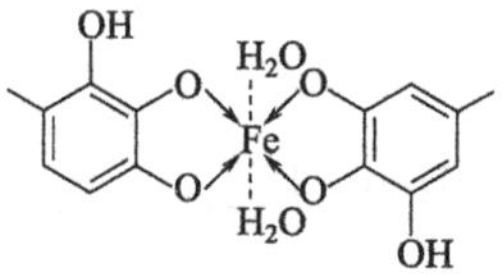

图 2-6　黑荆树皮单宁与 Fe^{3+} 生成的二螯合体

（5）蛋白质反应

单宁能与蛋白质结合，使水溶性蛋白质（如明胶）从溶液中沉淀出来，并具有鞣革能力。单宁对蛋白质的沉淀能力，可用 RA 值（即相对涩性）表示，或用 RAG、RMBG 值表示。

单宁的 RA 值，是使蛋白质（如血红蛋白或各葡萄糖苷酶）产生相同程度的沉淀时所耗用的单宁酸（即五倍子单宁）溶液与该单宁的溶液浓度的比值。RA 值大则结合能力强。RAG 值是使蛋白质产生相同程度的沉淀所耗用的老鹳草素［为鞣花单宁，结构式为：1-O-棓酰-3,6-O-(R)-六羟基联苯二酰-2,4-O-(R)-脱氢六羟基联苯二酰-β-D-吡喃葡萄糖］溶液与该单宁溶液浓度的比值。RMBG 值是使亚甲基蓝产生相同程度的沉淀所耗用的老鹳草素溶液与该单宁溶液浓度的比值。

在分子量 500～1000 范围内，单宁的 RA 值随分子量的增加而呈直线增加到约为 1，分子量继续增加时 RA 值基本不变。表 2-3 及表 2-4 分别示出几种水解单宁及缩合单宁（以及有关化合物）的 RAG 值及 RMBG 值。

此外，单宁分子的形状（构象）的挠变性小，也使它与蛋白质结合能力降低。例如：五-O-棓酰葡萄糖与木麻黄亭的分子量几乎相等，但后者的结合能力不及前者。这是由于前者的分子是可变形的盘状，而木麻黄亭

（即 1-O-棓酰-2,3,4,6-二-O-六羟基联苯二酰葡萄糖）分子内有两个六羟基联苯二酰基环存在，使分子僵硬、难于变形，结合能力降低。

表2-3　水解单宁及有关化合物的 RAG 及 RMBG 值

化合物	分子量	RAG 值	RMBG 值
棓酸	170	0.11	0.07
六羟基联苯二酸	338	0.23	0.20
1,2,6-三-O-棓酰葡萄糖	636	0.64	0.80
1,2,3,4,6-五-O-棓酰葡萄糖	940	1.29	1.21
木麻黄亭	937	0.59	1.20
老鹳草素	953	1.00	1.00
栗木鞣花素	935	—	1.07

表 2-4　缩合单宁及有关化合物的 RAG 及 RMBG 值

化合物	分子量	RAG 值	RMBG 值
（一)-表儿茶素	290	0.08	0.01
3-O-棓酰-表儿茶素	442	0.81	0.60
原花青定 B2	578	0.10	0.05
原花青定 B2-3,3′-二-O-棓酰酯	883	1.01	0.98
大黄单宁 C	110	1.03	0.91

　　皮革生产中的鞣制过程就是单宁与胶原结合，将生皮转变为革的质变过程。这个过程是由单宁（以及非单宁）的扩散、渗透、吸附、结合等过程组成的复杂的物理和化学过程。只有分子量合适的（500～4000）单宁才能进入胶原纤维结构间并产生交联，以完成鞣制过程。

　　单宁分子参加反应的官能团主要是邻位酚羟基，其他基团如羧基、醇羟基、醚氧基等也参加反应，但不居主要地位。单宁与蛋白质的可能的结合形式有：氢键结合、疏水结合、离子结合、共价结合。前面三种是可逆结合，共价结合是不可逆结合。一般认为氢键和疏水结合是主要的形式。单宁的邻位酚羟基与蛋白质的肽基（RCH—NH—CO—）之间的双点氢键结合示意图如图2-7。

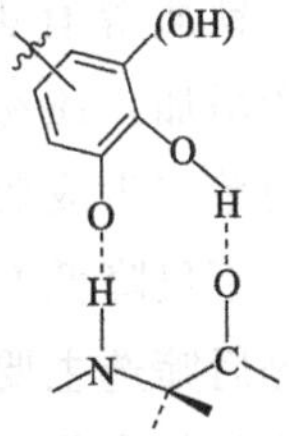

　　（6）栲胶的陈化变质

　　栲胶水溶液经长期存放会发生变质，水解类栲胶一般比缩合类栲胶易于变质。陈化

图 2-7　单宁邻位酚羟基与蛋白质肽基之间的氢键结合示意图

变质过程中的化学变化很复杂，如：单宁水溶液黏度增大、聚集稳定性降低、盐析程度增加；单宁发生氧化颜色加深；水解单宁在酶的作用下水解；鞣花单宁水解后产生黄粉沉淀；缩合单宁在酶催氧化下发生聚合，产生红粉沉淀；非单宁中的糖，以及水解类单宁水解后产生的糖，发酵生成乙醇、乙酸，此外还有其他产物如乳酸、丁酸、甲酸等。

2.1.3 栲胶生产工艺

一般来说，栲胶生产工艺过程有原料粉碎、筛选、净化和输送、原料浸提、浸提液蒸发、浓胶喷雾干燥等。对于缩合类单宁原料，提取时还常进行亚硫酸盐处理（磺化）。

2.1.3.1 备料

（1）原料的粉碎

碎料的粒度是影响浸提过程的重要因素。碎料粒度小，可以缩短水溶物从碎料内部转移到淡液中的距离，增大碎料与水的接触面积，从而加速浸提过程，缩短浸提时间，减少单宁损失，提高浸提率和浸提液的质量。单宁大多含于植物细胞组织中，这些细胞绝大多数是顺数轴方向排列的，因此原料粉碎时，横向切断树皮和木材，就能更多地破坏细胞组织。由于原料细胞组织被破坏，从而加速水分的渗入、单宁的溶解和扩散。粉碎在一定范围内还能增加原料的堆积密度，从而增加浸提罐的装料量，提高浸提罐的利用率和能力。通过粉碎可以为浸提供应合格碎料，破坏细胞组织、加速浸提过程，还可以增加浸提罐加料量，但是需注意减少粉末、提高碎料合格率，降低原料消耗。

（2）原料的筛选

将颗粒大小不一的物料通过具有一定孔径的筛面，分成不同粒度级别的过程称之为筛选（筛分）。目的一是改善粉碎原料粒度的分配情况；二是除去尘粒杂质，净化原料。原料在采集、包装、贮存过程中，往往混入一些泥沙、石块、铁质等有害物质。其中钙、镁可以与单宁生产沉淀，使单宁损失，不溶物增加，还易沉积在蒸发器加热管上，形成管垢，降低蒸发器生产能力；铁与单宁生成蓝黑色络合物，使成品颜色变深，质量下降；石头、铁块的存在，不仅降低产品质量，而且损坏粉碎机。筛选常在原料粉碎前和后进行，粉碎后筛选主要是改善粒度趋于均匀。

（3）原料的净化和输送

原料中的泥沙、灰尘、石块等采用风选、喷水筛选、水洗，除铁用磁选。原料在振动筛上方喷适量水筛选，不仅除去泥沙等杂物，而且粉碎时产生粉末少、粒度均匀。此外，原料在输送、粉碎、筛选过程中，均产生较多的灰尘，影响职工健康和环境卫生，必须有良好的防尘除尘设施。有效的办法是采用吸送式气力输送装置，即对筛选机、粉碎机、斗式提升机、皮带运输机等装卸料口扬尘部位进行可能的密封，并在这些部位安装吸尘罩吸风以产生局部负压，并吸走粉尘，使粉尘不致大量逸散出来。各个吸尘罩支管都汇集在一个总吸管上，总吸尘管与旋风分离器相通，将大部分粉末分离出来，空气进一步除去尘土后由排风机将尾气排放到大气中。

在植物单宁生产中较普遍采用的原料输送装置有：皮带输送机、斗式提升机、螺旋输送机、气力输送设备及机动车等。五倍子备料中，采用吸送式气力输送。系统内压力低于大气压力，风机装于系统末端，空气和物料经吸入口进入输送管到终点处被分开，物料经分离器下方的星形排料器排出，空气经风机、旋流塔排出。气力输送装置的设备简单，占地面积小，费用少，劳动条件好，输送能力和距离较大。弯处管道易磨损，动力消耗和噪声均较大。

2.1.3.2 原料浸提

粉碎物料与水在浸提罐组或连续浸提器中多次逆流接触，单宁等溶于水，形成浸提液，其余不溶于水的部分，变成废渣，使两者分离的过程，称为浸提或固-液萃取。其原理是依靠分子扩散、涡流扩散作用，使单宁从原料转移到浸提液。

（1）罐组逆流浸提工艺

以毛杨梅、余甘子树皮等原料生产栲胶，多采用罐组逆流浸提工艺，流程如图 2-8。合格料由上料皮带输送机 1 上的卸料器 2 加入加料斗 3，再放入浸提罐 4 后，浸提水从贮槽经上水泵 8 送入预热器 7 加热到 120℃，进入浸提罐组尾罐，并逐罐前进进行浸提，最后在首罐内浸提新料成为浸提液，从首罐排出，经斜筛 5 过滤后入浸提液贮槽 6 澄清，供蒸发用。亚硫酸盐溶液从计量槽 9 经上水泵 8 送入浸提罐组内。首罐内的碎料经多次浸提后成为尾罐的废渣。尾罐内部分水经过滤器排入浸提上水贮槽内，并排气。当尾罐压力降到 0.03MPa 时，打开水压开关下进水阀，放出密封圈内水，拧动操纵杆，浸提罐下盖自动打开，借罐内余压喷放废渣，由铲车和拖拉机运走。开阀冲洗上下筛，打开水压开关上进水阀，关底盖，拧紧操纵杆，开始加料。加完料，上好盖，给密封圈充水，此罐成为首罐。该流程的特点是：

① 浸提水预热器的蒸汽冷凝水排入闪蒸罐，产生低压蒸汽经热泵压缩，提高其压力，作浸提水预热器的加热蒸汽，闪蒸罐中余水和尾水作浸提用，热量和水利用充分；

② 浸提罐较小（容积 6.3m³），适于中小型工厂（年产量约 3000t）使用；

③ 浸提罐斜锥顶角 40°，带压排渣安全可靠；

④ 上转液口与阀门组的连接管下部设排空气管（废上排气管），操作较方便。

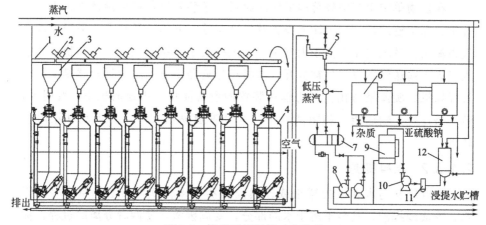

图 2-8　罐组逆流浸提工艺流程
1—上料皮带输送机；2—卸料器；3—加料斗；4—浸提罐；5—斜筛；6—浸提液贮槽；
7—浸提水预热器；8—浸提上水泵；9—亚硫酸盐计量槽；10—泵；
11—过滤器；12—亚硫酸盐溶解器

（2）浸提关键设备

浸提关键设备为浸提罐，常用金属浸提罐结构如图 2-9。容积 6.5m³ 的浸提罐，用 6～8mm 的不锈钢板或用普通碳素钢板（厚 8mm）内衬不锈钢板（厚 2～3mm）制成。常用的罐体材料为奥氏体不锈钢，具有良好的抗蚀、焊接和加工性能。浸提罐为圆柱形，长径比一般为 1.2～2.5。在相同的容积下，长径比值小，则物料的流体阻力小，溶液流速快，相邻罐内的溶液在转液时容易混合，使浸提率降低。长径比值大则相反。

（3）浸提影响因素

浸提是栲胶生产的重要环节，它对栲胶质量和产量有较大的影响。合理安排浸提工艺条件，达到优质高产低消耗，才能取得良好的经济效益。这些工艺条件包括原料的性质与粒度、浸提温度、时间和次数、出液系数、溶液流动和搅拌、化学添加剂的品种和数量、浸提水质等。

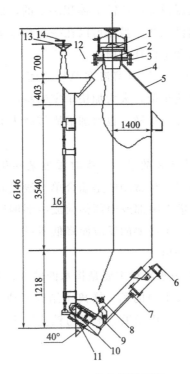

图 2-9　6.5m³ 金属浸提罐

1—加料口；2—活动筛板；3—排气口；4—上、下筛板；5—上锥体；6，7—水力开关进、出水口；
8—下转液管口；9—底盖托梁；10—底盖；11—密封圈；12—上转液管口；
13—手轮；14—手柄；15—拉杆

① 原料的性质与粒度。根据菲克定律，原料粒度小，浸提时溶质在原料内的扩散距离减小，扩散表面积增加，被打开的细胞壁增多，使浸提速度加快，从而提高浸提液质量（纯度）和单宁或抽出物的产量（抽出率）。然而，当粒度太小（如粉末）时，透水性差，在罐组浸提中，粉末阻碍转液，堵塞罐的筛板和管路，造成排渣和转液困难，甚至形成不透水的团块而无法浸提。因此，一般不采用粉末浸提。

② 浸提温度。扩散速度与热力学温度成正比，与溶剂黏度成反比。提高温度，使单宁快而完全地浸出，从而提高抽出率。但温度过高，单宁受热分解或缩合，使浸提液质量下降。

③ 浸提时间和次数。浸提时间是指原料与溶剂接触的时间，浸提次数是指原料被溶剂浸提的次数。一般是根据浸提液质量、抽出率及设备的生产率选择最合理的时间和次数，一般由实验确定。

④ 出液系数。出液系数是浸提时放出的浸提液量与气干原料的质量百

分比。其下限值是溶液浸没原料所需的体积决定的，低于比值，浸提不能正常进行。采用过大的出液系数，虽然可以在一定程度上提高抽出率，但是浸提液浓度稀，蒸发负荷和蒸汽耗量增加。

⑤ 溶液流动和搅拌。浸提时溶液在原料表面上的流动速度达到湍流状态时，有分子扩散、涡流扩散，大大加快单宁的浸出。搅拌使原料颗粒离开原来位置而移动，不仅加速扩散，也增加液固接触表面，消除粉末结块和不透水的现象。

⑥ 化学添加剂的品种和数量。浸提时添加某些化学药剂，可以提高单宁的产率，改善栲胶质量。最常用的是缩合单宁浸提时加入亚硫酸盐，其浓度为5%～10%，加入罐组中部或中部偏前或中部偏后。加入过早会造成亚硫酸盐与易溶性单宁进行不必要的反应而降低质量，加入过晚会造成亚硫酸盐未充分作用而随废渣排出。

⑦ 浸提水质。浸提用水质量主要是指水的硬度、含铁量、pH 值、含盐量及悬浮物量。单宁与硬水中的钙、镁离子结合形成络合物，使单宁损失，颜色加深，且易于在蒸发器内结垢。单宁与铁盐形成深色的络合物，溶液颜色加深严重。

2.1.3.3 浸提液蒸发

从浸提工段得到的浸提液浓度低，总固含量一般低于10%，需要通过蒸发操作来提高浓度。由于单宁化学性质活泼，高温或长时间加热都会使单宁变质严重，因此通常采用多效真空蒸发，使溶液浓度达到35%～55%，以便喷雾干燥成粉状栲胶。

常用的真空降膜蒸发工艺流程如图 2-10，其中的关键设备降膜式蒸发器结构如图 2-11。料液从加热管上部经分配装置均匀进入加热管内，在自身重力和二次蒸汽运动的拖带作用下，溶液在管壁内呈膜状下降，进行蒸发、浓缩的溶液由加热室底部进入气液分离器，二次蒸汽从顶部逸出，浓缩液由底部排出。

2.1.3.4 浓胶喷雾干燥

栲胶的干燥大多为喷雾干燥。喷雾干燥是采用雾化器使料液分散为雾滴，并用热空气等干燥介质干燥雾滴而获得产品的一种干燥技术。喷雾干燥过程可分为四个阶段：料液雾化为雾滴、雾滴与空气接触（混合流动）、雾滴干燥（水分蒸发）、干燥产品与空气分离。

喷雾干燥与其他干燥相比较，它的优点是：干燥时间短，物料的温度低，适于热敏性物料的干燥；可直接将溶液喷雾干燥成粉状产品，省去了蒸

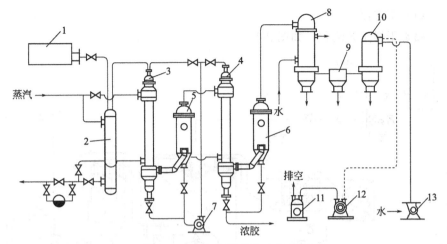

图 2-10 真空降膜蒸发工艺流程

1—浸提液高位槽；2—预热器；3，4—加热室；5，6—分离器；7—循环泵；8—表面冷凝器；
9—捕集器；10—混合冷凝器；11—排空罐；12—水环式真空泵；13—水泵

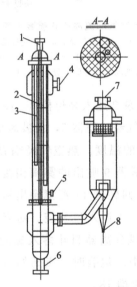

图 2-11 降膜式蒸发器结构

1—进液管；2—蒸发管；3—定距管；4—蒸汽进口；5—冷凝水出口；
6—循环液出口；7—二次蒸汽出口；8—浓缩物料出口

发、粉碎等操作；产品为粉状，溶解性能好；操作时，易于调节或控制产品含水量和粒度，产品质量较稳定；生产连续化，易实行自动化生产，劳动生产率高。它的缺点是：设备较多、体积大，能量消耗较大，投资较多，排气的净化要求较高，要有可靠的气-固分离装置，才能减少产品的损失，避免环境的污染。

（1）工艺流程

喷雾干燥工艺流程，如图2-12。

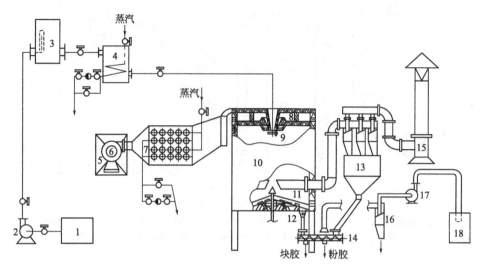

图2-12 热空气顺流离心式喷雾干燥工艺流程
1—浓胶贮槽；2—浓胶泵；3—高位槽；4—定位槽；5—空气过滤器；6—鼓风机；7—空气加热器；
8—蜗壳；9—离心喷雾器；10—干燥塔；11—回转耙；12—振动筛；13—旋风分离器组；
14—螺旋输送机；15—抽风机；16—旋风分离器；17—小抽风机；18—净化槽

工艺流程：浓胶由浓胶泵2送入高位槽3，经定位槽4，用蒸汽预热后，不断流入离心喷雾器9。空气经过滤器5，由鼓风机6送入空气加热器7，用蒸汽间接加热，以提高空气的温度。热空气经蜗壳8，使热空气均匀地分布于干燥塔10中，与离心喷雾器9喷出的雾滴相接触，雾滴中的水分迅速蒸发，雾滴被干燥成粉胶，由回转耙11汇集到出料口中，落入振动筛12上，除去块胶，再由螺旋输送机14送入包装袋。随废气带走的粉胶进入旋风分离器组13进行分离，从旋风分离器料斗落入螺旋输送机14，再入包装袋，废气由抽风机15排入大气中。包装时，飞扬的粉胶经旋风分离器16回收，废气由小抽风机17排入净化槽18。

从喷雾干燥工业流程可以看出，多采用离心盘式和机械式喷雾干燥器，并以离心盘式为主。喷雾干燥塔内气体和雾滴的运动方向为顺流和混合流，也有逆流，但以顺流为多。干燥介质主要是烟道气，还有热空气。气-固分离装置多数为旋风分离器组，少数用袋滤机。产品包装以半机械化为主，自动包装个别厂使用。

（2）喷雾干燥的工艺要求

喷雾干燥是栲胶生产的最后工序，所得粉胶即是产品。必须要求喷雾干燥制成的粉胶质量达到林业行业标准《栲胶》（LY/T 1087—2021），尽可能地多产优质粉胶。在保证产品质量的前提下，提高产量，具体要求如下：

① 粉状水分。应根据喷雾干燥塔运行的最佳条件，严格控制排风温度、下胶量，使粉胶水分达到林业行业标准规定，各级粉胶水分不大于12％。粉胶水分取决于浓胶雾化情况，热风进出塔温度和分配方式等。

② 粉胶不溶物。粉胶不溶物来源于热风带入的灰分和粉胶受热变质。采用烟道气时，要精心掌握煤的燃烧状况，尽可能减少烟道气带入的灰分，控制气体温度稳定和适宜，防止粉胶变质。使用热空气时，要使空气过滤器处于高净化效率的条件下操作，供给干净的空气。

③ 粉胶率。粉胶率是指粉胶占栲胶产品的重量百分数（湿基）。根据栲胶喷雾干燥技术水平，严格按照工艺条件操作，粉胶率不低于95％。

④ 干燥强度。干燥强度是指干燥塔每立方米容积、每小时蒸发水分量。它表示喷雾干燥塔容积利用情况，多数塔为3.6～6.7kg/m³·h。

⑤ 粘壁现象。在喷雾干燥过程中，未干的雾滴黏附在塔壁或塔顶上，通常称为粘壁现象。其原因是：雾化器运转不平稳，产生振动；下胶量波动太大，雾滴变粗；干燥塔的直径和高度不适应雾化器的结构特点；旋转风利用不当等。粘壁栲胶长时间受温度的作用，发生分解、烧焦，影响产品质量；粘壁栲胶常成块胶，使粉胶率下降，栲胶水分增加。为了清除粘壁栲胶，不得不停车。这就缩短塔的运行时间，使产量下降。因此，应精心设计和操作，避免粘壁现象。

2.2 栲胶原料和栲胶产品质量要求

2.2.1 栲胶原料规格及其技术要求

栲胶是我国对主要用于鞣革的植物单宁产品的习惯称谓。栲胶还可用于钻井泥浆稀释、选矿、气体脱硫、锅炉除垢、水处理等，是在国民经济中占有重要地位的林化产品。我国从20世纪50年代开始生产栲胶，60年代开始建立栲胶产品相关标准。标准的实施，对栲胶生产企业科学地制定生产工艺和组织生产管理、对产品市场贸易以及产品贮存使用都发挥了重要的作用。随着社会经济的发展，栲胶系列标准经历了多次修改更新。

表2-5列出了历年来我国栲胶相关标准的发展历程。

表 2-5 历年来我国栲胶相关标准一览表

1972 年	1981~1987 年	1993~1999 年	2008~2020 年	2021 年至今
《栲胶暂行标准》（LY 201—1972）	《栲胶原料和产品的检验方法》（GB 2615—1981），已作废	《栲胶检验方法》（LY/T 1082—1993），2008 年作废	《栲胶分析试验方法》（LY/T 1082—2008）	《栲胶原料与产品试验方法》（LY/T 1082—2021）
		《栲胶原料检验方法》（LY/T 1083—1993），2008 年作废	《栲胶原料分析试验方法》（LY/T 1083—2008）	
	《橡碗栲胶》（GB 2616—1981），已作废	《橡碗栲胶》（LY/T 1091—1993）	《橡碗栲胶》（LY/T 1091—2010）	
	《杨梅栲胶》（GB 2617—1981），已作废	《毛杨梅栲胶》（LY/T 1084—1993），2010 年作废	《毛杨梅栲胶》（LY/T 1084—2010）	
	《油柑栲胶》（GB 2618—1981），已作废	《余甘栲胶》（LY/T 1086—1993），2010 年作废	《余甘栲胶》（LY/T 1086—2010）	
	《木麻黄栲胶》（GB 2619—1981），已作废	《木麻黄栲胶》（LY/T 1087—1993），2022 年作废		
	《落叶松栲胶》（GB 2620—1981），已作废	《落叶松栲胶》（LY/T 1085—1993），2010 年作废	《落叶松栲胶》（LY/T 1085—2010）	《栲胶》（LY/T 1087—2021）
	《槲树栲胶》（GB 2621—1981），已作废	《槲树栲胶》（LY/T 1088—1993）		
	《混合栲胶》（GB 2622—1981）	《混合栲胶》（GB 2622—1981），1993 年废止	《马占相思栲胶》LY/T 1932—2010	
	《红根栲胶》（GB 2623—1981）	《红根栲胶》（LY/T 1089—1993）	《红根栲胶》（LY/T 1089—1993），2010 年废止	
		《黑荆树栲胶》（LY/T 1090—1993）		

1972 年	1981~1987 年	1993~1999 年	2008~2020 年	2021 年至今
	《余甘子类树皮》(GB 7645—1987)，已作废	《余甘子类树皮》(LY/T 1324—1999)，2012 年作废		
	《毛杨梅树皮》(GB 7646—1987)，已作废	《毛杨梅树皮》(LY/T 1325—1999)，2012 年作废	《毛杨梅树皮》(LY/T 1325—2012)，2020 年作废	《栲胶原料》LY/T 1324—2019
	《橡碗》(GB 7647—1987)，已作废	《橡碗》(LY/T 1326—1999)，2012 年作废	《橡碗》(LY/T 1326—2012)，2020 年作废	
		《黑荆树栲胶单宁快速测定方法》(GB/T 17666—1999)		

本节仅将栲胶原料标准中的栲胶原料技术指标摘录如下：

（1）余甘子树皮的技术指标

余甘子树皮技术指标应符合表 2-6 的要求：

表 2-6　余甘子树皮的技术指标

指标名称		一等品	合格品
外观		外表面有纵向干缩皱纹，不开裂，呈灰褐色，内表面浅棕或棕色，具小槽棱。韧皮射线肉眼可见，韧皮纤维呈深色的弦向带。折断有清脆感	
		新鲜、无霉斑。折断面浅棕色，略带粉红	比较新鲜，个别有霉斑。折断面红棕色
水分/%	≤	17.0	
总抽出物/%	≥	40.0	30.0
单宁/%	≥	30.0	20.0
总颜色（罗维邦）	≤	22.0	35.0

（2）毛杨梅树皮的技术指标

毛杨梅树皮的技术指标应符合表 2-7 的要求：

表 2-7　毛杨梅树皮的技术指标

指标名称		一等品	合格品
外观		外表面粗糙，有横向皱折裂纹及不规则的纵向裂沟，呈灰褐或灰黄色。内表面有不明显的槽棱，呈棕色。内外皮界线弯曲起伏，偶有局部外皮组织被内皮包围。石细胞肉眼可见，呈砂粒状。折断有清脆感	
		新鲜，无霉斑。折断面淡棕色	比较新鲜，个别有霉斑。折断面棕色
水分/%	≤	17.0	
总抽出物/%	≥	34.0	28.0
单宁/%	≥	24.0	17.0
总颜色（罗维邦）	≤	25.0	37.0

（3）马占相思树皮的技术指标

马占相思树皮的技术指标应符合表 2-8 的要求：

表 2-8　马占相思树皮的技术指标

指标名称		一等品	合格品
外观		新鲜，干爽，无掺假和掺杂。厚度大于 2mm，长度 15~25mm	
		无霉斑，内表面呈浅棕色，折断面浅棕色略带粉红	个别有霉斑，内表面棕色，折断面红棕
水分/%	≤	17.0	
总抽出物/%	≥	29.0	23.0
单宁/%	≥	23.0	17.0
总颜色（罗维邦）	≤	22.0	30.0

（4）橡椀的技术指标

橡椀的技术指标应符合表 2-9 的要求：

表 2-9　橡椀的技术指标

指标名称		一等品	合格品
外观		椀刺基本完整，不允许有霉变	
		壳斗断面呈浅黄白色浅黄色	壳斗断面呈红棕或棕褐色
橡子/%	≤	3.0	4.0
杂质/%	≤	2.0	
水分/%	≤	17.0	
总抽出物/%	≥	43.0	33.0

指标名称		一等品	合格品
单宁/%	⩾	32.0	28.0
总颜色（罗维邦）[1]	⩽	25.0	32.0

① 橡椀总颜色指标由用户决定是否列入检验项目。

2.2.2 栲胶产品及其技术要求

本节仅将林业行业标准《栲胶》（LY/T 1087—2021）中的栲胶技术指标摘录如下：

（1）毛杨梅栲胶技术指标

毛杨梅栲胶技术指标应符合表 2-10 的要求：

表 2-10　毛杨梅栲胶技术指标

指标名称		优等品	一等品	合格品
外观		淡棕黄色至棕黄色粉末		
水分/%	⩽	12.0	12.0	12.0
不溶物/%	⩽	4.0	5.0	6.0
单宁/%	⩾	69.0	67.0	65.0
沉淀/%	⩽	2.0	4.0	6.0
pH 值		4.5～5.5	4.5～5.5	4.5～5.5
总颜色	⩽	10.0	16.0	26.0
红	⩽	3.0	5.0	9.0
黄	⩽	7.0	11.0	17.0
蓝	⩽	0	0	0

（2）余甘子栲胶技术指标

余甘子栲胶技术指标应符合表 2-11 的要求：

表 2-11　余甘子栲胶技术指标

指标名称		优等品	一等品	合格品
外观		淡棕黄色至棕黄色粉末		
水分/%	⩽	12.0	12.0	12.0
不溶物/%	⩽	2.5	3.5	4.5
单宁/%	⩾	70.0	68.0	65.0
沉淀/%	⩽	2.0	3.0	5.0

指标名称		优等品	一等品	合格品
pH 值		4.5~5.5	4.5~5.5	4.5~5.5
总颜色	≤	9.0	15.0	20.0
红	≤	3.0	5.0	6.0
黄	≤	6.0	10.0	14.0
蓝	≤	0	0	0

（3）马占相思栲胶技术指标

马占相思栲胶技术指标应符合表 2-12 的要求：

表 2-12　马占相思栲胶技术指标

指标名称		优等品	一等品	合格品
外观		淡棕黄色至棕黄色粉末		
水分/%	≤	12.0	12.0	12.0
不溶物/%	≤	3.0	4.0	6.0
单宁/%	≥	70.0	68.0	65.0
沉淀/%	≤	1.5	2.5	3.5
pH 值		4.5~5.5	4.5~5.5	4.5~5.5
总颜色	≤	8.0	14.0	20.0
红	≤	2.5	4.5	7.0
黄	≤	5.5	9.5	13.0
蓝	≤	0	0	0

（4）橡椀栲胶技术指标

橡椀栲胶技术指标应符合表 2-13 的要求：

表 2-13　橡椀栲胶技术指标

指标名称		冷溶			热溶	
		优等品	一等品	合格品	一等品	合格品
外观		淡棕黄色至棕黄色粉末				
水分/%	≤	12.0	12.0	12.0	12.0	12.0
不溶物/%	≤	2.0	2.5	3.5	3.5	4.0
单宁/%	≥	68.0	66.0	62.0	70.0	66.0
沉淀/%	≤	2.0	3.0	5.0	6.0	8.0
pH 值		3.3~4.0	3.3~4.0	3.3~4.0	3.3~3.8	3.3~3.8

指标名称		冷溶			热溶	
		优等品	一等品	合格品	一等品	合格品
总颜色	≤	20.0	28.0	38.0		
红	≤	5.0	7.0	9.5	—	—
黄	≤	15.0	21.0	28.0		
蓝	≤	0	0	0.5		

（5）落叶松栲胶技术指标

落叶松栲胶技术指标应符合表 2-14 的要求：

表 2-14 落叶松栲胶技术指标

指标名称		优等品	一等品	合格品
外观		棕黄色至棕红色粉末		
水分/%	≤	12.0	12.0	12.0
不溶物/%	≤	4.0	5.0	6.0
单宁/%	≥	58.0	56.0	52.0
沉淀/%	≤	3.0	5.0	7.0
pH 值		4.5～5.5	4.5～5.5	4.5～5.5
总颜色	≤	45.0	52.0	57.0
红	≤	25.0	29.0	31.0
黄	≤	20.0	23.0	25.5
蓝	≤	0	0	0.5

（6）木麻黄栲胶技术指标

木麻黄栲胶技术指标应符合表 2-15 的要求：

表 2-15 木麻黄栲胶技术指标

指标名称		优等品	一等品	合格品
外观		淡棕黄色至棕红色粉末		
水分/%	≤	12.0	12.0	12.0
不溶物/%	≤	3.0	4.0	5.0
单宁/%	≥	71.0	69.0	67.0
沉淀/%	≤	1.0	2.0	3.0
pH 值		4.5～5.5	4.5～5.5	4.5～5.5
总颜色	≤	14.0	18.0	25.0

指标名称		优等品	一等品	合格品
红	≤	5.0	6.0	9.0
黄	≤	9.0	12.0	16.0
蓝	≤	0	0	0

（7）黑荆树栲胶技术指标

黑荆树栲胶技术指标应符合表 2-16 的要求：

表 2-16　黑荆树栲胶技术指标

指标名称		优等品	一等品	合格品
外观		粉红色至棕色粉末		
水分/%	≤	12.0	12.0	12.0
不溶物/%	≤	2.5	3.5	4.5
单宁/%	≥	73.0	71.0	68.0
沉淀/%	≤	2.0	2.5	4.0
pH 值		4.5～5.5	4.5～5.5	4.5～5.5
总颜色	≤	8.0	14.0	24.0
红	≤	2.5	4.5	8.0
黄	≤	5.5	9.5	16.0
蓝	≤	0	0	0

2.3　栲胶原料与产品分析试验方法

我国林业行业标准《栲胶原料与产品试验方法》（LY/T 1082—2021）规定了栲胶原料与产品的分析试验方法，包括试剂或材料、仪器设备、样品、试验方法和数据处理、试验报告等主要内容。本节仅将其中的试剂或材料、仪器设备、样品、试验方法和数据处理、试验报告摘录如下：

2.3.1　试剂或材料

① 明胶。

② 氯化钠。

③ 三级水。

④ 1‰明胶-氯化钠溶液：将 1g 明胶和 10g 氯化钠，溶于约 50mL 水中

（水温不超过 60℃）。将溶液转移到 100mL 容量瓶内，用水定容，摇匀，现用现配。

⑤ 高岭土：化学纯，应符合以下要求。

a.可溶物残渣小于 0.5g/kg：称取 2g 高岭土试样置于 250mL 广口瓶中，加 200mL 水，摇匀，振荡 10min 后，用滤纸过滤至澄明，吸取滤液 100mL 于已恒重的蒸发皿中，蒸干，恒重后，残渣量应小于 0.001g。

b.pH 值 4.5～6.0：称取 1g 高岭土试样分散在 100mL 水中，5min 后，用 pH 计测定该试液。

⑥ 铬皮粉。

⑦ 滤纸：中速定性滤纸，直径 15cm。

2.3.2　仪器设备

微型植物粉碎机：筛板的筛孔直径为 4mm。

容量瓶：1000mL。

天平：感量为 0.0001g 和 0.01g。

恒温干燥箱：可控制温度 105℃和 126℃，精度±2℃。

恒温浴锅：可控制温度 20～90℃，精度±2℃。

平底蒸发皿：内径 7cm，高度 2.5cm，由金属银或硬质玻璃制成。

波美计：量程 0～30 波美度，可读准至 0.1 波美度。

旋转式振荡器：可装载 250mL 广口瓶，转速（60±2)r/min。

滤布：白尼龙布。

罗维邦（Lovibond）比色计：1cm 比色皿。

离心机：可控制转速 3000r/min，配 10mL 离心管。

2.3.3　样品

2.3.3.1　取样及样品制备

（1）栲胶原料的取样和样品制备

树皮：先切断成 5cm 大小，再用四分法取样，至少取 1kg。

果壳：如橡椀，每次选取 2～3kg，用四分法选取 1kg。

将分取的果壳或树皮等栲胶原料用木槌破碎成小块，再经微型植物粉碎机粉碎通过筛孔孔径为 4mm 的筛板，混合均匀。

把样品等量分成两份，分别装入清洁、干燥、带磨口塞的广口瓶中，瓶签上注明原料名称、产地和取样日期、取样人。1 份供检验用，1 份作保留样。

样品制成后应尽快检验。保留样的保留期限为 6 个月。

（2）栲胶成品的取样和试样制备

抽检样品时以批为单位，每批抽检袋数为 3%，不得少于 3 袋，如一批在 3 袋以下应全部抽检。

取样时应采用不锈钢或硬质塑料制成的取样器（见图 2-13），在袋内从上至下插入采取试样。将采取的试样混合均匀。以四分法缩分至约 0.5kg。

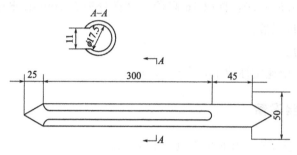

图 2-13　取样器

把样品等量分成两份，分别装入清洁、干燥、带磨口塞的广口瓶中，瓶签上注明厂名、产品名称、产品批号和取样日期。1 瓶供检验用，1 瓶作保留样。

样品制成后应尽快检验。保留样的保留期限为 6 个月。

（3）半成品（浸提液和浓胶）的取样

取样前充分搅匀，用玻璃管取样，每样件取样约 500mL。

将各样件混匀，再取样约 1000mL，装于洁净干燥的棕色细口瓶内，紧塞密封。瓶签上注明样品名称、批号和取样日期。

样品取样后应尽快检验。溶液样品贮存时间不超过 1 天。

2.3.3.2　试验溶液的制备

（1）由栲胶原料制备试验溶液

栲胶原料的提取，按附录 A 进行，称样量参考附录 B，得到提取液于 2000mL 容量瓶中。

（2）由半成品（浸提液或浓胶）制备试验溶液

将浸提液或浓胶试样置于 250mL 量筒中，插入波美计测定该溶液波美度。参考附录 C（波美度与溶液浓度换算表）查出溶液浓度。

在一烧杯中，称取相当于每升中含单宁（4 ± 0.25）g 的浓胶或浸提液试样，称准至 0.01g（m_0）。将称好的试样全部转入 1000mL 容量瓶中。用 90℃蒸馏水反复洗涤烧杯并将洗涤液一同移入容量瓶中。轻轻摇动使溶液充分混合，继续加入 90℃ 蒸馏水，使总体积接近 1000mL 刻度线，待冷却。

（3）由成品制备试验溶液

在 150mL 烧杯中称取相当于每升中含单宁（4±0.25）g 试样，称样量参见附录 D，称准至 0.01g（m_0）。加入 90℃ 蒸馏水，搅拌使其溶解。将溶液全部转入 1000mL 容量瓶中。用 90℃ 蒸馏水反复洗涤烧杯并将洗涤液一同移入容量瓶中。继续加入 90℃ 蒸馏水，使总体积接近 1000mL 刻度线，待冷却。

（4）试验溶液的冷却和定容

将容量瓶放在水槽中，用冷水冷却。不时摇动，待液温降至符合 20℃±2℃ 规定时（为了防止局部过冷，冷却用水不要低于 18℃，超过规定的冷却温度，要在报告中注明），用蒸馏水稀释到刻度，摇匀。

2.3.4 试验方法和数据处理

2.3.4.1 水分（原料）

按照 GB/T 6284《化工产品中水分测定的通用方法 干燥减量法》的规定进行，称取 1～2g 试样，试样烘干温度为（105±2）℃。水分含量 X_1 以质量分数（%）表示。在重复性条件下获得的两次独立测试结果的绝对差值不大于 0.2%。取其算术平均值为测定结果。

2.3.4.2 总抽出物（原料）

（1）试验步骤

将试验溶液摇匀，在液温（20±2）℃ 下，用移液管吸取 50mL 的试验溶液，放入已称至恒重的平底蒸发皿中，置蒸发皿于水浴上将溶液蒸发至干。然后将蒸发皿放入干燥箱中，在 126～128℃ 干燥 45min。取出，放入干燥器中，冷却 30min 后在分析天平上精确称量，重复进行至恒重，称重后的质量与恒重的蒸发皿质量差值为 m_1。

（2）结果计算

栲胶原料的总抽出物含量 X_2，以质量分数（%）表示，按式（2-1）计算：

$$X_2 = \frac{m_1 \times V/50}{m_0(1-X_1)} \times 100 \tag{2-1}$$

式中 m_1——50mL 试验溶液的干燥残渣的质量，g；

V——试验溶液的定容体积，mL；

m_0——试样的质量（附录A），g；

X_1——原料试样的水分含量，记做质量分数，%。

在重复性条件下获得的两次独立测试结果的绝对差值不大于1.0%。取其算术平均值为测定结果。

2.3.4.3 水分（成品和半成品）

（1）试验步骤

将试验溶液按照2.3.4.2（1）总抽出物（原料）的分析试验步骤进行。

（2）结果计算

总固含量X_3以质量分数（%）表示，按式（2-2）计算，水分含量X_1以质量分数（%）表示，按式（2-3）计算：

$$X_3 = \frac{m_1 \times V/50}{m_0} \times 100 \qquad (2\text{-}2)$$

$$X_1 = 100 - X_3 \qquad (2\text{-}3)$$

式中 m_1——50mL试验溶液的干燥残渣的质量，g；

V——试验溶液的定容体积，mL；

m_0——试样的质量，g；

X_3——试样的总固含量，记做质量分数，%。

在重复性条件下获得的两次独立测试结果的绝对差值不大于0.2%。取其算术平均值为测定结果。

2.3.4.4 不溶物

（1）试验步骤

将直径15cm中速定性滤纸折成32折放在漏斗上。

量取已搅拌均匀温度为20℃±2℃的试验溶液约75mL，倒入预先放有1g高岭土的烧杯中，用玻璃棒搅匀，立即将该溶液全部倾注在已放好滤纸的漏斗上。收集约25mL滤液冲洗烧杯，将所有高岭土移于滤纸上，反复过滤约30min，用细胶管吸出漏斗中的溶液。将滤液及从漏斗中吸出的溶液弃去，重新量取约75mL分析液，徐徐倾入漏斗，反复过滤到滤液澄清后，改用洁净干燥的三角瓶收集滤液。

用移液管吸取滤液50mL，移入已称至恒重的平底蒸发皿中，按照2.3.4.2（1）总抽出物（原料）的步骤进行蒸发、干燥和称量至恒重，称重后的质量与恒重的蒸发皿质量差值为m_2，即为可溶物干燥残渣。

（2）结果计算

可溶物含量X_4以质量分数（%）表示，按式（2-4）计算。不溶物含量

X_5 以质量分数（%）表示，按式（2-5）计算：

$$X_4 = \frac{m_2 \times V/50}{m_0 \times (100-X_1)/100} \times 100 \qquad (2\text{-}4)$$

$$X_5 = P - X_4 \qquad (2\text{-}5)$$

式中　m_2——50mL 过滤分析溶液的干燥残渣的质量，g；

　　　V——试验溶液的定容体积，mL；

　　　m_0——试样的质量，g；

　　　X_1——试样的水分含量，记做质量分数，%；

　　　P——测定原料时，P 为试样的总抽出物含量，$P = X_2$；测定成品和半成品时，P 为试样的总固含量（绝干计），$P = 100$；记作质量分数，%。

在重复性条件下获得的两次独立测试结果的绝对差值不大于 1.0%。取其算术平均值为测定结果。

2.3.4.5　单宁

（1）试验步骤

称取相当于绝干铬皮粉 6.25g 的气干铬皮粉，称准至 0.01g。气干铬皮粉的质量 m 按式（2-6）计算：

$$m = \frac{6.25}{1-X_0} \qquad (2\text{-}6)$$

式中　X_0——铬皮粉的水分含量，记做质量分数，%。

将称好的气干铬皮粉放入 250mL 广口瓶中，加入（26.25−m）g 蒸馏水（可以用刻度移液管量取），盖上橡皮塞密封。放置 30min，其间摇动几次。

用 100mL 容量瓶准确量取已摇均匀、温度为 20℃±2℃ 的试验溶液100mL，注入盛铬皮粉的广口瓶中，塞紧瓶塞。用手振荡 5～6 次使试液与铬皮粉充分接触，立即将瓶放到振荡器上，准确振荡 10min。

将铬皮粉及溶液自瓶中直接倒在洁净干燥的滤布上，滤布下放烧杯，杯内预先放有 1g 高岭土。过滤完毕后，拧压滤布，使铬皮粉中吸附的液体拧入同一烧杯内。从溶液接触铬皮粉到脱离铬皮粉不得超过 15min，用玻璃棒将杯内溶液与高岭土搅匀，倾入已放到漏斗中并已折成 32 折的中速定性滤纸上，反复过滤到滤液澄清透明后，改用洁净干燥的三角瓶收集滤液。

取滤液 10mL，加入 1% 明胶-氯化钠溶液 1mL，加热到 60℃，如明显浑浊或沉淀，表明分析液浓度已超过规定，应调整试样用量重新分析。

吸取 50mL 滤液移入已称重的蒸发皿中，按 2.3.4.2（1）总抽出物（原料）给出的细节进行蒸发、干燥和称量至恒重，称重后的质量与恒重的蒸发

皿质量差值为 m_3。

（2）结果计算

非单宁含量 X_6 以质量分数（％）表示，按式（2-7）计算，单宁含量 X_7 以质量分数（％）表示，按式（2-8）计算：

$$X_6 = \frac{1.2 \times (m_3 - m_4) \times V/50 + 0.075 \times V/1000}{m_0(100 - X_1)/100} \tag{2-7}$$

$$X_7 = X_4 - X_6 \tag{2-8}$$

式中　1.2——为稀释液与原液的体积比；

　　　m_3——50mL 非单宁滤液分析溶液的干燥残渣的质量，g；

　　　V——试验溶液的定容体积，mL；

　　　m_4——附录 E 中测定的铬皮粉空白残渣的质量，g；

　　　m_0——试样的质量，g；

　　　X_1——试样的水分含量，记做质量百分数，％；

　　0.075——铬皮粉空白试验的容许修正值，g/L；

　　　X_4——试样的可溶物含量，记做质量分数，％。

单宁含量小于 30％ 时在重复性条件下获得的两次独立测试结果的相对偏差不大于 3.0％。单宁含量大于等于 30％ 时在重复性条件下获得的两次独立测试结果的绝对差值不大于 1.0％。取其算术平均值为测定结果。

2.3.4.6　pH 值

使用试验溶液，按 GB/T 9724《化学试剂　pH 值测定通则》的规定测定。

2.3.4.7　颜色

（1）试验步骤

本试验要求测试人员具有正常的颜色观察力。

栲胶原料使用制备的试验溶液。

将栲胶产品和浓胶，配制成 0.5％ 的分析溶液。称取相当于 0.5g 绝干栲胶的粉状栲胶或浓胶，称准至 0.01g。置于干燥洁净的烧杯中，加入 70℃ 左右的蒸馏水约 30mL，轻轻搅动，使其完全溶解。将溶液移入 100mL 容量瓶。再用少量热水洗涤烧杯并转入同一容量瓶中。将溶液冷却至室温。配至刻度，摇匀。

将溶液在中速定性滤纸上过滤。

将上述滤液移入 1cm 比色皿中，将比色皿准确放入比色计固定位置。打开光源。以视镜观察，用色片从浅到深调整至两边颜色一致。分别记录红、黄、蓝片的数值。

（2）结果计算

每种颜色的读数值就是该颜色的测定值。总颜色值 X_8，按式（2-9）计算：

$$X_8 = X_R + X_Y + X_B \tag{2-9}$$

式中　X_R——红颜色色值；

　　　X_Y——黄颜色色值；

　　　X_B——蓝颜色色值。

在重复性条件下获得的两次独立测试结果的绝对差值不大于表 2-17 中数值。取其算术平均值为测定结果。

表 2-17　不同条件下 3 种颜色值测定的允许绝对差值

总颜色范围	0~5	5.1~10	10.1~20	20.1~40	40.1~70
红颜色色值	0.2	0.3	0.4	0.6	
黄颜色色值	0.3	0.6	1.2	3.0	6.0
蓝颜色色值	0.1				

2.3.4.8　沉淀

（1）试验步骤

称取 10g 气干栲胶，称准至 0.01g，置于 150mL 烧杯中，加 70mL 沸水溶解，用表面皿盖好，在 80~90℃ 水浴中保温并不断搅拌 15min。冷却到 20℃±2℃。

将冷至 20℃±2℃ 的试液搅匀，取出 10mL 移入已称重的离心管中（作平行双份）称量，精确到 0.0001g，然后以 3000r/min 离心 20min。

离心后，将上层清液小心倾入已恒重的蒸发皿中，将残留的湿沉淀连同离心管再称量，精确到 0.0001g。

将离心管内的湿沉淀用水洗入已称至恒重的蒸发皿中，洗尽为止。

将盛有上层清液和沉降物的蒸发皿在水浴上蒸干，置于恒温干燥箱中在 126~128℃ 干燥 60min，取出放在干燥器内冷却 30min，称量，精确至 0.0001g。反复进行至恒重。

（2）结果计算

沉淀含量 X_9 以质量分数（%）表示，按式（2-10）计算：

$$X_9 = \frac{m_6 - (m_5 \times m_4)/m_3}{m_6 + m_5} \times 100 \tag{2-10}$$

$$m_2 = m_0 - m_1 \tag{2-11}$$

$$m_3 = m_1 - m_5 \qquad\qquad (2\text{-}12)$$
$$m_4 = m_2 - m_6 \qquad\qquad (2\text{-}13)$$

式中　m_0——10mL 试液的质量，g；

　　　m_1——离心后清液的质量，g；

　　　m_2——离心后湿沉淀的质量，g；

　　　m_3——清液中水分的质量，g；

　　　m_4——湿沉淀中水分的质量，g；

　　　m_5——清液的绝干残渣的质量，g；

　　　m_6——湿沉淀的绝干残渣的质量，g。

测定沉淀时，温度规定为 20℃。如果分析时温度不是 20℃时，测定数值需用系数 K 来校正。校正公式和校正系数见附录 F。

在重复性条件下获得的两次独立测试结果的绝对差值与这两个测定值的算术平均值的比值（相对偏差）符合表 2-18 的要求。

表 2-18　沉淀测定的允许相对偏差

沉淀含量/%	允许相对偏差/%
＜0.5	50
0.5~1.0	25
1.1~2.0	20
2.1~5.0	15
5.1~10.0	10
＞10	＜10

附录 A

（规范性附录）

栲胶原料的提取

A.1　仪器

A.1.1　玻璃抽提器，见图 A.1。

A.1.2　玻璃毛或脱脂棉。

A.1.3　球形冷凝器，30~40cm 长。

A.1.4　圆底烧瓶，2000mL。

A.1.5　可调温电炉，1000~1500W。

A.1.6　容量瓶，2000mL。

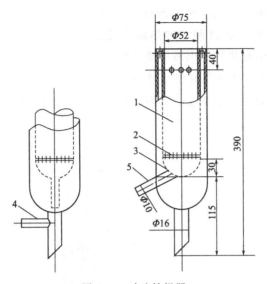

图 A.1　玻璃抽提器

1—抽提器主体，壁厚为 2mm；2—50mm 铜或不锈钢孔板，0.5mm 厚，预先钻孔，孔径 2mm，孔距 5mm；3—周边凸缘，支持合金板在水平位置；4—回流管；5—出液管

A.2　提取试验步骤

A.2.1　以每升抽提液约含单宁（4±0.25）g 估算称取试样，称样量参见附录 B，称准至 0.01g。若分析浓度未在此范围内，要调整取样量，并重新取样进行抽提。

A.2.2　抽提装置见图 A.2。玻璃抽提器下部接圆底烧瓶，用来煮沸蒸馏水，供给加热蒸汽和抽提用水。抽提器上部接球形冷凝器。抽提器出液管"5"与回流管"4"分别安一橡皮管。抽提器内放一钻有小孔的铜板或不锈钢板，板上均匀推铺一层玻璃毛或脱脂棉。

A.2.3　将已称重试样置于烧杯内，加 3～4 倍于试样质量的沸蒸馏水，用玻璃棒搅匀，放置 15min。先将抽提器出液管用金属夹夹紧，将试样经粗颈漏斗转入抽提器内，用少量蒸馏水荡洗烧杯，洗涤液并入抽提器中。放开出液管，用 2000mL 容量瓶收集抽出液。夹紧出液管，将收集液重新倾回抽提器内，反复进行几次，尽量排除试样层中气体，以保证抽提正常进行。与此同时，开始加热烧瓶，供给蒸汽。试样层上部均匀盖一层约 1cm 厚的玻璃毛或脱脂棉，用玻璃棒沿抽提器四周轻轻压实，装好冷凝器，接通冷却水，放开出液口，收集抽出液，抽提正式开始时应将回流管"4"夹紧，以防水蒸气外溢。

A.2.4　按要求在 4～6h 抽提 2000mL 溶液。可事先在接受抽出液的容量瓶壁上做每时间段应有出液量的标记（例如 200mL/30min）。抽提时抽出液流速要均匀一致，通过调节加热温度控制流速约在 6～7mL/min。每隔 30min 将容量瓶中收集的抽出液摇动几次。

A.2.5 用 1% 明胶-氯化钠溶液检验抽提是否完全。当抽出液总体积接近 2000mL 刻度且无明显单宁存在时，抽提结束。抽出液待冷却，用于配制试验溶液。

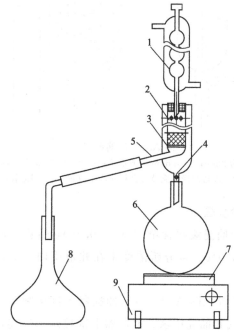

图 A.2 抽提装置示意图

1—冷凝器；2—抽提器；3—合金板；4—回流管；5—出液管；
6—圆底烧瓶；7—石棉网；8—容量瓶；9—电炉

附录 B
（资料性附录）
几种栲胶原料分析取量

表 B.1 几种栲胶原料分析取量

原料名称	试样取量/g
毛杨梅树皮	34～42
落叶松树皮	76～84

原料名称	试样取量/g
余甘子树皮	32～50
木麻黄树皮	50～60
黑荆树树皮	20～30
橡椀（整壳）	30～34
橡椀（椀刺）	16～22

附录 C
（资料性附录）
几种栲胶溶液波美度与浓度的关系

表 C.1　几种栲胶溶液波美度与浓度的关系

波美度	黑荆树栲胶[①]/%	毛杨梅栲胶[①]/%	落叶松栲胶/(g/L)	橡椀栲胶[①]/%
	30℃	30℃	20℃	50℃
1.0	2.25	1.98	20.9	1.59
2.0	3.85	3.60	37.4	3.26
3.0	5.55	5.20	54.0	5.00
4.0	7.24	6.82	69.8	6.50
5.0	8.90	8.45	85.5	7.80
6.0	10.60	10.12	100	9.80
7.0	12.25	11.75	120	11.45
8.0	13.85	13.35	139	13.00
9.0	15.50	14.95	157	14.70
10.0	17.20	16.54	178	16.30
11.0	18.85	18.20	199	17.86
12.0	20.50	19.80	220	19.62
13.0	22.20	21.42	240	21.80
14.0	23.85	23.01	260	22.94
15.0	25.55	24.65	283	24.60
16.0	27.10	26.20	305	26.25
17.0	28.85	27.85	327	28.60
18.0	30.52	29.44	349	30.56

波美度	黑荆树栲胶[①]/%	毛杨梅栲胶[①]/%	落叶松栲胶/(g/L)	橡椀栲胶[①]/%
	30℃	30℃	20℃	50℃
19.0	32.20	31.10	373	31.60
20.0	33.85	32.70	398	33.42
21.0	35.45	34.30	423	35.06
22.0	37.13	35.85	447	36.63
23.0	38.80	37.40	475	38.34
24.0	40.45	39.00	502	39.50

① %为质量分数。

附录 D
（资料性附录）
几种粉状栲胶分析取样量

表 D.1　几种粉状栲胶分析取样量

栲胶名称	试样取量/g
毛杨梅栲胶	6～7
落叶松栲胶	7～9
余甘子栲胶	6～7
木麻黄栲胶	6～7
槲树栲胶	6～7
黑荆树栲胶	5～6
橡椀栲胶	5.5～6.5
马占相思栲胶	6～7.5

附录 E
（规范性附录）
铬皮粉空白残渣测定

　　按试验方法称取相当于绝干铬皮粉 6.25g 的气干铬皮粉，称准至 0.01g。将称好的气干铬皮粉放入 250mL 广口瓶中，加入 120mL 蒸馏水，塞紧瓶塞，用手振荡 5～6 次使水与铬皮粉充分接触，立即将瓶放到振荡器上，准确振荡 10min。将溶液自瓶中直接倒在洁净干燥的滤布上，滤布下放烧杯。过滤完毕后，拧压滤布，将铬皮粉中吸附的液体拧入同一烧杯内，杯内预先放有 1g 高岭土。从溶液接触铬皮粉到脱离铬皮粉不得超过 15min，将过滤后的溶液倾入已放漏斗中并已折成 32 折的中速定性滤纸上，反复过滤（约 30min）到滤液澄清透明后，改用洁净干燥的三角瓶收集滤液。吸取 50mL 滤液移入已称重的蒸发皿中，按试验方法给出的细节蒸发、干燥和称量至恒重，称重后的质量与恒重的蒸发皿质量差值为 m。差值在 0.006～0.013 之间为有效。

同一购买批次铬皮粉测定三次的数据平均值为空白残渣质量 m_4。

附录 F

（资料性附录）

几种栲胶测定沉淀时的温度校正系数（K）

在栲胶分析方法中，测定沉淀时，温度规定为 20℃。如果分析时不是 20℃ 时，测定数值需用系数 K 来校正。黑荆树、橡椀、落叶松、毛杨梅等几种栲胶的温度校正 K 值见表 F.1。

表 F.1　几种栲胶测定沉淀时的温度校正系数（K）

温度/℃	黑荆树栲胶	橡椀栲胶	落叶松栲胶	毛杨梅栲胶
18	0.92	0.83	0.93	0.92
19	0.96	0.91	0.96	0.96
20	1.00	1.00	1.00	1.00
21	1.04	1.11	1.03	1.06
22	1.09	1.25	1.07	1.13

栲胶沉淀的数值可采用式（F.1）校正：

$$A = KB \tag{F.1}$$

式中　A——20℃ 时沉淀值，%；

　　　B——温度为 t℃（测定温度）时的沉淀值，%；

　　　K——校正系数。

在 21℃ 时测得橡椀栲胶沉淀是 6.1%（B），从表 F.1 中查得：$K = 1.11$，则其标准温度（20℃）下的沉淀（A）应是：$A = KB = 1.11 \times 6.1\% = 6.77\%$。

2.4 黑荆树栲胶单宁快速测定方法

本方法仅适用于黑荆树栲胶单宁的快速分析测定方法。

2.4.1 试剂

甲醛（分析纯）。

盐酸（分析纯）。

甲醇（分析纯）。

纯水（分析纯）。

2.4.2 装置

球形冷凝管：磨口直径 19mm，长度 300～400nm。

圆底烧瓶：50mL，磨口直径 19mm。

可调式电炉：500～1000W。

砂芯坩埚（古氏）2#：30mL。

过滤装置：1000mL 或 2000mL 吸滤瓶；橡胶垫圈；真空系统（玻璃水射泵或其他真空装置）。

移液管：2mL，5mL，20mL。

分析天平：感量 0.0001g。

恒温干燥箱：可控温度 126～128℃。

仪器的安装见图 2-14。

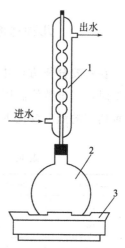

图 2-14　反应装置示意图
1—球形冷凝管；2—圆底烧瓶；
3—可调式电炉

2.4.3 测试条件

试样称量：0.200g±0.001g（绝干样，称准至 0.0001g）。

反应温度：保持反应液处于微沸状态。

反应时间：30min。

过滤方式：减压抽滤。

测试用水：蒸馏水。

2.4.4　测试方式

2.4.4.1　不溶物含量测定

按照 LY/T 1082—2021《栲胶原料与产品试验方法》的规定进行。

2.4.4.2　绝干试样的制备

将试样置于恒温至 126～128℃的烘箱中烘 4h 后，放入干燥器中冷却至室温，待用。

2.4.4.3　测试过程

用分析天平称取 0.200g±0.001g 绝干试样（准确至 0.001g）放于圆底烧瓶中，用移液管加入 20mL 水溶解，再分别用移液管加入甲醛 4mL，盐酸 2mL，摇匀。

将圆底烧瓶放在电炉上，上接球形冷凝管，缓慢加热反应物，至回流液滴始计时，反应 30min，反应期间适时摇动圆底烧瓶，以免反应物粘壁。

反应完毕，即将缩合沉淀物倾倒于恒重过的砂芯坩埚中（该砂芯坩埚在使用前，用沸水冲滤一次）抽滤，用沸水洗涤三次（每次 25mL），前两次用玻璃棒搅动（严防物料溅出）抽滤，第三次则静置抽滤，最后加 25mL（用量筒量取）甲醇静置抽滤。

将砂芯坩埚移入已恒温至 126～128℃的烘箱中烘 4h 后，放入干燥器中冷却 30min，称重。

按上述过程同时做平行测试。

2.4.5　栲胶单宁含量计算

$$X = \left(\frac{A}{G} \times 100 - B \right) \times 0.899 \tag{2-14}$$

式中　X——单宁含量，%；

　　　A——缩合沉淀物质量，g；

　　　G——试样质量，g；

　　　B——不溶物含量，%；

　0.899——换算系数。

平行测定两个结果间的差数不得大于 1.5%，取算术平均值为测定结果，精确至 0.1%。

2.5 钨酸钠-磷钼酸法测定单宁含量

我国国家标准 GB/T 27985—2011《饲料中单宁的测定 分光光度法》采用钨酸钠-磷钼酸法测定单宁含量。适用于配合饲料、单一饲料中单宁含量的测定。该方法的检出限为 17.5mg/kg,线性范围为 0.50~6.00mg/mL。主要内容包括范围、规范性引用文件、原理、试剂和溶液、仪器和设备、试样制备、分析步骤、计算和结果的表达、重复性等主要内容,本节仅将其中的原理、试剂和溶液、仪器和设备、试样制备、分析步骤、计算和结果的表达部分摘录如下:

2.5.1 原理

用丙酮溶液提取饲料中单宁类化合物,经过滤后,去滤液加钨酸钠-磷钼酸混合溶液和碳酸钠溶液,显色后,以试剂为空白对照,用分光光度计于 760nm 波长处测定吸光度值,用单宁酸作标准曲线测定饲料中单宁含量。

2.5.2 试剂和溶液

本实验所用水为三级水。

① 钨酸钠（$Na_2WO_4 \cdot 2H_2O$）。磷钼酸（$H_3Mo_{12}O_{40}P \cdot xH_2O$）。

（钨酸钠-磷钼酸混合溶液:称取 100.0g 钨酸钠、20.0g 磷钼酸,溶于约 750mL 水中,移入 1000mL 回流瓶中,加入 50mL 磷酸,充分混匀,接上冷凝管,在沸水浴上加热回流 2h,冷却,转入 1000mL 容量瓶中,用水定容至刻度,摇匀,过滤,置棕色瓶中保存。室温下可保存 14 天。

② 无水碳酸钠（Na_2CO_3）。

碳酸钠溶液（75g/L）:称取 37.5g 无水碳酸钠溶于 250mL 温水中,混匀,冷却,稀释至 500mL,过滤到储液瓶中备用。室温下可保存 7 天。

③ 丙酮。

50%丙酮水溶液（体积分数）:分取等体积的水和丙酮,等体积混合,摇匀,即得。

④ 单宁酸标准品:含量≥95.0%。

单宁酸标准储备液:称取单宁酸标准品适量（精确到 0.0001g）,加适量水溶解,用水定容至 100mL,摇匀,制成单宁酸质量浓度约 1mg/mL 的标准储备液。在冰箱中 4℃可保存 5 天。

单宁酸标准使用液：精密量取单宁酸标准储备液 10.00mL，置于 200mL 容量瓶中，用水定容至 200mL，摇匀。此溶液单宁酸质量浓度为 50mg/L，用时现配。

2.5.3 仪器和设备

紫外可见分光光度计：带 10mm 比色皿，可在 760nm 处测定。

电子天平：感量为 0.1mg。

粉碎机。

振荡仪。

单标线吸管：1mL，10mL，50mL，A 级。

刻度吸管：5mL。

容量瓶：50mL，100mL，200mL，A 级。

具塞三角瓶：250mL。

中速定量滤纸。

2.5.4 试液的制备

称取试样 1～2g（精确至 0.0001g），置于 250mL 具塞三角瓶中，精密加入丙酮溶液 50.00mL，加塞密封，振荡仪上振荡 40min，静置，用中速定量滤纸过滤，弃去初滤液，续滤液供测定用。

2.5.5 测定步骤

2.5.5.1 标准曲线的绘制

精密量取单宁酸标准使用液 0.00mL、0.50mL、1.00mL、2.00mL、3.00mL、4.00mL、5.00mL 和 6.00mL，分别置于盛有约 30mL 水的 50mL 容量瓶中，摇匀；加钨酸钠-磷钼酸混合溶液 2.5mL，加碳酸钠溶液 5.0mL，摇匀；分别用水定容至 50mL，摇匀。单宁酸标准溶液浓度分别为 0.00mg/L、0.50mg/L、1.00mg/L、2.00mg/L、3.00mg/L、4.00mg/L、5.00mg/L 和 6.00mg/L，放置 30min 显色后，以标准曲线 0.00mg/mL 为空白，在 760nm 波长处测定标准溶液的吸光度，以单宁酸浓度为横坐标，吸光度值为纵坐标，绘制标准曲线。

2.5.5.2 试样的测定

精密量取试样 1.00mL，置于盛有约 30mL 水的 50mL 容量瓶中，摇匀；

加钨酸钠-磷钼酸混合溶液 2.5mL，加碳酸钠溶液 5.0mL，摇匀；用水定容至 50mL，摇匀。放置 30min 显色后，以标准曲线 0.00mg/mL 为空白，在 760nm 波长处测定样品溶液的吸光度，根据标准曲线求出试液中单宁酸的浓度。如果吸光度值超过 6.00mg/mL 单宁酸的吸光度时，将试液稀释后重新测定。

2.5.6　计算和结果的表述

试样中单宁（以单宁酸计）的含量 X，以质量分数表示，单位为 mg/kg，按式（2-15）计算：

$$X = \frac{c \times V \times D \times 1000}{m \times 1000} \tag{2-15}$$

式中　　c——试样测定液中单宁酸的浓度，mg/L；

V——试样定容体积，mL；

D——试样稀释倍数；

m——试样质量，g。

同一分析者对同一试样同时两次平行测定所得结果的绝对差值不得超过算术平均值的 10%。

第**3**章
五倍子和塔拉加工产品

3.1 五倍子单宁加工利用

3.1.1 五倍子单宁加工产业发展现状

21世纪初，随着蚜虫人工培育、设施收虫和挂袋放虫等技术的研发和应用，五倍子产量有了明显的提高，达到 $40\sim60kg/$ 亩（1亩 $=666.67m^2$），小面积示范林已经达到 $120kg/$ 亩，同时对气候条件的依赖性减少。2017年，湖北五峰县共培育五倍子苗木 100 万株，建成五倍子基地 6.15 万亩，人工种植苔藓 63 亩，收集五倍子春迁蚜 80 万袋。竹山县已恢复发展肚倍基地面积达 12 万亩。"竹山肚倍""五峰五倍子"相继获得国家地理标志商标，成为全国知名产品。目前，五倍子资源利用行业已经建立起包括五倍子高效培育、精深加工、新产品及其应用等产品发展配套技术在内的较为成熟的全产业链利用技术。目前，已在湖北、湖南和重庆等 7 省市 21 县市区成立了 30多个五倍子培育专业合作社，从事五倍子加工企业主要有南京龙源天然多酚厂（已于 2019 年改制停产）、张家界久瑞生物科技有限公司、湖北五峰赤诚生物科技股份有限公司、湖南楀雅生物科技有限公司和贵州遵义倍缘化工有限公司等 10 多家，实现了对五倍子这一林特生物资源"原料培育-高附加值产品-高端应用"的全产业链利用。2020 年 2 月我们对国内主要五倍子加工企业生产状况进行了调研。根据调研结果整理出国内五倍子加工主要产品及企业见表 3-1。此外，四川省乐山洪波林化制品有限公司、湖南先纬实业有限公司、六盘水神驰生物科技有限公司、遵义林源医药化工有限责任公司等企业由于各种原因目前均已停产或改制。目前，全国每年用于深加工的五倍子原料在 7000t 左右，近三年五倍子主要加工产品（单宁酸、没食子酸）年产量见图 3-1。2016 年全国五倍子单宁酸产量约 2500t，没食子酸产量约3000t。2017 年全国五倍子单宁酸产量约 2800t，没食子酸产量约 3000t。2018 年全国五倍子单宁酸产量约 2800t，没食子酸产量约 3300t。近 3 年以来，五倍子单宁酸年产量基本保持在 2800t 左右，没食子酸年产量有小幅度增长。全国五倍子加工产品总产值约 $5\sim6$ 亿元（见图 3-2）。由于五倍子是我国的特有资源，因此受资源限制，国外相关技术主要集中在五倍子深加工产品的下游高值化利用方面，如以焦性没食子酸为中间体，合成达到电子工业级质量指标的 2,3,4,4′-四羟基二苯甲酮等多羟基二苯甲酮产品。

表 3-1　国内主要五倍子加工产品及生产企业

主要产品	产量/t			企业名称
	2017 年	2018 年	2019 年	
工业单宁酸	2000	2548	3030	五峰赤诚生物科技股份有限公司 贵阳单宁科技有限公司 湖北天新生物科技有限责任公司 张家界久瑞生物科技有限公司
食用单宁酸	577	554	594	五峰赤诚生物科技股份有限公司 南京龙源天然多酚合成厂 张家界久瑞生物科技有限公司
没食子酸	3120	3845	3987	五峰赤诚生物科技股份有限公司 湖南利农五倍子产业发展有限公司 贵阳单宁科技有限公司 遵义市倍缘化工有限责任公司 湖北天新生物科技有限责任公司 湖南栴雅生物科技有限公司 张家界久瑞生物科技有限公司
高纯没食子酸	42	0	0	南京龙源天然多酚合成厂
没食子酸丙酯	1400	1977	2154	五峰赤诚生物科技股份有限公司 湖南利农五倍子产业发展有限公司 贵阳单宁科技有限公司 湖南栴雅生物科技有限公司 张家界久瑞生物科技有限公司
3,4,5-三甲氧基 苯甲酸甲酯	203	237	265	五峰赤诚生物科技股份有限公司 湖南栴雅生物科技有限公司 张家界久瑞生物科技有限公司
3,4,5-三甲氧基 苯甲酸	190	183	300	五峰赤诚生物科技股份有限公司 湖北天新生物科技有限责任公司 湖南栴雅生物科技有限公司
焦性没食子酸	324	388	372	湖南利农五倍子产业发展有限公司 遵义市倍缘化工有限责任公司 湖北天新生物科技有限责任公司 南京龙源天然多酚合成厂 张家界久瑞生物科技有限公司
UV-1	60	40	80	遵义市倍缘化工有限责任公司
2,3,4,4′-四羟基 二苯甲酮	24	32	0	南京龙源天然多酚合成厂
2,3,4-三甲氧基 苯甲醛	20	22	0	南京龙源天然多酚合成厂
鞣花酸	5	13	17	五峰赤诚生物科技股份有限公司

注：南京龙源天然多酚合成厂已于 2019 年改制停产。

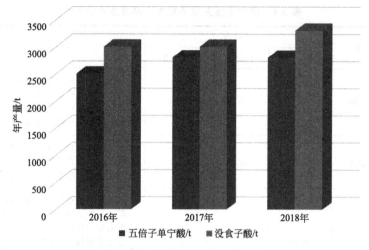

图 3-1 2016～2018 年五倍子主要加工产品（单宁酸、没食子酸）年产量

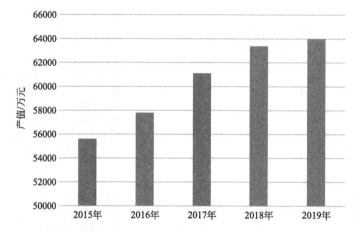

图 3-2 全国五倍子加工产品总产值（数据来源：中国植物提取物网）

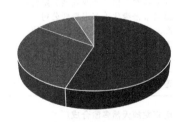

■ 欧盟(德国、荷兰、比利时、西班牙等)
■ 美国
■ 东亚市场(日本、韩国、新加坡等)
■ 印度

图 3-3 五倍子加工制成品
出口市场分布情况

五倍子加工制成品市场结构长期以外贸出口为主，出口总额稳步增长，但出口比例开始下降，90 年代约占 70％，2000～2005 年约占 60％，2006～2007 年约占 50％。由于国内五倍子下游产业群的迅速发展，目前，出口比例已经下降到约 40％。从出口品种看，2000 年以后以没食子酸为主，2005 年以后以没食子酸丙酯和焦性没食子酸为主。从市场分布看，德国、荷兰、比利时、西班牙等欧盟市场以没食子酸丙酯作为饲料添加剂、工

业稳定剂为主，约占55%；其次是美国，约占30%；再次是日本、韩国、新加坡等东亚市场以半导体感光材料加工为主，印度以仿制药市场为主约占15%（图3-3）。

3.1.2 五倍子单宁基精细化学品

我国是五倍子的主产地，集中分布在长江中上游的山区，五倍子富含五倍子单宁，此类天然化合物经提纯、水解、脱羧、合成等方法可制取近百种精细化工产品，广泛应用在医药、化工、染料、食品、感光材料及微电子工业中。

目前市场上主要以五倍子为原料，批量制备的精细化学品主要有：鞣花酸，3,4,5-三甲氧基苯甲酸，3,4,5-三甲氧基苯甲酸甲酯、没食子酸，碱式没食子酸铋，没食子酸酯（主要为没食子酸甲酯、没食子酸乙酯、没食子酸丙酯、没食子酸十二酯、没食子酸十八酯）、焦性没食子酸、1,2,3-三甲氧基苯、2,3,4-三甲氧基苯甲醛、2,3,4,4′-四羟基二苯甲酮、2,3,4-三羟基苯甲醛、2,3,4-三羟基二苯甲酮等产品。

这些产品与五倍子的关系可以由图3-4表达出来。

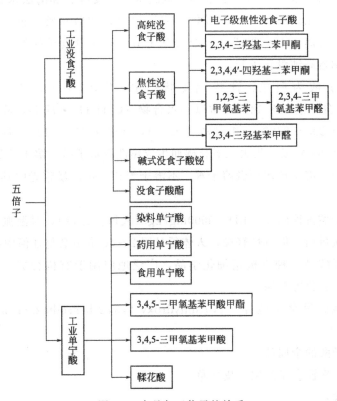

图3-4 产品与五倍子的关系

（1）没食子酸（gallic acid）

一种酚酸类的有机化合物，兼有酚及芳香酸的化学性质。

别名：棓酸、3,4,5-三羟基苯甲酸。

结构式：

是植物的次生代谢产物。

据国外文献记载，没食子酸最早由舍勒制得（1786）。但中国早在这以前就有明确记载。明代李挺的《医学入门》（1575）中记载了用发酵法从五倍子中得到没食子酸的过程，是世界上最早制得的有机酸，比舍勒的发现早了二百年。

没食子酸单体及单宁衍生物在南美塔拉、中国五倍子、土耳其倍子、印度柯子和槲树叶中含量比较高，具有提取利用价值。没食子酸主要由五倍子和塔拉粉水解制成，分为酸法水解、碱法水解、发酵法和酶法水解。目前，工业上主要采用碱法水解，将五倍子或塔拉原料加碱水解，再经中和、脱色、结晶、分离、干燥得成品工业没食子酸。工业没食子酸经过多次重结晶，可以制备高纯没食子酸。

没食子酸为白色、针状或菱状结晶，CAS 号 149-91-7，分子式 $C_7H_6O_5$，分子量 188.14，通常以一水合物（$C_7H_6O_5 \cdot H_2O$）从水中结晶出来。熔点 235～240℃，相对密度 1.694，加热至 100～120℃时失去结晶水，加热至 200℃以上失去二氧化碳而生成焦性没食子酸，溶于乙醇、丙酮、乙醚和甘油，溶于热水而微溶于水，不溶于苯和氯仿。暴露光中其颜色发暗变深。

没食子酸毒性较小，LD_{50} 3600mg/kg（大鼠，经口），对温血动物虽可产生高铁血蛋白，但毒性轻微，人体每日服 2～4g 也不会呈任何中毒症状。

没食子酸是一种有机精细化学品，广泛地应用于有机合成、医药、食品、染料、日化等领域。

（2）碱式没食子酸铋（2,7-dihydroxy-1,3,2-benzodioxabismole-5-carboxylic acid）

没食子酸的金属盐。

别名：次没食子酸铋，皮萨草。

结构式：

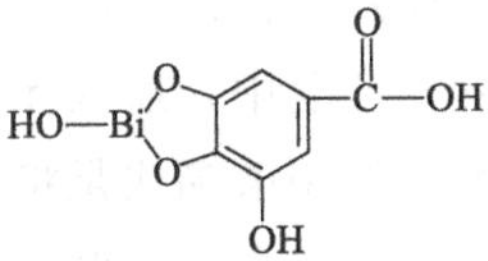

用没食子酸和硝酸铋成盐，一步反应即得没食子酸铋。在不锈钢罐中投入没食子及适量的水，加热至90℃使之溶解，过滤可得没食子酸水溶液。另取硝酸铋加少许热水，搅拌至无硝酸铋颗料为止，在搅拌下加入没食子酸水溶液中，再继续搅拌0.5h，出料。经沉淀，过滤，滤饼以50℃水洗，无酸味后再过滤，在70℃以下干燥，得到次没食子酸铋。

碱式没食子酸铋为浅黄色无定形粉末。无臭。无味。在空气中稳定。见光则不稳定。熔融时分解。CAS号99-26-3，分子式 $C_7H_5BiO_6$，分子量394.09，熔点223℃。溶于稀氢氧化碱溶液，溶于热矿酸同时分解。几乎不溶于水、乙醇、乙醚和氯仿。

碱式没食子酸铋为收敛药和防腐药，外用于湿疹等皮肤病。

(3) 2,3,4-三甲氧基苯甲醛（2,3,4-trimethoxybenzaldehyde）

芳香醛类化合物。

结构式：

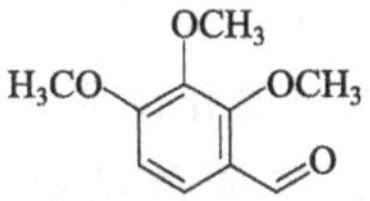

把三氯氧磷、二甲基甲酰胺、1,2,3-三甲氧基苯投入反应釜中进行维尔斯迈尔-哈克（Vilsmeier-Haack）甲酰化反应，反应物料经过了水解、分层，去掉水层后，把物料真空精馏或重结晶，得到2,3,4-三甲氧基苯甲醛。

2,3,4-三甲氧基苯甲醛为该品为白色结晶。CAS号2103-57-3，分子式 $C_{10}H_{12}O_4$，分子量196.20，熔点38～40℃。沸点168～170℃。溶于乙醇、环己烷、苯、乙酸乙酯，几乎不溶于水。

为心血管药盐酸曲美他嗪的重要中间体，以及用于合成其他功能性材料。

(4) 2,3,4-三羟基苯甲醛（2,3,4-trihydroxybenzaldehyde）

芳香醛类化合物。

结构式：

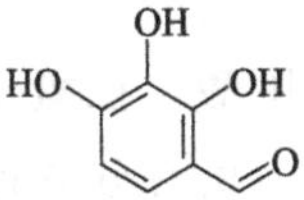

合成方法主要有两种，一种是氰化锌法，一种是原甲酸酯法。氰化锌法是将焦性没食子酸和氰化锌溶于乙醚中，通入无水氯化氢，再经水解，重结晶，获得2,3,4-三羟基苯甲醛。原甲酸酯法是将焦性没食子酸和三氯化铝溶于乙酸乙酯中反应，再经水解，重结晶，获得2,3,4-三羟基苯甲醛。

2,3,4-三甲氧基苯甲醛为淡黄色结晶。CAS号2144-08-3，分子式$C_7H_6O_4$，分子量154.12，熔点159～162℃。沸点301.9℃。溶于乙醇、乙酸乙酯，微溶于冷水。

为神经系统药苄丝肼的重要中间体，以及用于合成其他功能性材料。

（5）2,3,4-三羟基二苯甲酮（2,3,4-trihydroxybenzophenone）

芳香酮类化合物。

结构式：

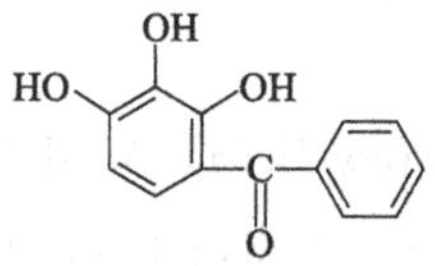

将焦性没食子酸、三氯苯、水投入反应釜中，控制反应温度30～70℃，反应完全后放入离心机离心分离，得到粗品，将粗品经过脱色，重结晶，得到淡黄色的2,3,4-三羟基二苯甲酮。也可由焦性没食子酸，苯甲酸经由氯化锌等路易斯催化剂的催化下，经过酰化反应，获得2,3,4-三羟基二苯甲酮。

2,3,4-三羟基二苯甲酮为淡黄色结晶。CAS号1143-72-2，分子式$C_{13}H_{10}O_4$，分子量230.22，熔点139～141℃。溶于乙醇、乙酸乙酯，不溶于水。

本品可作紫外线吸收剂，用于高分子材料的抗光老化，用于电子行业，是制备光敏剂的重要中间体，还用于化妆品添加剂等领域。

（6）2,3,4,4'-四羟基二苯甲酮（2,3,4,4'-tetrahydroxybenzophenone）

芳香酮类化合物。

结构式：

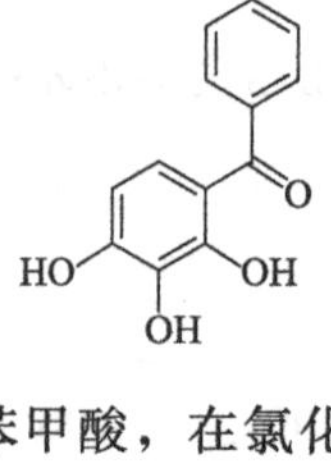

将焦性没食子酸、对羟基苯甲酸，在氯化锌等路易斯酸的催化下，通过F-K酰化反应，在乙醇水中结晶，离心分离得到粗品，经过脱色，重结晶得

到 2,3,4,4′-四羟基二苯甲酮。

2,3,4,4′-四羟基二苯甲酮为淡黄色结晶。CAS 号 31127-54-5，分子式 $C_{13}H_{10}O_5$，分子量 246.22，熔点 199～204℃。溶于乙醇、乙酸乙酯，不溶于水。

本品可作紫外线吸收剂，用于高分子材料的抗光老化，用于电子行业，是制备光敏剂的重要中间体，还用于化妆品添加剂等领域。

(7) 焦性没食子酸（pyrogallol）

多元酚类化合物。

别名：1,2,3-三羟基苯，1,2,3-连苯三酚，焦倍酸，焦倍酚。

结构式：

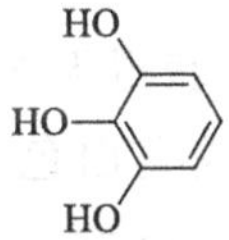

将工业没食子酸（含水 10%）投入反应罐中，加热，进行脱羧反应，缓慢放出二氧化碳，等反应完毕后，减压升华，气体直接冷却结晶，粉碎包装，得到焦性没食子酸。

焦性没食子酸为白色有光泽的结晶粉末，味苦，暴露在空气中慢慢变成暗灰色。CAS 号 87-66-1，分子式 $C_6H_6O_3$，分子量 126.11，熔点 131～133℃。缓慢加热可以升华。易溶于水，水中溶解度（g/100g）为 40（13℃）、62.5（25℃），易溶于乙醇及乙醚，微溶于苯、氯仿、二硫化碳。

焦性没食子酸为有毒化学品，其毒性类似苯酚，由于焦性没食子酸非常容易溶于水中，很容易用水洗去，实际接触并不会造成苯酚那样的伤害。对皮肤、眼睛、黏膜有一定的刺激作用，不慎接触，用大量清水冲洗。吸入、皮肤接触及吞食有害，可以使皮肤中黑色素沉积，能引起消化道、肝脏、肾脏的损伤。碱性条件下，很容易吸氧降解，不会造成持续性的污染，但会造成水体颜色变深，感官变差。

广泛应用于精细化工、用以合成新型感光材料、食品保鲜、心脑血管疾病治疗新药、抗肿瘤新药、阿尔茨海默病治疗药物、治疗精神障碍药物，纺织印染、轻工日化、彩色印刷制版、微电子产业、稀有金属分析、气体分析、照相显影等行业，吸收一氧化碳等。它是合成许多单宁基精细化学品的重要中间体。

(8) 鞣花酸（ellagic acid）

一种多酚二内酯，是没食子酸的二聚衍生物。

结构式：

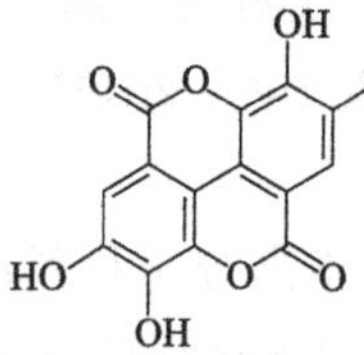

将五倍子单宁提取液投入反应罐中，加入适量的水和液碱调节 pH 值 9～10，通入空气氧化，进行氧化缩合反应，等反应完毕后，加入硅藻土过滤，去杂质后，滤液加入盐酸酸化到 pH 值 1～2，经过多次水洗，去除糖分、盐分后，干燥，获得鞣花酸。

鞣花酸是广泛存在于各种软果、坚果等植物组织中的一种天然多酚组分，也可从化香果或石榴皮中提取获得天然的鞣花酸。

鞣花酸是一种黄色针状晶体或类白色粉末，CAS 号 476-66-4，分子式 $C_{14}H_6O_8$，分子量 302.28，熔点（吡啶）大于 360℃，难溶于水，微溶于醇，溶于碱、吡啶和二甲基亚砜，不溶于醚。

鞣花酸主要用于药品，保健食品及化妆品的添加剂，作为抗氧化、对人体免疫缺陷病毒抑制、皮肤增白等功能因子。

（9）1,2,3-三甲氧基苯（1,2,3-trimethoxylbenzene）

酚醚。

别名：邻苯三酚三甲醚。

结构式：

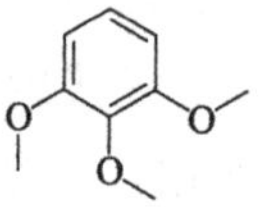

焦性没食子酸加入适量水溶解，并流滴加硫酸二甲酯和氢氧化钠水溶液，获得 1,2,3-三甲氧基苯。

1,2,3-三甲氧基苯为白色粉末状晶体，CAS 号 634-36-6，分子式 $C_9H_{12}O_3$，分子量 168.19，熔点为 43～47℃，在 760mmHg（1mmHg＝133.3224Pa）时沸点 241℃。溶于乙醇、乙醚、苯，不溶于水。

用途：是多种心血管药物的重要中间体，以及合成其他精细化学品。

（10）没食子酸甲酯（methyl gallate）

一种多酚酯，是没食子酸的酯衍生物。

别名：3,4,5-三羟基苯甲酸甲酯，五倍子酸甲酯，棓酸甲酯。

结构式：

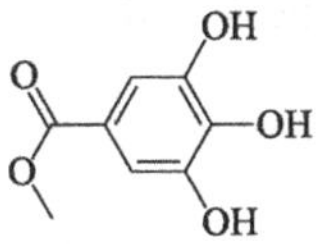

将工业没食子酸（无水）及甲醇投入反应罐中，加入催化剂硫酸，加热进行酯化反应，减压回收甲醇，浓缩物加入适量水，5～10℃结晶，离心获得粗品，粗品脱色后，重结晶，干燥，得到没食子酸甲酯。

也可以工业没食子酸，加入适量甲醇及催化剂硫酸或对甲苯磺酸，滴加硫酸二甲酯，获得没食子酸甲酯。

没食子酸甲酯单斜棱状结晶（甲醇），CAS 号 99-24-1，分子式 $C_8H_8O_5$，分子量 184.15，熔点为 201～203℃，在 760mmHg 时沸点 450.1℃，闪点：190.8℃。溶于热水、乙醇、乙醚。

用途：用作联苯双酚和其他药物的中间体。也是橡胶防老剂。高纯度产品用作电子行业清洗剂的主要成分。

（11）没食子酸乙酯（ethyl gallate）

一种多酚酯，是没食子酸的酯衍生物。

别名：3,4,5-三羟基苯甲酸乙酯。

结构式：

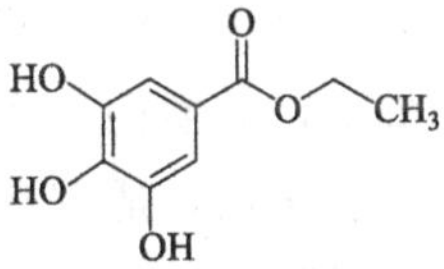

将工业没食子酸（无水）及无水乙醇投入反应罐中，加入催化剂硫酸，加热进行酯化反应，减压回收乙醇，浓缩物加入适量水，5～10℃结晶，离心获得粗品，粗品脱色后，重结晶，干燥，得到没食子酸乙酯。

也可以工业没食子酸，加入适量乙醇及催化剂硫酸或对甲苯磺酸，滴加硫酸二乙酯，获得没食子酸乙酯。

没食子酸乙酯为白色粉末状晶体，CAS 号 831-61-8，分子式 $C_9H_{10}O_5$，分子量 198.17，熔点为 151～154℃，在 760mmHg 时沸点 447.3℃，闪点 185℃。溶于热水、乙醇、乙醚。急性毒性：小鼠经口 LD_{50} 为 5810mg/kg。

用途：用于油脂的抗氧化剂、食品添加剂及某些药品的中间体，以及热敏显色油墨的制备。

（12）没食子酸丙酯（propyl gallate）

一种多酚酯，是没食子酸的酯衍生物。

别名：3,4,5-三羟基苯甲酸丙酯，3,4,5-三羟基苯甲酸正丙酯，五倍子酸丙酯。

结构式：

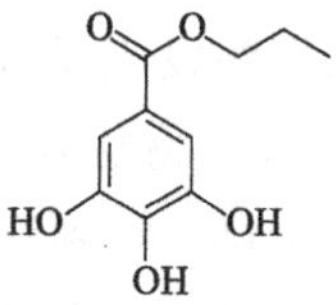

将正丙醇与没食子酸在硫酸催化下，加热到120℃进行酯化，然后用碳酸钠中和，去除溶剂，用活性炭脱色，最后用蒸馏水或乙醇水溶液进行重结晶，可制得成品。也可用对甲苯磺酸为催化剂，环己烷或苯做带水剂，于80～100℃进行酯化，获得外观更好的产品。

没食子酸丙酯为白色至浅黄褐色晶体粉末，或乳白色针状结晶，无臭，微有苦味，水溶液无味。CAS号 121-79-9，分子式 $C_{10}H_{12}O_5$，分子量212.20，熔点146～150℃；在760mmHg时沸点448.6℃。与水或含水乙醇作用可得到带一分子结晶水的盐，在105℃失去结晶水成为无水物。它易溶于乙醇等有机溶剂，微溶于油脂和水。没食子酸丙酯 0.25%的水溶液的pH值为5.5左右。没食子酸丙酯对热比较稳定，抗氧化效果好，易与铜、铁离子发生呈色反应，变为紫色或暗绿色，具有吸湿性，对光不稳定，易分解。

用途：是重要的食品抗氧剂，没食子酸丙酯作为抗氧化剂，可用于食用油脂，油炸食品，干鱼制品，饼干，方便面，速煮米、果仁罐头、腌腊肉制品。没食子酸丙酯作为脂溶性抗氧化剂，适宜在植物油脂中使用。如对稳定豆油、棉籽油、棕榈油、不饱和脂肪及氢化植物油有显著效果。

（13）没食子酸辛酯（octyl gallate）

一种多酚酯，是没食子酸的酯衍生物。

别名：3,4,5-三羟基苯甲酸辛酯，没食子酸正辛酯。

结构式：

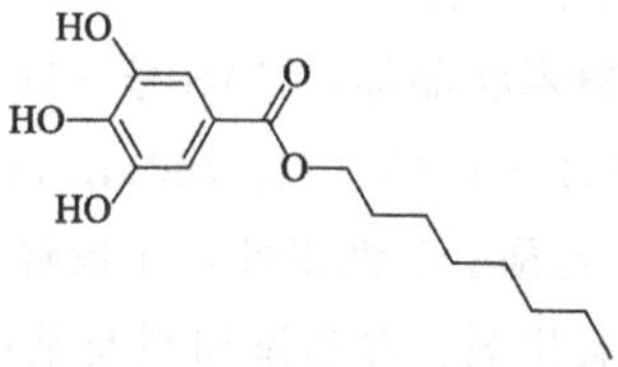

由工业没食子酸和正辛醇在硫酸或对甲苯磺酸催化下，在110～120℃下，真空减压下酯化制得。

没食子酸辛酯为白色粉末状晶体，CAS号 1034-01-1，分子式 $C_{15}H_{22}O_5$，分子量 282.33，熔点为 101～104℃，溶于乙醇、乙醚、甲苯，不溶于水。本品需避免皮肤直接接触，即使产品粉尘也容易引起严重的过敏反应，造成皮肤瘙痒、红肿、蜕皮，生产上需注意。

用途：用作食品抗氧剂及抑菌剂，主要用于油脂的抗氧化添加剂。也可用于医药及化妆品行业。

（14）没食子酸十二酯（dodecyl gallate）

一种多酚酯，是没食子酸的酯衍生物。

别名：3,4,5-三羟基苯甲酸十二酯，没食子酸月桂酯，正十二烷基没食子酸酯。

结构式：

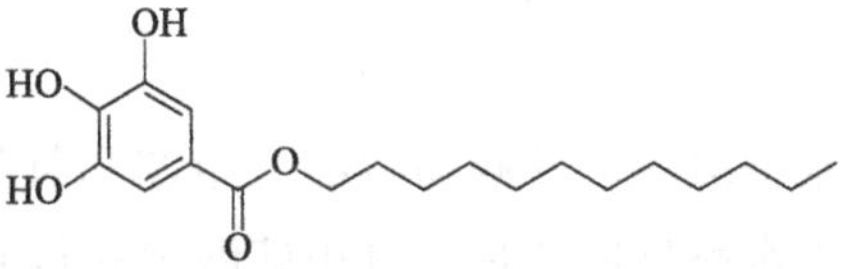

由工业没食子酸和正十二醇在硫酸或对甲苯磺酸催化下酯化，制备。也可由没食子酸甲酯和正十二醇在硫酸或对甲苯磺酸催化下，利用减压蒸出甲醇，实现酯交换反应获得没食子酸十二酯。

没食子酸十二酯为白色粉末状晶体，CAS 号 1166-52-5，分子式 $C_{19}H_{3}0_{5}$，分子量 338.44，熔点为 96～99℃，溶于乙醇、乙醚、甲苯，不溶于水。本品需避免皮肤直接接触，容易引起过敏反应。

用途：用作食品抗氧剂，主要用于油脂的抗氧化添加剂。也可用于医药及化妆品行业。

（15）没食子酸十八酯（octadecyl gallate）

一种多酚酯，是没食子酸的酯衍生物。

别名：3,4,5-三羟基苯甲酸十八酯。

结构式：

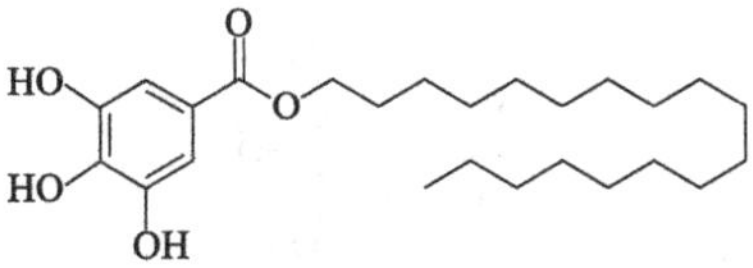

由工业没食子酸和正十八醇在硫酸或对甲苯磺酸催化下酯化，制备。也可由没食子酸甲酯和正十八醇在硫酸或对甲苯磺酸催化下，利用减压蒸出甲醇，实现酯交换反应获得没食子酸十八酯。

没食子酸十八酯为白色粉末状晶体，CAS 号 10361-12-3，分子式

$C_{25}H_{42}O_5$，分子量 422.60，熔点为 94～96℃，溶于乙醇、乙醚、甲苯，不溶于水。本品需避免皮肤直接接触，容易引起过敏反应。

用途：用作食品抗氧剂，主要用于油脂的抗氧化添加剂。也可用于医药及化妆品行业。

（16）3,4,5-三甲氧基苯甲酸（3,4,5-trimethoxylbenzoic acid）

是没食子酸的甲氧基化衍生物。

别名：没食子酸三甲醚。

结构式：

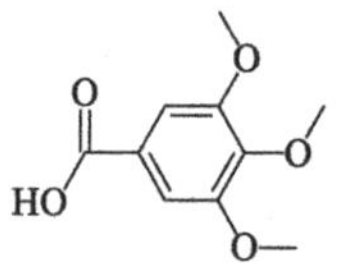

用五倍子单宁的水提取液，并滴加硫酸二甲酯和氢氧化钠水溶液，反应完成后，加入氢氧化钠水解反应产物，再用硫酸中和得到 3,4,5-三甲氧基苯甲酸。

也可以工业没食子酸为原料，并滴加硫酸二甲酯和氢氧化钠水溶液，反应完成后，加入氢氧化钠水解反应产物，再用硫酸中和得到 3,4,5-三甲氧基苯甲酸。

3,4,5-三甲氧基苯甲酸为白色粉末状晶体，CAS 号 118-41-2，分子式 $C_{10}H_{12}O_5$，分子量 212.19，熔点为 142～145℃，溶于乙醇、乙醚、乙酸乙酯、氯仿，不溶于冷水，溶于热水。

用途：3,4,5-三甲氧基苯甲酸是有机合成中间体，用于生产抗菌增效药甲氧苄啶、抗焦虑药三甲氧啉、丁香酸的原料。

（17）3,4,5-三甲氧基苯甲酸甲酯（methyl 3,4,5-trimethoxybenzoate）

是没食子酸酯的甲氧基化衍生物。

结构式：

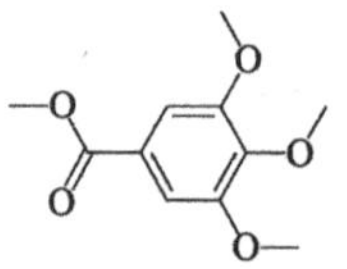

可由五倍子单宁的水提取液，滴加硫酸二甲酯和氢氧化钠水溶液，一步获得产品，单体纯度较低，脱色提纯困难，得不到高纯度的产品。工业上多使用 3,4,5-三甲氧基苯甲酸粗品为原料，用甲醇酯化或者硫酸二甲酯酯化的方法得到高纯度的 3,4,5-三甲氧基苯甲酸甲酯。

3,4,5-三甲氧基苯甲酸甲酯为白色粉末状晶体，CAS 号 1916-07-0，分子式 $C_{11}H_{14}O_5$，分子量 226.23，熔点为 82～84℃，溶于乙醇、乙醚、乙酸乙酯、氯仿，不溶于水。

用途：用作有机合成中间体，是抗焦虑药曲美托嗪、肠胃药马来酸曲美布汀等的主要原料。

3.2 单宁酸系列产品

3.2.1 定义、化学性质及用途

单宁酸（tannic acid）又称鞣酸，是从五倍子、塔拉等富含鞣质的植物样品中提取制备的由不同数目棓酰基和葡萄糖形成的酯的聚合物的一类天然多酚化合物。因此，从化学成分上看单宁酸是由不同聚合度的棓酸的混合物，由于没食子酰基数目的不同导致化学组成结构复杂。单宁酸属于水解类单宁，分子量为 500～3000，可水解为没食子酸和葡萄糖，具有很强的生物学特性和药理活性，是最早研究的单宁之一，广泛存在于五倍子、土耳其棓子、塔拉果荚、石榴、漆树叶、黄栌、金缕梅树等植物树皮和果实中，也是这些树木因受昆虫侵袭而生成的虫瘿的主要成分，含量 50%～70%。此外，70% 以上的中草药如地榆、大黄、柯子、肉桂、杜果、老鹤草及仙鹤草等均含有大量单宁酸。

我国从 20 世纪 80 年代开始以五倍子为原料生产单宁酸（五倍子单宁化学结构式见图 3-5），目前产品结构也向多方面发展，除传统的工业单宁酸外，市场上已经开发出药用级单宁酸、食用级单宁酸等系列产品。单宁酸又称鞣酸，属于水解类单宁，水解可得到棓酸和葡萄糖，具有很强的生物和药理活性，在医药、食品、日化等方面具有广泛的应用。固单宁酸在国民经济中占有重要的地位，其可作为原料通过深加工生产没食子酸、焦性没食子酸、没食子酸丙酯等多种林产精细化工产品。

单宁酸是由五倍子经破碎、筛选、水浸提、浓缩、喷雾干燥、过筛等工序制得。其无臭，微有特殊气味，味极涩。溶于水、乙醇、丙酮及乙酸乙酯，易溶于甘油，几乎不溶于乙醚、氯仿或苯。见光或暴露于空气中易氧化，使色泽变深并吸潮结块。单宁酸分子中具有丰富的酚羟基，与可溶性蛋白、淀粉、明胶及许多生物碱和金属盐类产生沉淀，其与多种金属离子结合产生颜色反应，如与铁离子络合变蓝黑色，与铜离子络合变紫黑色等。

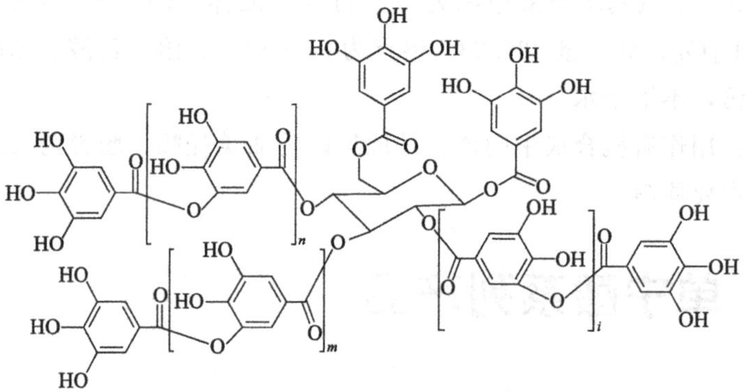

(式中：i，m，n三者之和可等于0，1，2，3，4，5，6，7)

图 3-5　中国五倍子单宁化学结构式

单宁酸主要应用于冶金、印染、墨水、食品和饲料添加剂、精细化学品制造、皮革、石油、橡胶以及水处理等领域中。冶金工业上，主要用于金属锗的冶炼；印染工业上，可用于聚酰胺类合成纤维用酸性染料的固色剂，丝纤维经盐基染料染色的后处理剂，棉织物经盐基染料染色的媒染剂，纸张和丝绸的精整剂；墨水工业上，用于印刷油墨蓝黑色着色剂；精细化学品制造工业上，可用于生产没食子酸、鞣花酸、焦性没食子酸等精细化工产品；皮革工业上，可用于制造皮革鞣剂；石油工业上，可用于制取石油钻探用泥浆助剂；橡胶工业上，可用于橡胶凝固剂；水处理工业上，可用于阻垢剂、絮凝剂等；单宁酸可作为食品添加剂中的香料使用；单宁酸也可作为饲料添加剂，单宁酸饲料添加剂是减少饲料中抗生素滥用的重要途径之一。

3.2.2　五倍子单宁加工

五倍子单宁加工是富含单宁的五倍子原料经粉碎、筛选、浸提、蒸发、干燥等制成五倍子单宁酸的加工过程，主要包括备料、浸提、蒸发、干燥等4个加工过程。

3.2.2.1　备料

单宁加工的备料，是指对单宁加工的五倍子原料进行破碎、筛分、净化、输送、计量、贮存等工序，为浸提工段提供数量充足、质量合格、粒度合适的原料。

由于五倍子原料质量不均，泥沙杂质较多，以及五倍子虫瘿的虫尸、虫屎等会严重影响产品质量，故应除去，因此备料工段也是单宁加工的重要环节。

备料生产工艺流程：五倍子原料经电磁除铁、对辊破碎机破碎后，经旋风分离器分离除尘、振动筛筛选，再经摇摆筛除去虫尸、虫屎、灰尘等，所得的合格原料送入浸提原料贮料斗。

备料过程：由于五倍子原料为人工采摘，泥沙杂质较多，质量不均，特别是生产要求把倍子壳中的虫尸去掉，因此备料过程不是单一的物料搬运，而是重要的加工过程。根据五倍子原料特点，备料过程应考虑到：

① 要解决粉尘污染问题，选择密闭设备和除尘装置，做到文明生产；

② 降低能量消耗和原料损失，选择适宜的节能设备，把散装物料的搬运由人工肩扛的繁重劳动向机械化、连续化过渡；

③ 解决仓贮技术，改善原料贮存质量。

此备料过程基本实现了过程的机械化和连续化，备料系统处于密封状态。原料经过二次风选、二次筛选、二次除铁、二次破碎等净化措施，保证了质量。

（1）原料粉碎

粉碎是指在外力作用下，将大块物料变成小块物料的过程。在五倍子单宁加工中，它是加速浸提过程、提高质量、降低消耗的重要手段。

选择粉碎物料的方法，主要根据物料的物理性质、物料大小、粉碎程度，特别注意物料的硬脆性。对脆性物料，挤压和冲击比较有效。五倍子原料较脆，选用对辊破碎机较适宜。

（2）原料筛选

将颗粒大小不一的物料通过具有一定孔径的筛面，分成不同粒度级别的过程称之筛选（筛分）。筛选的目的，一是改善粉碎原料粒度的分配情况；二是除去尘粒杂质，净化原料。五倍子单宁加工所采用的筛选设备有：辊筒筛、振动筛和摇动筛。

（3）原料输送

固体原料的输送关系到改善劳动条件、提高工作效率，特别是满足连续化生产的要求，因此它在生产上占有重要的地位。目前在植物单宁生产中较普遍采用的原料输送装置有皮带输送机、斗式提升机、螺旋输送机、气力输送设备及机动车等。

3.2.2.2 浸提

（1）浸提过程

用水浸泡五倍子原料，把有效成分从固体转移到液体中去。主要是以优质、高产、低消耗等指标为依据，即在保证浸提液质量的前提下，达到抽出率高（原料低消耗）、浓度高（能量消耗低）、产量高（劳动生产率高）。

（2）浸提生产工艺流程

浸提原料贮料斗中的合格原料，经喂料螺旋输送机、埋刮板输送机、预浸螺旋输送机，计量加入平转型连续浸提器，浸提水经预热器预热后由喷淋装置对原料进行喷淋、浸泡，采用逆流方式实施浸提，当溶液浓度达到工艺要求时作为浸提液排入浸提液贮槽。原料经浸提后达到工艺排放要求时作为废渣由出渣螺旋输送机排出。

（3）五倍子原料浸提设备

采用平转型连续浸提器，从总体上看呈连续逆流浸提，基本满足了该原料的优质、高产、低消耗浸提特点。一方面由于原料在与溶剂逆流接触中，处在喷淋和浸泡状态，通过泵的外动力，不断更新接触面，减薄滞流层，提高了浓度差，加速了传质过程；另一方面，根据原料的物质状态（即粒度的大小、厚薄、堆积分布、吸水膨胀），来选择料层高度和回转速度，以提供扩散所需要的总面积。衡量浸提效果的关键在于原料的质量、设备的结构和操作水平。起主导控制作用的因素应是通过试验找出合适的粒度、料层高度和喷淋强度。

3.2.2.3 蒸发

（1）蒸发过程

借助加热的作用使溶液中一部分溶剂汽化，因而获得浓缩溶液的过程称为蒸发。主要反映在浓胶质量和浓度、蒸汽消耗和蒸汽强度四个指标上。

（2）真空降膜蒸发与设备

五倍子单宁酸是热敏性物质，选用真空降膜式蒸发是适宜的，所用设备是降膜蒸发器。降膜蒸发器不存在静液层效应，物料沸腾均匀，传热系数高，停留时间短，因此对五倍子单宁酸浓胶质量无影响，纯度不下降，特别是蒸发稀溶液，其优点更为突出。蒸发强度大，结垢少，操作方便，极少发现跑胶现象。加热管管板采用薄管板结构，加工方便，造价低。

（3）蒸发生产工艺流程

浸提液从加热管上部经分配装置均匀进入加热管内，在自身重力和二次蒸汽运动的拖带力作用下，溶液在管壁内呈膜状下降，进行蒸发、浓缩的溶液由加热室底部进入汽液分离器，二次蒸汽由顶部逸出，浓缩液由底部排出。浸提液由高位槽进入蒸发预热器，预热至70～80℃后由第Ⅰ效蒸发器加热室加热管上端进入加热管内，在加热管内壁形成自上而下的液膜。加热蒸汽进入第Ⅰ效蒸发器加热室的加热管外，将热量传给加热管内的单宁酸液膜，使管内的液膜加热汽化后，进入分离室进行汽液分离。由第Ⅰ效蒸发器分离出的浓缩液进入第Ⅱ效蒸发器加热室加热管上端进入加热管内，在加热管内壁形成自上而下的液膜。由第Ⅰ效蒸发器产生的二次蒸汽进入第Ⅱ效蒸发器加热室的加热管外，将热量传给加热管内的单宁酸液膜，使管内的液膜加热汽化后，进入分离室进行汽液分离。由第Ⅱ效蒸发器分离出的浓缩液进入浓胶贮槽。由第Ⅱ效蒸发器分离出的二次蒸汽进入表面冷凝器进行冷凝。不凝性气体经真空泵排出。

3.2.2.4 干燥

（1）干燥过程

五倍子单宁酸的干燥大都为喷雾干燥。喷雾干燥是采用雾化器使料液分散为雾滴，并用热干燥介质（通常为热空气）干燥雾滴而获得产品的一种干燥技术。

喷雾干燥过程可分为四个阶段：料液雾化为雾滴、雾滴与空气接触（混合和流动）、雾滴干燥（水分蒸发）、干燥产品与空气分离。通过对四个阶段的分析，就可以在满足产品质量和技术经济指标要求的前提下，选择干燥设备结构，进行合理的工艺布置。

（2）离心式喷雾干燥的工艺流程

单宁酸浓胶由螺杆泵送入浓胶预热器预热，再经过滤器过滤后，送入干燥塔顶部的离心雾化器，雾化成雾滴。干燥介质（空气）经空气过滤器过滤后，再经翅片式空气加热器加热，经干燥塔顶部的新型热风分配器进入干燥塔，将热量传递给浓胶雾滴，使雾滴中的水分迅速汽化并扩散进入干燥介质中，雾滴被干燥成粉胶。从干燥塔底部排出的粉胶和随同干燥介质经旋风分离器回收的粉胶一起风送至产品贮罐，计量包装。废气经湿式除尘器回收废气夹带的粉尘（单宁酸）后排入大气。经湿式除尘器回收的单宁酸（粉尘）溶液送入浸提液贮罐。

（3）喷雾干燥设备

包括供料装置、喷雾器、干燥塔和热风分配器，空气过滤器、空气加热器、粉胶回收设备等。

喷雾干燥主要影响因素：喷雾干燥过程及其复杂性，因为喷雾干燥是在随时变化的条件进行的，如气体的温度和湿度、浓胶温度和浓度、雾滴的大小、气体分配等都在变化。

① 气体温度：干燥塔的热效率和生产能力随气体进塔温度的提高而提高，栲胶颜色又随温度的提高而变深，为了保证质量，适宜的进风温度为160～

250℃，还与蒸汽或油加热空气及烧油或烧煤产生烟道气的具体条件有关。

气体出塔温度是喷雾干燥必须控制的主要参数。排风温度一般控制在 70～90℃。

② 浓胶温度和浓度：提高浓胶浓度（40%～60%），可大大地节省能量消耗。浓胶温度预热约80℃、浓胶黏度下降，雾滴直径减小，与气体接触面积大，水分汽化快。提高浓胶浓度、降低黏度，均能增大喷雾干燥生产能力。

③ 浓胶雾滴大小：雾滴直径小，其表面积大，雾滴与气体的接触面积大，水分蒸发快，干燥时间缩短，从而提高干燥塔的产量。

提高喷雾机的转速，可以提高产量和雾化效果，但能耗必然增大。

用气流喷雾干燥时，提高气液比和空气速度及降低浓胶黏度，均能减小雾滴的平均滴径，提高产量。

④ 气体分配：气体沿干燥塔截面均匀分布和微旋转以及与雾滴良好混合是提高塔产量和粉胶率的关键。

3.2.2.5　冷冻澄清

用水浸提五倍子时，与五倍子单宁一起溶于水的物质主要有没食子酸、多缩没食子酸、植物蛋白、无机盐、叶绿素、树脂和淀粉等。这些物质对单宁的溶解性、灰分、颜色和纯度等均有影响。为了提高单宁酸质量，增加单宁酸品种，通常采用冷冻澄清、离子交换等手段，以达到清除上述物质的目的。特别指出，用离子交换来提纯单宁酸，一般都先经过冷冻澄清，否则提纯效果很难达到质量要求，同时也会增加生产成本。

五倍子单宁酸溶于水，形成了胶体溶液，其中单宁缔合成大小不同的粒子，在溶液中作布朗运动，温度对其稳定性的影响比较明显。当单宁酸溶液冷却到−3～0℃时，较大的粒子布朗运动减慢，因而产生沉淀。这样单宁酸溶液就发生分层，上层清液为单宁酸胶体分散系，下层沉淀为单宁酸胶体分散部分和粗分散部分，其中包括树脂、植物蛋白及淀粉等物质。药用单宁酸及试剂单宁酸均采用冷却的上层清液。

五倍子单宁酸溶液浓度在60～85g/L时，产生的沉淀物较多。因此，生产上常用60～85g/L的浸提液进行冷冻。

冷冻澄清流程及设备：对于生产规模较大的冷冻澄清，一般是将60～85g/L的五倍子浸提液放入澄清桶中，送到冷库中（0～3℃）冷冻6～8d，即可达到分层目的。

对于生产规模较小的冷冻澄清，首先将五倍子浸提液放入冷冻罐中，在不断地搅拌下被冷盐水冷却到−3～0℃，由泵送到澄清罐中澄清25～30h，即可达到分层目的。上层清液可作为制药用单宁酸，下层沉淀用水解方法制没食子酸，冷冻澄清流程见图3-6。

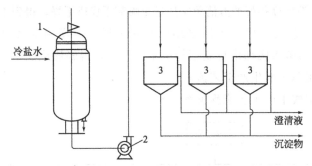

图 3-6　冷冻澄清工艺流程
1—冷冻罐；2—泵；3—澄清罐

生产医药用单宁酸的冷冻罐可采用不锈钢材料制作，生产试剂单宁酸或高纯度单宁酸时，一定要采用搪玻璃冷冻罐。

3.2.3　单宁酸生产工艺流程

（1）工业单宁酸生产工艺流程

工业单宁酸生产工艺流程见图3-7。

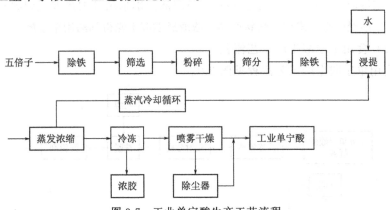

图 3-7　工业单宁酸生产工艺流程

工艺流程简述：

① 备料工序：先将五倍子经磁选除去铁屑后，用皮带输送机送入破碎机，轧碎物粒度为6～10mm，轧碎物通过筛分除去五倍子虫尸、虫排泄物（送往没食子车间），制得净化料暂存备用。

② 浸提工序：经除尘、除铁的净化料投入浸提罐，加入纯净水，间接加热进行浸提即得浸提液。

③ 蒸发工序：浸提液送入双效真空蒸发器，通过外加热方式使浸出液中的水分蒸发浓缩，浓缩液经冷却分离出大粒子单宁浓胶，可用来生产药用单宁酸原料；上层溶解度很好的澄清单宁压送至喷雾干燥塔干燥，得到工业单宁酸。

④ 干燥、包装工序：干燥采用喷雾式干燥，干燥用空气温度为180～200℃，干燥物落入底部由自动扫粉机不断扫出，得轻质成品。

（2）药用单宁酸生产工艺流程

药用单宁酸生产工艺流程见图3-8。

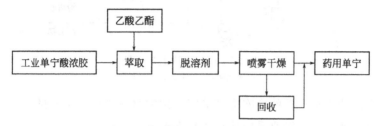

图 3-8　药用单宁酸生产工艺流程

工艺流程简述：

从工业单宁酸生产线来的冷冻单宁浓胶加溶剂乙酸乙酯萃取，为了使单宁浓胶与萃取剂充分溶解，工艺流程中设置外循环泵强制流动，静置后送入分层罐分层，上层液通过外加热方式脱去溶剂，下层液分别采用外加热方式回收乙酸乙酯，单宁酸经喷雾干燥后成粉状产品。浓液经喷雾干燥得到药用单宁酸。

（3）食用单宁酸生产工艺流程

食用单宁酸生产工艺流程见图3-9。

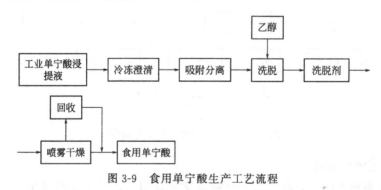

图 3-9　食用单宁酸生产工艺流程

工艺流程简述：

将工业单宁酸生产线来的五倍子浸提液在冷冻澄清罐中夹层冷冻，并充分搅拌，静置的上清液通过树酯吸附柱，单宁酸被树酯吸附，然后用稀酒精洗脱3次，含有单宁酸的洗脱液经过酒精回收塔，回收酒精，母液经喷雾干燥得到食用单宁酸。

3.2.4　产品规格与技术要求

我国林业行业标准《工业单宁酸》（LY/T 1300—2005）、《药用单宁酸》（LY/T 1640—2005）、《食品安全国家标准 食品添加剂 食用单宁》（GB 1886.303—2021）分别规定了不同用途单宁酸产品的技术指标及其分析试验方法。本节仅将工业单宁酸、药用单宁酸、食用单宁酸产品的产品规格与技术指标摘录如下：

（1）工业单宁酸

根据《工业单宁酸》（LY/T 1300—2005）中规定，工业单宁酸应符合表 3-2 给出的技术指标。

表 3-2　工业单宁酸技术指标

指标名称		优级品	一等品	合格品
单宁酸含量（以干基计）/%	≥	83	81	78
干燥失重/%	≤	9	9	9
水不溶物/%	≤	0.5	0.6	0.8
颜色（罗维邦单位）	≤	1.2	2.0	3.0

（2）药用单宁酸

根据《药用单宁酸》（LY/T 1640—2005）中规定，药用单宁酸应符合表 3-3 给出的技术指标。

表 3-3　药用单宁酸技术指标

指标名称		优级品	一等品	合格品
单宁酸含量（以干基计）/%	≥	93	90	88
干燥失重/%	≤	9	9	9
灼烧残渣/%	≤	1.0	1.0	1.0
砷/（μg/g）	≤	3	3	3
重金属（以 Pb 计）/（μg/g）	≤	20	30	40
树胶、糊精试验		无浑浊	无浑浊	无浑浊
树脂试验		无浑浊	无浑浊	无浑浊

（3）食用单宁酸

根据《食品安全国家标准 食品添加剂 食用单宁》（GB 1886.303—2021）规定，食用单宁酸感官要求应符合表 3-4 的规定。

表 3-4　食用单宁酸感官要求

项目	要求	检验方法
色泽	黄白色至浅棕色	取适量试样置于白搪瓷盘内，在自然光线下观察其色泽和状态，嗅其气味
状态	粉末	
气味	无臭或有轻微的特征性气味	

食用单宁酸理化指标应符合表 3-5 的规定。

表 3-5　食用单宁酸理化指标

项目		指标
单宁酸含量（以干基计）/%	≥	96.0
干燥减量[①]/%	≤	9.0
灼烧残渣/%	≤	1.0
树胶或糊精		通过试验
树脂物质		通过试验
铅（Pb）/(mg/kg)	≤	2.0
残留溶剂（乙酸乙酯）[②]/(mg/kg)	≤	25

① 干燥温度和时间分别为 105℃±2℃和 2h。
② 仅针对提取溶剂为乙酸乙酯的产品。

3.3　没食子酸系列产品

3.3.1　定义、化学性质及用途

没食子酸（gallic acid），亦常称棓酸，化学名 3，4，5-三羟基苯甲酸（benzoic acid，3，4，5-trihydroxy-），简称 GA。没食子酸广泛存在于植物体中。为白色至淡黄褐色结晶性粉末或乳白色针状结晶，通常是以一水合物的形式存在；相对密度 1.694，熔点 235～240℃（分解），加热至 100～120℃失去结晶水，加热至 200℃以上时失去 CO_2 而生成焦性没食子酸。分子式：$C_7H_6O_5$。分子量：170.12。结构式：

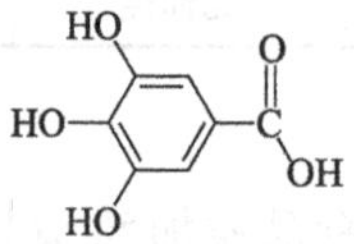

明代李挺的《医学入门》（1575）中记载了用发酵法从五倍子中得到没

食子酸的过程。书中谓"五倍子粗粉，并矾，曲和匀，如作酒曲样，如瓷器遮不见风，候生白取出"。《本草纲目》卷39中则有"看药上长起长霜，药则已成矣"的记载。这里的"生白""长霜"均为没食子酸生成之意，是世界上最早制得的有机酸。国外文献记载没食子酸最早由瑞典无机化学家舍勒（K. W. Scheele）制得（1786）。

没食子酸溶于热水、乙醚、乙醇、丙酮和甘油，难溶于冷水，不溶于苯和氯仿。毒性极小，大鼠皮下注射致死量为4000mg/kg。没食子酸具有抗炎、抗突变、抗氧化、抗自由基等多种生物学活性；同时没食子酸具有抗肿瘤作用，可以抑制肥大细胞瘤的转移，从而延长生存期；也是相对适宜的杀锥虫候选药物；对肝脏具有保护作用，可以抵抗四氯化碳诱导的肝脏生理和生化的转变；可以通过抑制内皮一氧化碳的生成诱导血管内皮依赖性收缩和对内皮依赖性松弛。

没食子酸是没食子单宁的水解产物，生产原料主要有五倍子、塔拉果荚和其他富含没食子单宁的植物原料。没食子单宁的水解方法有酸水解、碱水解和酶水解等。

没食子酸是一种具有多种用途的化工原料，可用于制备多种药物的中间体，如治疗心血管药物、降低谷丙转氨酶药物（联苯双酯）、治血吸虫病药物等；制备多种没食子酸烷基酯（如没食子酸丙酯、没食子酸辛酯、没食子酸月桂酯等）抗氧化剂；制备焦性没食子酸及其衍生物产品，用于制药工业、电子工业；还可用于墨水制造、金属防蚀等领域。

3.3.2　没食子酸生产工艺流程

没食子酸生产工艺流程见图3-10。

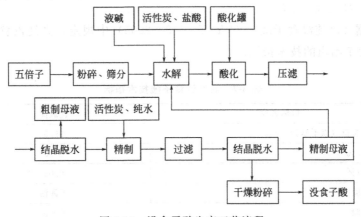

图3-10　没食子酸生产工艺流程

工艺流程简述：

将五倍子粉碎、筛分后，投入水解反应罐，加入液碱及精制母液，通过夹套加热进行水解，并充分搅拌，待水解完成后转入酸化反应罐，先加入盐酸酸化，再加入活性炭脱色，用板框压滤机压滤，滤液转入结晶罐中，用冷冻水冷却，离心分离，粗品进一步溶解、脱色，过滤的精制液再结晶，晶体用回转式真空干燥机干燥后，用摇摆颗粒机造粒而得。

3.3.3 产品规格与技术要求

（1）工业没食子酸

根据《工业没食子酸》（LY/T 1301—2005）中规定，工业没食子酸应满足表3-6给出的技术指标。

表3-6　工业没食子酸技术指标

指标名称		优级品	一等品	合格品
没食子酸含量（以干基计）/%	≥	99.0	98.5	98.0
干燥失重/%	≤	10.0	10.0	10.0
灼烧残渣/%	≤	0.1	0.1	
水溶解试验		无浑浊	微浑浊	
单宁酸试验		无浑浊	微浑浊	
硫酸盐（以 SO_4^{2-} 计）/%	≤	0.01	0.02	
氯化物（Cl^-）/%	≤	0.01	0.02	
色度（铂-钴色号）	≤	180	250	
浊度（NTU）	≤	10		

（2）高纯没食子酸

根据《高纯没食子酸》（LY/T 1643—2005）中规定，高纯没食子酸应满足表3-7给出的技术指标。

表3-7　高纯没食子酸技术指标

指标名称		优级品
没食子酸含量（以干基计）/%	≥	99.5
干燥失重/%	≤	10.0
灼烧残渣/%	≤	0.05
水溶解试验		无浑浊
单宁酸试验		无浑浊

指标名称		优级品
硫酸盐（以 SO_4^{2-} 计）/%	≤	0.005
氯化物（Cl^-）/%	≤	0.001
色度（铂-钴色号）	≤	120
浊度（NTU）	≤	5
重金属（以 Pb 计）/（$\mu g/g$）	≤	10

3.4 焦性没食子酸

3.4.1 定义、化学性质及用途

焦性没食子酸（pyrogallic acid），又称焦棓酸，学名连苯三酚和 1,2,3-苯三酚（1,2,3-benzenetriol），简称 PG。为白色有光泽结晶，熔点 131～134℃，沸点 309℃，相对密度 1.46。分子式：$C_6H_6O_3$，分子量：126.11，结构式：

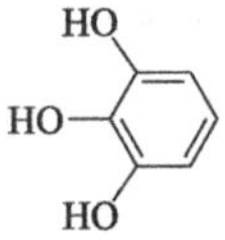

焦性没食子酸味道略带苦涩，含有一定的毒性，对人体皮肤具有一定的刺激性，吞服焦性没食子酸能导致人体的消化道、肝脏、肾脏等器官造成严重的损伤。焦性没食子酸易溶于水、醇、醚，微溶于苯、氯仿和二硫化碳。加热能升华。露光或在空气中会变成褐色，当溶液呈碱性时，很快吸收氧而变色。本品有毒，毒性 LD_{50} 789mg/kg（老鼠经口）。具有极强的还原性，也可发生苯环上的取代反应。焦性没食子酸上的酚羟基很容易发生甲基化。焦性没食子酸能与锑、铋、铈、金、铁、钼、钛、钽等生成络合物沉淀或显色反应。

焦性没食子酸的制备方法主要分为两大类：一类是通过林产品化学加工，从五倍子单宁或塔拉单宁得到的没食子酸受热脱羧后生成焦性没食子酸；另一类是通过化学合成的方法得到焦性没食子酸。

焦性没食子酸是一种重要的具有多种用途的化学试剂和化工原料，广泛用于医药合成、纺织印染、食品、化妆品、农药及电子产品等领域。此外，它还可作为显影剂、热敏剂、高分子材料的助剂以及化学分析试剂等。

3.4.2　焦性没食子酸生产工艺流程

焦性没食子酸生产工艺流程见图 3-11。

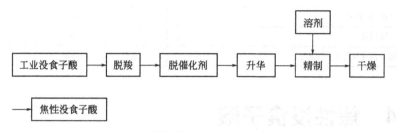

图 3-11　焦性没食子酸生产工艺流程

工艺流程简述：

将工业没食子酸投入脱羧反应罐，加入催化剂，用电加热至 220℃，反应物转入升华罐，在真空状态下使催化剂升华回收，再加入溶剂精制、压滤，洗涤液回收溶剂，晶体用回转式真空干燥机干燥而得。

3.4.3　产品规格与技术要求

根据《焦性没食子酸》（LY/T 2862—2017）中规定，焦性没食子酸应符合如表 3-8 给出的技术指标。

（1）外观

白色结晶粉末。

（2）技术指标

表 3-8　焦性没食子酸技术指标

项目		指标		
		分析纯试剂（A.R）	化学纯试剂（C.P）	工业级
焦性没食子酸含量/%	≥	99.5	99.0	98.0
熔点/℃		131~136		
水溶性		水溶液无色透明	水溶液无色透明或基本透明	
灼烧残渣/%	≤	0.025	0.05	0.1
氯化物（Cl^-）/%	≤	0.001	0.002	
硫酸盐（SO_4^{2-}）/%	≤	0.010	0.010	
没食子酸测试		无浑浊	无浑浊	
重金属（以 Pb 计）/($\mu g/g$）	≤	10		

3.4.4 焦性没食子酸含量的测定

（1）试剂

焦性没食子酸标准样品（含量≥99.8%）。

标准样品溶液浓度 4.0mg/mL。

甲醇（色谱纯）。

三氟乙酸或磷酸。

（2）仪器

高效液相色谱仪：紫外检测器。

天平：分度值 0.1mg。

烘箱：温度能控制在 105℃，精度±1℃。

（3）试验溶液的制备

试样溶液的制备：称取经 105℃±1℃烘干至恒重试样 0.1g，精确到 0.0001g。用甲醇溶解，并精确定容至 25mL。

标准样品溶液的制备：称取经 105℃±1℃烘干至恒重焦性没食子酸标准样品 0.1g，精确到 0.0001g。将标样用甲醇溶解，并精确定容至 25mL。

（4）色谱条件

色谱柱：$C_{18}5\mu$，$4.6mm\times250mm$。

流动相：0.1%三氟乙酸（或1%磷酸）水溶液：甲醇＝80：20（体积）。

流速：1.0mL/min。

进样量：$10\mu L$。

检测器：紫外检测器，波长 266nm。

（5）试验步骤

以相同测定条件，标样液（外标法）和试样液分别进样分析。

（6）试验数据处理

含量按式(3-1)计算，以干基质量分数 X 计，数值以%表示：

$$X = \frac{A_1 m_2}{A_2 m_1} \times p \times 100 \tag{3-1}$$

式中　A_1——试样溶液峰面积值；

　　　A_2——标准样品溶液峰面积值；

　　　m_1——试样质量的数值，g；

　　　m_2——标准样品质量的数值，g；

　　　p——标准样品的含量值。

平行测定结果用算术平均值表示，保留至小数点后一位数字。在重复性条件下获得的两次独立测定结果的绝对差值不应超过算术平均值的 0.6%。

附录 焦性没食子酸 HPLC 色谱图

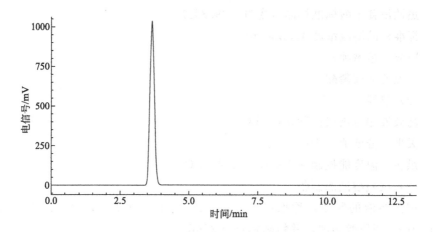

3.5 3,4,5-三甲氧基苯甲酸

3.5.1 定义、化学性质及用途

3,4,5-三甲氧基苯甲酸（3,4,5-trimethoxybenzoic acid）又称没食子酸三甲醚、五倍子酸三甲醚。为白色针状晶体；分子式为 $C_{10}H_{12}O_5$，分子量 200.32，化学结构式如下图所示。

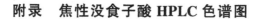

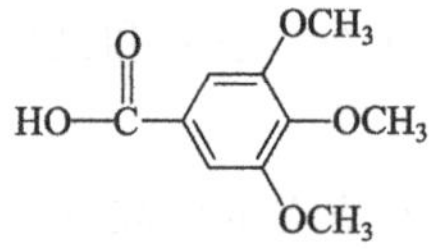

熔点 168～172℃，沸点 225～227℃（常压）；易溶于醇、醚、氯仿，极微溶于水。3,4,5-三甲氧基苯甲酸的化学反应主要包括羧基上的反应、苯环上的取代反应和甲氧基官能团的反应等。羧基上的反应可生成酰氯、酸酐、酯和酰胺等羧酸衍生物。

3,4,5-三甲氧基苯甲酸是由天然没食子单宁（五倍子单宁或塔拉单宁）深加工的精细化工产品。单宁酸或没食子酸与硫酸二甲酯进行甲氧基化反应，生成 3,4,5-三甲氧基苯甲酸，经中和、过滤、洗涤，得精品。

3,4,5-三甲氧基苯甲酸是一种重要的精细化工产品或药物中间体。可作为高级食品、香烟和饮料的添加剂。也可用于制备三甲氧基苯甲酰氯、丁香酸和三甲氯基苯甲酸酯等。在医药方面是胃药、心脏疾病类药物、抗焦虑药、退热药、治疗精神分裂症药、抗菌增效药的重要中间体。

3.5.2　3,4,5-三甲氧基苯甲酸生产工艺流程

3,4,5-三甲氧基苯甲酸生产工艺流程见图 3-12。

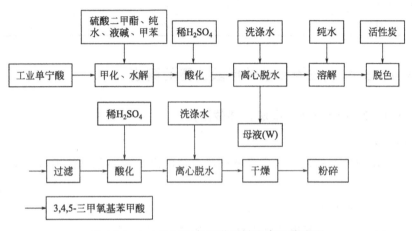

图 3-12　3,4,5-三甲氧基苯甲酸生产工艺流程

工艺流程简述：

① 粗制工序：将浓 H_2SO_4 加入配酸罐稀释成稀 H_2SO_4，与硫酸二甲酯、液碱分别计量加入先前纯水溶解的工业单宁酸纯水溶液中，在粗制反应罐中进行甲化、水解反应，再加酸进一步酸化，反应液经离心机脱水，得到 3,4,5-三甲氧基苯甲酸粗品。

② 精制工序：粗品用纯水加热溶解，用活性炭脱色、过滤活性炭后再次酸化，再离心脱水，在离心过程中加入洗涤水洗净，湿的精制固体送入干燥箱通热风干燥，去除水分，再用微粉碎机把块状固体粉碎成细度符合要求的成品。

3.5.3　产品规格与技术要求

根据《3,4,5-三甲氧基苯甲酸》（LY/T 2863—2017）中规定，3,4,5-三甲氧基苯甲酸应符合如表 3-9 所示的技术指标要求。

（1）外观
白色结晶粉末。

（2）技术指标

表 3-9　3,4,5-三甲氧基苯甲酸技术指标

项目		指标	
		一级品	合格品
含量/%	≥	99.5	99.0
水分/%	≤	0.5	0.5
熔点/℃		170~172	168~172
灼烧残渣/%	≤	0.1	0.1
色度（APHA）	≤	50	80

3.5.4　3,4,5-三甲氧基苯甲酸含量的测定

3.5.4.1　方法一（HPLC 法，仲裁法）

（1）原理

试样用甲醇溶解后，用配有紫外检测器的高效液相色谱仪进行测定，以外标法定量。

（2）试剂或材料

3,4,5-三甲氧基苯甲酸标准样品（有含量定值 p）。

甲醇：色谱纯。

磷酸。

纯水。

（3）仪器设备

高效液相色谱仪：紫外检测器。

天平：分度值 0.1mg。

电热恒温干燥箱：温度控制在 105℃，精度±1℃。

（4）试验步骤

① 试液的制备。

试样溶液的制备：准确称取在 105℃烘干至恒重的试样约 0.01g，精确到 0.0001g。用甲醇溶解，并精确定容至 50mL。

标准样品溶液的制备：称取在 105℃烘干至恒重的 3,4,5-三甲氧基苯甲酸标准样品 0.01g，精确到 0.0001g，用甲醇溶解，并精确定容至 50mL。

② 高效液相色谱参考条件。

色谱柱：C_{18} 5μ，150mm×4.6mm，或等效其他色谱柱；

流动相（体积分数）：甲醇∶水（含 0.1％磷酸）＝6∶4；

进样量：10μL；

流速：1mL/min；

柱温：40℃；

紫外检测器：波长256nm。

③ 定性、定量测定。向液相色谱柱中分别注入 3,4,5-三甲氧基苯甲酸标准溶液及试样溶液，得到色谱峰面积响应值，以保留时间定性，以样品溶液峰面积与标准溶液峰面积比较定量。标准溶液色谱图参见附录。

（5）试验数据处理

3,4,5-三甲氧基苯甲酸含量以干基质量分数 X_1 计，数值以％表示，按式(3-2)计算：

$$X_1 = \frac{A_1}{A_2} \times \frac{m_2 \times p}{m_1} \times 100 \tag{3-2}$$

式中　A_1——试样溶液峰面积值；

A_2——标准样品溶液峰面积值；

m_2——3,4,5-三甲氧基苯甲酸标准样品质量的数值，g；

p——3,4,5-三甲氧基苯甲酸标准样品含量的数值；

m_1——试样质量的数值，g。

平行测定结果用算术平均值表示，保留至小数点后一位数字。在重复性条件下获得的两次独立测定结果的绝对差值不应超过算术平均值的 0.2％。

3.5.4.2　方法二（化学滴定法）

（1）方法概述

用氢氧化钠标准滴定溶液滴定 3,4,5-三甲氧基苯甲酸乙醇液，以酚酞作指示剂。

（2）试剂或材料

中性乙醇溶液：量取 50mL 95％乙醇，加 50mL 水，混匀，加两滴酚酞指示液，用氢氧化钠标准滴定溶液滴定至溶液呈粉红色。

氢氧化钠标准滴定溶液：0.1mol/L。

酚酞指示液（10g/L）：称取 1g 酚酞，溶于 95％乙醇，用 95％乙醇稀释至 100mL。

（3）仪器设备

锥形瓶：磨口，250mL。

滴定管：碱式，25mL。

（4）试验步骤

准确称取在 105℃烘干至恒重的试样约 0.22g，精确到 0.0001g，置于 250mL 锥形瓶中，加入 25mL 中性乙醇溶液溶解，滴加 1～2 滴酚酞指示液，用 0.1mol/L 氢氧化钠标准滴定溶液滴定，至淡红色出现并保持 30s 不褪色为终点。

（5）试验数据处理

3,4,5-三甲氧基苯甲酸含量以质量分数 X_1 计，数值以％表示，按式 （3-3）计算：

$$X_1 = \frac{c \times V \times 0.2122}{m} \times 100 \tag{3-3}$$

式中　c——氢氧化钠标准滴定溶液的浓度，mol/L；

　　　V——试样消耗氢氧化钠标准滴定溶液的体积，mL；

　　　m——3,4,5-三甲氧基苯甲酸试样称样量，g；

0.2122——3,4,5-三甲氧基苯甲酸的毫摩尔质量，g/mmol。

平行测定结果用算术平均值表示，保留至小数点后一位数字。在重复性条件下获得的两次独立测定结果的绝对差值不应超过算术平均值的 0.2％。

附录　3,4,5-三甲氧基苯甲酸标准溶液色谱图

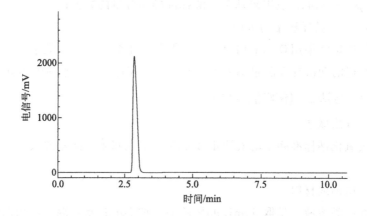

3.6　3,4,5-三甲氧基苯甲酸甲酯

3.6.1　定义、化学性质及用途

3,4,5-三甲氧基苯甲酸甲酯（methyl 3,4,5-trimethoxybenzoate）为白色或浅灰色结晶粉末；分子式为 $C_{11}H_{14}O_5$，分子量 226.23，化学结构式如图所示：

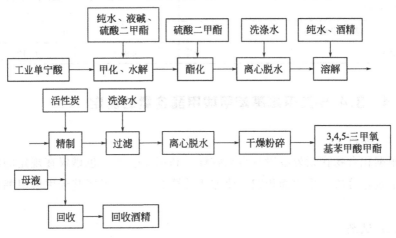

熔点 82～84℃，沸点 274～275℃（常压）；急性毒性：小鼠经静脉 LD_{50} 为 100mg/kg。

3,4,5-三甲氧基苯甲酸甲酯的生产方法可由没食子酸与硫酸二甲酯进行甲基化反应制得：将水、没食子酸、硫酸二甲酯加入反应锅，于 15～35℃下滴加氢氧化钠溶液，在 40℃左右搅拌半小时。再加入第二批硫酸二甲酯，在 40℃左右滴加氢氧化钠溶液至 pH 为 8～9。继续反应 1h 后，冷却、过滤、洗涤、干燥，得三甲氧基苯甲酸甲酯，收率90%以上。上述甲基化、酯化反应，也可采用四丁基溴化铵作相转移催化剂，在水和氯仿中进行。该品也可采用单宁酸为原料或由 3,4,5-三甲氧基苯甲酸与甲醇酯化来制取。

3,4,5-三甲氧基苯甲酸甲酯是重要的有机合成中间体，可合成 3,4,5-三甲氧基苯甲酸、3,4,5-三甲氧基苯甲酰肼、3,4,5-三甲氧基苯甲醛、3,4,5-三甲氧基苯甲酰氯等；主要用作医药中间体，是抗焦虑药曲美托嗪、肠胃药马来酸曲美布汀等的主要原料，是抗菌增效药三甲氧苄氨嘧啶的中间体；还可以用于热敏记录材料中，用作紫外线吸收剂。

3.6.2 3,4,5-三甲氧基苯甲酸甲酯生产工艺流程

3,4,5-三甲氧基苯甲酸甲酯生产工艺流程见图 3-13。

图 3-13 3,4,5-三甲氧基苯甲酸甲酯生产工艺流程

工艺流程简述：

（1）粗制工序

将工业单宁酸溶于热水中，与加入计量的液碱、硫酸二甲酯进行甲化、水解，反应液加过量硫酸二甲酯进行酯化，生成液用离心机分离粗品。

（2）精制工序

粗品加入纯水、酒精溶解，投入精制反应罐，用活性炭脱色、过滤，去掉活性炭渣，精制母液回收溶剂后排入污水处理站，产品用洗涤水洗涤后，湿精制固体送入干燥箱干燥，用微粉碎机粉碎成要求的粒度而得。

3.6.3 产品规格与技术要求

根据《3,4,5-三甲氧基苯甲酸甲酯》（LY/T 3153—2019）中规定，3,4,5-三甲氧基苯甲酸甲酯技术指标应符合如表3-10所示的技术指标要求。

（1）外观

白色或浅灰色结晶粉末。

（2）技术指标

表3-10 3,4,5-三甲氧基苯甲酸甲酯技术指标

项目		优级品	合格品
水分/%	≤	0.5	
3,4,5-三甲氧基苯甲酸甲酯/%	≥	99.5	99.0
溶解性试验		无色透明	
熔点/℃		82.0～84.0	81.0～85.0
灼烧残渣/%	≤	0.1	
3,4,5-三甲氧基苯甲酸/%	≤	0.100	
单项杂质/%	≤	0.025	0.100

3.6.4 3,4,5-三甲氧基苯甲酸甲酯含量的测定

（1）原理

根据化合物在紫外波段具有吸收峰，利用高效液相色谱仪在规定的吸收波长下进行分析，采用面积归一化方法计算3,4,5-三甲氧基苯甲酸甲酯质量分数。

（2）试剂

甲醇：色谱纯。

磷酸：分析纯。

三氟乙酸：分析纯。

水：一级。

（3）仪器

配有紫外检测器或二极管阵列检测器的高效液相色谱仪。

（4）试液的制备

称取试样约 0.025g。用甲醇溶解，并定容至 25mL。

（5）测定条件

以下所述测试条件为典型色谱条件，而非必须。

色谱柱：C_{18} 5μ，250mm×4.6mm；

流动相：甲醇：0.1%三氟乙酸（或 1%磷酸）水溶液＝60：40（体积比）；

进样量：10μL；

流速：1.0mL/min；

柱温：室温；

检测器：波长 265nm。

（6）定量测定

向液相色谱柱中注入 3,4,5-三甲氧基苯甲酸甲酯试样溶液，得到色谱峰面积，用峰面积归一化方法定量。色谱图参见附录。

在重复性条件下获得的两次独立测试结果的绝对差值不大于 0.2%。取其算术平均值为测定结果，保留小数点后 1 位。

附录　3,4,5-三甲氧基苯甲酸甲酯 HPLC 色谱图

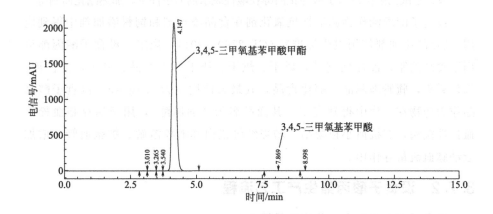

3.7 没食子酸丙酯

3.7.1 定义、化学性质及用途

没食子酸丙酯（propyl gallate）又称棓酸丙酯、五倍子酸丙酯，化学名3,4,5-三羟基苯甲酸正丙酯（n-propyl-3,4,5-trihydroxybenzoate），简称为PG。为白色至淡黄褐色结晶性粉末或乳白色针状结晶。分子式：$C_{10}H_{12}O_5$。分子量：212.20。结构式：

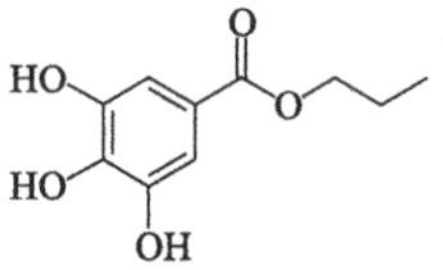

没食子酸丙酯是联合国粮农组织（FAO）和世界卫生组织（WHO）推荐的一种高效无毒的油脂抗氧化剂，已为世界各国普遍接受并广泛应用。美国食品与药物管理局（FDA）于1976年公布批准其GRAS资格，我国也将其作为含油脂食品的抗氧化剂于1982年列入国家标准（GB 3263）。

没食子酸丙酯无臭，稍具苦味，水溶液无味。有吸湿性，光照可促进其分解。难溶于水，易溶于热水、乙醇、乙醚、丙二醇、甘油、棉籽油、花生油、猪油。熔点146～150℃，对热较敏感，在熔点时即分解。大鼠经口LD_{50}为2600mg/kg。

没食子酸丙酯由没食子酸与正丙醇在酸性脱水剂的条件下，加热酯化而制得。

没食子酸丙酯作为脂溶性抗氧化剂在食品添加剂和饲料添加剂中得到应用。《食品添加剂使用卫生标准》（GB 2760—2014）规定：没食子酸丙酯可用于食品油脂，油炸面制品，风干、烘干、压干等水产品、饼干，方便面，果仁罐头，腌腊肉制品，膨化食品，其最大使用量为0.1g/kg。没食子酸丙酯作为药物在医疗中得到应用，其商品名为"通脉酯"，用于治疗脑血栓等血栓性疾病，有抗血小板凝结、增强纤维蛋白和血栓溶解、扩张血管、增加冠动脉血流量等作用。

3.7.2 没食子酸丙酯生产工艺流程

没食子酸丙酯生产工艺流程见图3-14。

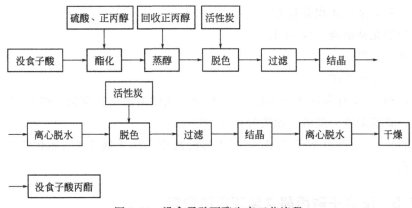

图 3-14　没食子酸丙酯生产工艺流程

工艺流程简述：

将工业没食子酸投入酯化反应罐中，加入硫酸（或其他脱水剂）和正丙醇进行酯化反应，加入碳酸氢钠中和，加热蒸发正丙醇（回收），加入活性炭脱色，过滤后粗品采用冷冻结晶、离心脱水，再次精制后送入干燥箱干燥、粉碎而得。

3.7.3　产品规格与技术要求

根据《食品安全国家标准 食品添加剂 没食子酸丙酯》（GB 1886.14—2015）中规定，没食子酸丙酯技术指标应符合如表 3-11 所示的技术指标要求。

（1）外观

白色或乳白色结晶粉末。

（2）技术指标

表 3-11　没食子酸丙酯技术指标

项目		指标
含量（以 $C_{10}H_{12}O_5$ 计）/%		98.0～102.0
熔点/%		146～150
砷（As）/（mg/kg）	≤	3
铅（Pb）/（mg/kg）	≤	1
干燥失重/%	≤	0.5
灼烧残渣/%	≤	0.1

3.7.4　鉴别试验

（1）试剂和溶液

三氯化铁溶液：质量分数为 1%。

乙醇溶液：体积分数为 75%。

氢氧化钠溶液：1mol/L。

水：一级。

（2）操作方法

将约 0.5g 样品溶于 10mL 1mol/L 氢氧化钠溶液中，蒸馏，取蒸馏液约 4mL，其蒸馏液应澄清，加热时有丙醇的臭气。

将约 0.5g 样品溶于 5mL 75% 乙醇溶液中，加 1 滴 1% 三氯化铁溶液，呈紫色。

3.7.5 没食子酸丙酯含量测定的测定

（1）试剂与溶液

硝酸铋试液：称取 5g 硝酸铋 $[Bi(NO_3)_3 \cdot 5H_2O]$，置于锥形瓶中，加入 7.5mL 硝酸和 10mL 水，用力振荡使其溶解，冷却，过滤，加水稀释定容至 250mL，备用。

硝酸溶液：硝酸：水＝1:300（体积比）。

（2）分析步骤

称取预先在 110℃ 干燥 4h 至恒重的样品 200mg（精确至 0.0001g），置于 400mL 烧杯中，加入 150mL 水溶解，加热至沸腾，用力振荡，加 50mL 硝酸铋试液，继续加热至沸数分钟，直至完全沉淀，冷却，过滤，滤出黄色沉淀物于恒重的耐酸砂芯漏斗中。用硝酸溶液洗涤，并在 110℃，干燥 4h，称至恒重。

（3）结果计算

没食子酸丙酯的含量（质量分数）按式(3-4) 计算：

$$X_1 = \frac{m_1 \times 0.4866}{m_0} \times 100 \qquad (3-4)$$

式中　X_1——没食子酸丙酯的含量（质量分数），%；

　　　m_1——干燥后沉淀质量，g；

0.4866——没食子酸丙酯铋盐换算成没食子酸丙酯的系数；

　　　m_0——样品质量，g。

实验结果以两次平行测定结果的算术平均值为准（保留一位小数）。在重复性条件下获得的两次独立测定结果的绝对差值不得超过算术平均值的 0.2%。

第4章
单宁及其加工产品分析试验方法

4.1 紫外法分析五倍子单宁酸含量试验方法

我国林业行业标准《单宁酸分析试验方法》（LY/T 1642—2005）规定了以五倍子为原料加工制成的单宁酸产品的分析试验方法。该标准采用紫外法测定单宁酸含量，本节仅将其中的干燥失重的测定、单宁酸含量的测定两部分内容摘录如下。

4.1.1 干燥失重的测定

按照 GB/T 6284《化工产品中水分测定的通用方法 干燥减量法》的规定进行。测定时称取约 1g 试样，精确到 0.0001g，干燥温度为 105℃±2℃。干燥失重以质量分数 X_1 计，数值以％表示。

在重复性条件下获得的两次独立测试结果的绝对差值不大于 0.2％。取其算术平均值为测定结果。

4.1.2 单宁酸含量的测定

（1）原理

用紫外分光光度计，在波长 276nm 处，分别测定试样溶液和用皮粉吸除单宁酸后的非单宁溶液的吸光度。其差值与单宁酸标准样品溶液的吸光度对比。

（2）试剂和材料

单宁酸标准样品：含量应不低于 99.0％。

单宁酸标准样品溶液：称取在 105℃±2℃下烘干至恒重的单宁酸标准样品 0.100g，精确到 0.0001g，溶于少量 60～70℃的水中，移入 100mL 容量瓶内，冷却至室温，用水稀释至刻度，摇匀。1mL 溶液约含 1mg 单宁酸标准样品。

铬皮粉：吸收单宁能力不低于 0.060g/g。

中速定性滤纸。

（3）仪器

紫外分光光度计：带宽≤2nm，透射精度≤±0.5％，透射重复性≤0.5％。1cm 石英比色皿。

旋转式振荡器：（60±2)r/min。

分析天平：感量 0.0001g。

容量瓶：100mL，200mL。

广口瓶：250mL。

（4）试样的制备

① 试样溶液的制备。称取试样 0.100g，精确到 0.0001g，溶于少量 60～70℃的水中，移入 100mL 容量瓶内，冷却至室温，用水稀释至刻度，摇匀。

② 试样工作溶液的制备。用移液管吸取试样溶液 2mL，移入 200mL 容量瓶内，用水稀释至刻度，摇匀。

③ 非单宁溶液的制备。用移液管吸取试样溶液 50mL，移入 250mL 干燥的广口瓶中，加入 1.00g 铬皮粉，塞好瓶塞，振摇 6～7 次，将瓶放到旋转振荡器上，振荡 10min 后，用滤纸过滤，收集滤液。保留此滤液用于没食子酸含量的测定。

④ 非单宁工作溶液的制备。用移液管吸取非单宁溶液 2mL，移入 200mL 容量瓶内，用水稀释至刻度，摇匀。

⑤ 单宁酸标准样品工作溶液的制备。用移液管吸取单宁酸标准样品溶液 2mL，移入 200mL 容量瓶内，用水稀释至刻度，摇匀。

（5）测定程序

用紫外分光光度计在波长 276nm 处，以蒸馏水作参比，用 1cm 比色皿，分别测定工作溶液（试样工作溶液、非单宁工作溶液、单宁酸标准样品工作溶液）的吸光度。

（6）结果的表述

单宁酸含量以干基质量分数 X_2 计，数值以％表示，按式(4-1) 计算：

$$X_2 = \frac{A_0 - A_2}{A_1} \times \frac{G_1}{G_0(1-X_1)} \times 100 \qquad (4-1)$$

式中　A_0——试样工作溶液的吸光度的数值；

　　　A_2——试样中非单宁工作溶液的吸光度的数值；

　　　A_1——单宁酸标准样品工作溶液的吸光度的数值；

　　　G_1——单宁酸标准样品质量的数值，g；

　　　G_0——试样质量的数值，g；

　　　X_1——试样干燥失重的数值，％。

在重复性条件下获得的两次独立测试结果的绝对差值不大于 0.7％。取其算术平均值为测定结果。

4.2 紫外法分析没食子酸试验方法

我国林业行业标准《没食子酸分析试验方法》（LY/T 1644—2005）规定了没食子酸的分析试验方法。该标准采用紫外法测定没食子酸的含量，本节仅将其中的干燥失重的测定、没食子酸含量的测定两部分内容摘录如下。

4.2.1 干燥失重的测定

按照 GB/T 6284《化工产品中水分含量测定的通用方法 重量法》的规定进行。测定时称取约 1g 试样，精确到 0.0001g，干燥温度为 105℃±2℃。干燥失重以质量分数 X_1 计，数值以％表示。

在重复性条件下获得的两次独立测试结果的绝对差值不大于 0.2％。取其算术平均值为测定结果。

4.2.2 没食子酸含量的测定

（1）原理

用示差法，在紫外分光光度计 263nm 波长处测定试样溶液的吸光度，并与没食子酸标准样品的吸光度作对比。

（2）试剂

没食子酸标准样品：高压液相色谱法测定含量在 99.5％～100％。

没食子酸标准样品溶液：称取在 105℃±2℃下烘干至恒重的没食子酸标准样品 0.100g，精确到 0.0001g。溶于少量 70～80℃ 的热水中，移入 100mL 容量瓶内，冷却至室温，用水稀释至刻度，摇匀。1mL 溶液含没食子酸约 1mg。

（3）仪器

紫外分光光度计：带宽≤2nm，透射精度≤±0.5％，透射重复性≤0.5％。1cm 石英比色皿。

分析天平：感量为 0.0001g。

（4）试样的制备

① 试样溶液的制备。称取约 0.1g 试样，精确到 0.0001g。溶于少量 70～80℃的热水中，移入 100mL 容量瓶内，冷却至室温，用水稀释至刻度，摇匀。

② 试样工作溶液的制备。用移液管吸取试样溶液 10mL，移入 200mL 容量瓶中，用水稀释至刻度，摇匀。

③ 没食子酸标准样品工作溶液的制备。用移液管吸取没食子酸标准样品溶液 10mL，移入 200mL 容量瓶中，用水稀释至刻度，摇匀。

④ 参比溶液的制备。用移液管吸取没食子酸标准样品溶液 10mL，移入 250mL 容量瓶中，用水稀释至刻度，摇匀。

（5）测定程序

用紫外分光光度计，在波长 263nm 处，用 1cm 比色皿，以参比溶液作参比，分别测定试样工作溶液和没食子酸标准样品工作溶液的吸光度。

（6）结果的表述

没食子酸含量以干基质量百分数 X_2 计，数值以％表示，按式（4-2）计算：

$$X_2 = \left(0.8 + 0.2 \times \frac{A_0}{A_1}\right) \frac{G_1 \times p}{G_0(1-X_1)} \times 100 \qquad (4-2)$$

式中　0.8——参比溶液与没食子酸标准样品工作溶液浓度之比值；

　　　0.2——计算系数；

　　　A_0——试样工作溶液的吸光度的数值；

　　　A_1——没食子酸标准样品工作溶液的吸光度的数值；

　　　G_1——没食子酸标准样品质量的数值，g；

　　　p——没食子酸标准样品纯度，％；

　　　G_0——试样质量的数值，g；

　　　X_1——试样的干燥失重的数值，％。

在重复性条件下获得的两次独立测试结果的绝对差值不大于 0.4％。取其算术平均值为测定结果。

4.3　高效液相色谱法分析没食子酸含量

4.3.1　干燥失重的测定

按照 GB/T 6284《化工产品中水分含量测定的通用方法 重量法》的规定进行。测定时称取约 1g 试样，精确到 0.0001g，干燥温度为 105℃±2℃。干燥失重以质量分数 X_1 计，数值以％表示。

在重复性条件下获得的两次独立测试结果的绝对差值不大于 0.2％。取其算术平均值为测定结果。

4.3.2 没食子酸含量的测定

（1）原理

根据化合物在紫外波段具有吸收峰，利用高效液相色谱仪在规定的吸收波长下进行分析，采用外标法计算没食子酸质量分数。

（2）试剂

甲醇：色谱纯。

磷酸：分析纯。

三氟乙酸：分析纯。

没食子酸标准样品。

水：一级。

（3）仪器

配有紫外检测器或二极管阵列检测器的高效液相色谱仪。

（4）标准溶液的配制

准确称取经120℃下烘干2h的没食子酸标准样品0.010g。用甲醇溶解，并定容至100mL。

（5）试液的配制

准确称取经120℃下烘干2h的试样0.010g。用甲醇溶解，并定容至100mL。

（6）测定条件

以下所述测试条件为典型色谱条件，而非必须。

色谱柱：$C_{18}5\mu$，250mm×4.6mm；

流动相：0.1％三氟乙酸（或1％磷酸）水溶液，甲醇；

流动相梯度设置：

梯度时间/min	0.1％三氟乙酸（或1％磷酸）水溶液/％	甲醇/％
0	80	20
5	60	40
10	0	100

进样量：10μL；

流速：1.0mL/min；

柱温：室温；

检测器：波长 280nm。

（7）定量测定

在相同测定条件下，分别向液相色谱柱中注入没食子酸标准溶液（4）和试样溶液（5）得到色谱峰面积。用式（4-3）计算得到没食子酸质量分数（%）：

$$没食子酸质量分数（\%）=\frac{c_s \times m_t}{m_s} \times 100 \qquad (4-3)$$

式中 c_s——没食子酸标准溶液质量浓度，mg/mL；

$\quad\quad m_s$——没食子酸标准溶液色谱峰面积；

$\quad\quad m_t$——试样溶液色谱峰面积。

在重复性条件下获得的两次独立测试结果的绝对差值不大于 0.2%。取其算术平均值为测定结果，保留小数点后 1 位。

4.4 高效液相色谱法测定鞣花酸含量

4.4.1 试剂

鞣花酸标准品：含量≥95%。

甲醇：色谱纯。

乙腈：色谱纯。

磷酸：色谱纯，纯度≥99.5%。

纯水。

4.4.2 仪器设备

容量瓶：100mL。

天平：感量为 0.0001g 和 0.01g。

恒温干燥箱：可控制温度 105℃，精度±2℃。

高效液相色谱仪：配备紫外检测器。

4.4.3 试液的制备

标样的制备：按 A_1、A_2 两组分别准确称取在 105℃下干燥至恒重的鞣花酸标准品 0.01g（M_1）、0.02g（M_2），置于 100mL 容量瓶中，加入甲醇溶液 30mL，超声 15min，加甲醇定容至 100mL，摇匀，配制成两组不同浓度的标样溶液，分别经微孔滤膜过滤后待测。

试样的制备：每批次产品按 B_1、B_2 两组分别准确称取在 105℃下干燥至恒重的样品 0.01g（G_1）、0.02g（G_2），置于 100mL 容量瓶中，加入甲醇溶液 30mL，超声 15min，加甲醇定容至 100mL，摇匀，配制成对应的两组不同浓度的试样溶液，分别经微孔滤膜过滤后待测。

4.4.4 测定条件

色谱柱：C_{18} 5μ，250mm×4.6mm。

流速：1.0mL/min。

进样量：10μL。

检测器：UV 检测器，波长 266nm。

流动相梯度设置：

梯度时间/min	流动相	
	乙腈/%	0.2%磷酸水溶液/%
0	20	80
5	40	60
10	100	0

4.4.5 测定程序

将配制好的标样和试样按"A_1、B_1""A_2、B_2"分组，每组中先走标样，再走试样，单针进样运行时间 30min。分别记录标样溶液峰面积（A_1、A_2）和试样溶液峰面积（B_1、B_2）。

4.4.6 计算方法

采用外标法按式(4-4)计算，以干基质量分数 X 计，数值以%表示：

$$X = \left(\frac{\frac{B_1 M_1}{G_1 A_1} + \frac{B_2 M_2}{G_2 A_2}}{2} \right) \times P \times 100 \qquad (4-4)$$

式中　A_1——标样 A_1 溶液峰面积值；

　　　A_2——标样 A_2 溶液峰面积值；

　　　B_1——试样 B_1 溶液峰面积值；

B_2——试样 B_2 溶液峰面积值；

M_1——标样 A_1 质量，g；

M_2——标样 A_2 质量，g；

G_1——试样 B_1 质量，g；

G_2——试样 B_2 质量，g；

P——鞣花酸标准样品的质量分数。

4.5 高效液相色谱法分析五倍子单宁酸

4.5.1 试剂

甲醇（分析纯）、三氟乙酸（TFA，分析纯）、单宁酸样品 7 份（来源于不同厂家，且经过不同纯化方法处理得到）、纯水。

4.5.2 仪器

LC AB-20 高效液相色谱仪（日本，岛津公司），色谱柱为 $C_{18}5\mu$，4.6mm×150mm，高效液相色谱-质谱联用仪（LC-MS）（美国，安捷伦公司）。

质谱条件设定如下：

电喷雾（ESI）正离子电离模式。干燥气（N_2）温度 325℃，雾化气（N_2）压力 48.23kPa，干燥气（N_2）流量 4.00L/min，电喷雾电压 4kV，毛细管温度 270℃，扫描范围 m/z 100～600，质谱分析结果借助仪器附带的 BRUKER DataAnalysis 软件进行处理。

4.5.3 测定步骤

① 分别称取 6 份不同来源的 1g 单宁酸样品用 100～200mL 甲醇溶解后，用去离子水定容至 1 L 容量瓶中，配制成浓度为 1.00mg/mL 的单宁酸待测样品溶液。

② 4.3.2 将高效液相色谱仪调整至工作状态，然后用体积百分比为 10% 的甲醇溶液作为流动相反复冲洗色谱柱直至其基线稳定。

③ 采用以下色谱条件进行洗脱：

梯度洗脱条件：

时间/min	流动相	
	甲醇/%	0.1%三氟乙酸（或1%磷酸）水溶液/%
0	10	90
3	10	90
25	30	70
50	80	20
55	10	90
60	10	90

流速：1.0mL/min；

检测波长：220nm；

色谱柱温度：28℃；

进样量：10μL。

4.5.4 结果分析

利用高效液相色谱法可以实现对单宁酸样品中不同组分的分离及含量测定，图4-1列出了经过高效液相色谱仪分析计算得到的3种不同单宁酸样品中各组分的含量差异，由图中可以看出不同来源的单宁酸样品其组成上也各有差异。

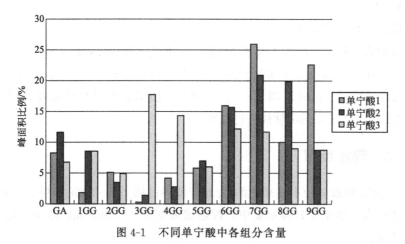

图4-1 不同单宁酸中各组分含量

利用高效液相色谱法分别对7种单宁酸样品进行分析，得到不同单宁酸样品的高效液相色谱指纹图谱的保留时间和峰面积。利用高效液相色谱-质谱联用仪（LC-MS）按照设定的质谱条件分别对不同单宁酸样品中不同组分进行定性分析，得到单宁酸中不同组分的保留时间，见表4-1。

表 4-1 单宁酸样品中不同聚体 HPLC 色谱图中保留时间

聚合物	聚合度	保留时间/min
GA（没食子酸）	0	3
1GG（一-O-没食子酰葡萄糖）	1	3.4
2GG（二-O-没食子酰葡萄糖）	2	5
3GG（三-O-没食子酰葡萄糖）	3	8.5
4GG（四-O-没食子酰葡萄糖）	4	9.3
5GG（五-O-没食子酰葡萄糖）	5	10.7
6GG（六-O-没食子酰葡萄糖）	6	11.4
7GG（七-O-没食子酰葡萄糖）	7	12

对单宁酸中不同聚体多酚化合物的保留时间及其聚合度（分子量）相关性进行分析，建立不同组分的保留时间与其聚合度之间的数学模型 $y = -0.203x^2 + 4.163x + 5.861$，$R^2 = 0.988$，见图 4-2。

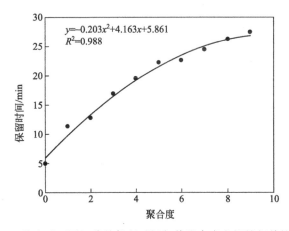

图 4-2 单宁酸不同组分的保留时间与其聚合度之间的相关性分析

第 **5** 章
现代仪器分析技术在单宁化学研究中的应用

5.1 单宁络合蛋白质能力测定方法

络合蛋白质是植物单宁（多酚）最重要的化学特性。植物单宁能够与蛋白质发生反应形成单宁-蛋白质络合物从而降低蛋白质与多酚化合物的生物利用度。植物单宁与蛋白质之间可以通过氢键、疏水键、π-π 堆积作用或静电相互连接，形成络合物。单宁络合蛋白质在动物生理学、营养学和植物生态学及单宁的工业化利用上具有重要的意义。动物生产上经常利用单宁的收敛性，使得单宁提取物可作为饲料添加剂预防和治疗仔猪腹泻。单宁络合蛋白质能力与其化学结构、聚合度（分子量）及蛋白质种类有关。由于不同植物来源的植物单宁提取物在单宁化学组成、聚合度、分子量上存在较大差异，导致其络合蛋白质的能力也差异很大。在实际生产上经常需要测定不同植物来源的单宁提取物对蛋白质络合能力的大小，以考察其收敛性及在饲料添加剂上的应用效果。本节介绍了一种单宁提取物络合单宁能力（收敛性）的测定方法，可供相关科研人员和技术人员参考。

5.1.1 单宁络合蛋白质能力测定

分别将五倍子单宁、高粱单宁、化香果单宁、李单宁（均由中国林科院林产化学工业研究所植物单宁化学利用实验室提取、分离、纯化得到，含量 90% 以上）用甲醇溶液配制成质量浓度分别为 0.2mg/mL、0.4mg/mL、0.8mg/mL、1.2mg/mL、1.6mg/mL 的系列浓度的单宁溶液；用 pH4.9 磷酸盐缓冲液配制质量浓度为 1mg/mL 的牛血清白蛋白（BSA）溶液；向 1mL 比色皿中分别加入 900μL BSA 溶液和 100μL 系列浓度的单宁溶液，充分混合后，室温静置 1min 后，在 510nm 波长下测定反应溶液的吸光度值，以反应缓冲液为空白；以反应溶液中单宁浓度（mg/mL）为横坐标，吸光度值作为纵坐标得到线性模拟方程（见图 5-1），由线性方程的斜率大小判断单宁络合蛋白质能力大小（见表 5-1），斜率越大，单宁络合蛋白质能力越强。

表 5-1　线性方程的斜率（一）

单宁	线性方程	斜率
五倍子单宁	$y=10.966x-0.1311, R^2=0.9967$	10.97
高粱单宁	$y=8.9531x+0.0629, R^2=0.9955$	8.95
李单宁	$y=5.9188x+0.0636, R^2=0.9906$	5.92
化香果单宁	$y=7.1377x-0.0526, R^2=0.9929$	7.14

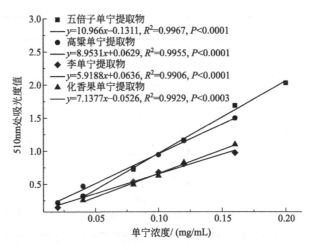

图 5-1 单宁络合 BSA 滴定反应曲线

由表 5-1 可知，五倍子单宁、高粱单宁、李单宁、化香果单宁络合蛋白质滴定实验线性方程的斜率分别为 10.97、8.95、5.92、7.14。因此，根据本发明技术，其络合蛋白质能力大小依次是：五倍子单宁＞高粱单宁＞化香果单宁＞李单宁。

5.1.2 不同 pH 值对单宁提取物络合蛋白质反应溶液吸光度值的影响

分别用甲醇溶液配制质量浓度分别为 0.2mg/mL 的五倍子单宁、高粱单宁、李单宁、化香果单宁溶液；用水配制质量浓度为 10mg/mL 的牛血清白蛋白（BSA）溶液；再分别配制不同 pH 值（3、3.5、4、4.5、5、5.5、6）的缓冲液。向 1mL 比色皿中依次分别加入 800μL 不同 pH 值的缓冲液、100μL 10mg/mL BSA 溶液、100μL 0.2mg/mL 单宁溶液，充分混合后，室温静置 1min 后，在 510nm 波长下测定反应溶液的吸光度值，以反应缓冲液为空白；以反应溶液 pH 值为横坐标，吸光度值作为纵坐标作图（见图 5-2）。

由图 5-2 可知，不同 pH 值下五倍子单宁、高粱单宁、李单宁、化香果单宁与 BSA 混合溶液的吸光度值不同，但随着反应溶液 pH 的逐渐升高，不同单宁与 BSA 混合溶液的吸光度值变化趋势相似，且在 pH 4～5 之间均具有最大吸光度值。因此，本发明技术选择在 pH4.9 条件下进行分析测定不同单宁提取物络合蛋白质能力大小。

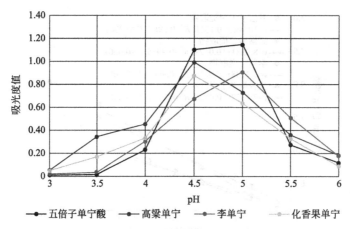

图 5-2 反应溶液 pH 值对单宁提取物络合蛋白质反应溶液吸光度值的影响

5.1.3 几种单宁提取物络合蛋白质能力测定

分别将五倍子单宁提取物（单宁含量 93%）、栗木单宁提取物（单宁含量 75%）、坚木单宁提取物（单宁含量 70%）、毛杨梅单宁提取物（单宁含量 60%）、马占相思单宁提取物（单宁含量 60%）、塔拉单宁提取物（单宁含量 60%）用甲醇溶液配制成质量浓度分别为 0.2mg/mL、0.4mg/mL、0.6mg/mL、0.8mg/mL、1.0mg/mL 的系列浓度的单宁溶液；用 pH 4.9 磷酸盐缓冲液配制质量浓度为 1mg/mL 的牛血清白蛋白（BSA）溶液；向 1mL 比色皿中分别加入 900μL BSA 溶液和 100μL 系列浓度的单宁溶液，充分混合后，室温静置 1min 后，在 510nm 波长下测定反应溶液的吸光度值，以反应缓冲液为空白；以反应溶液中单宁提取物浓度（mg/mL）为横坐标，吸光度值作为纵坐标得到线性模拟方程，由线性方程的斜率大小判断单宁络合蛋白质能力大小（见表 5-2），斜率越大，单宁络合蛋白质能力越强。

表 5-2 线性方程的斜率（二）

单宁提取物	线性方程	斜率
栗木单宁提取物	$y=0.51x-0.097$，$R^2=0.9933$	0.51
马占相思单宁提取物	$y=0.3118x-0.0574$，$R^2=0.9708$	0.312
毛杨梅单宁提取物	$y=0.3701x-0.0694$，$R^2=0.9580$	0.370
五倍子单宁提取物	$y=0.955x-0.1549$，$R^2=0.9951$	0.955
塔拉单宁提取物	$y=0.1875x-0.038$，$R^2=0.9114$	0.1875
坚木单宁提取物	$y=0.484x-0.0735$，$R^2=0.9919$	0.484

由表 5-2 可知，几种单宁提取物络合蛋白质能力（收敛性）大小依次是：五倍子单宁提取物＞栗木单宁提取物＞坚木单宁提取物＞毛杨梅单宁提取物＞马占相思单宁提取物＞塔拉单宁提取物。

5.2 分光光度法测定单宁酸-Fe 反应络合常数及其化学计量比

植物多酚（单宁）与金属离子的络合作用是其多种应用的化学基础。其络合能力来源于多酚化合物中的儿茶酚（catechol）和棓酰基（galloyl）结构。在金属离子存在条件下，酚羟基首先发生去质子化，然后与金属离子以共价键形式进行配位反应，形成多酚-金属离子络合物。

1,2,3,4,6-O-五没食子酰葡萄糖（PGG，化学结构中含有五个没食子酰基结构）（结构见图 5-3）是一种典型的单宁酸化合物。本节介绍了一种利用分光光度法测定单宁酸-Fe^{3+} 络合反应结合常数，并利用等摩尔连续变化法（又称 Job's 法）测定单宁酸-Fe^{3+} 络合物的化学计量比（即络合物中单宁酸/Fe^{3+} 的组成比例）的方法，本方法可广泛应用于多酚化合物与金属离子之间的络合反应定量关系研究，可供单宁化学科研人员和相关技术人员参考。

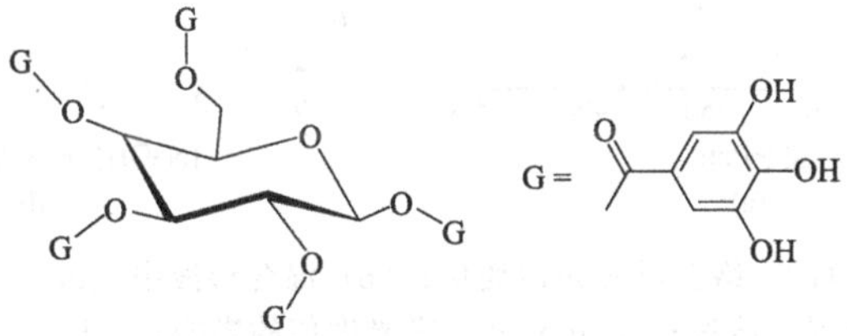

图 5-3　1,2,3,4,6-O-五没食子酰葡萄糖（PGG）结构式

5.2.1 单宁酸-Fe 络合反应光谱学研究

先向比色皿中加入 2970μL pH 6.0 的乙酸缓冲液，随后加入 30μL 浓度为 1mmol/L 的 PGG 溶液，充分混合后用微量加样器逐次向混合溶液中加入浓度为 1mmol/L 的 Fe^{3+} 溶液，每次 3μL，共加入 Fe^{3+} 溶液总体积为 60μL。每次滴加后充分混合，并静置 2min 充分反应，分光光度计记录混合溶液在 200～500nm 处吸光度值。滴定实验重复三次，PGG 溶液及金属离子溶液均需当日配制使用。

在 pH 6.0 条件下随着 PGG 溶液中 Fe^{3+} 浓度的增加，反应溶液在 200～

400nm 处的光谱曲线变化见图 5-4。PGG 溶液在 280nm 处具有最大吸光度值，与文献报道一致。随着 Fe^{3+} 的加入，其特征吸收波长表现出向 320nm 处移动，表明 PGG 与 Fe^{3+} 发生了络合反应。单宁酸结构中的酚羟基与金属离子络合会引起芳香环上电子分布的改变，从而导致单宁酸光谱特征吸收波长出现红移现象。以混合溶液中 Fe 离子摩尔浓度与单宁酸摩尔浓度的比值（即 [Fe]/[PGG]）作为横坐标，混合溶液在 320nm 处的吸光度值作为纵坐标作图，发现随着溶液中 Fe 离子浓度的增加，混合溶液在 320nm 处的吸光度值逐渐升高，直到 [Fe]/[PGG] 比值达到 2.0 左右，此后曲线变化趋势逐渐平缓。表明当混合溶液中 [Fe]/[PGG] 的比值约为 2.0 时，络合反应达到平衡状态。此外，随着溶液中 Fe^{3+} 浓度的增加，混合溶液光谱曲线均在约 300nm 处交汇于同一个焦点，表明整个络合反应过程中只生成了一种单宁酸-Fe 离子络合物。

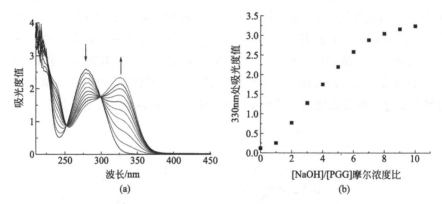

图 5-4 （a）PGG-Fe 络合反应光谱变化；（b）混合溶液中 [Fe]/[PGG] 的比值对混合溶液在 320nm 处的吸光度值的影响，pH＝6.0

5.2.2 Job's 法计算化学计量比

等摩尔连续变化法（又称 Job's 法）可用于测定络合物组成，该方法配制的一系列溶液中，金属离子浓度 [M] 及配位体浓度 [L] 同时变化，但二者总和不变，即：[M]＋[L]＝C（其中 [L]＝CX，[M]＝C(1－X)，X＝[L]/C。X 为摩尔分数）。改变混合物中配体与金属离子的浓度（保持混合物中配体和金属离子的总浓度不变），混合溶液的紫外吸光度值也随之改变。当混合物中配体与金属离子摩尔浓度达到络合物化学计量比时混合物在特征吸收波长下具有最大吸光度值。

实验操作流程可简述为：在 1cm 比色皿中加入 980μL 乙酸盐缓冲液

（pH 6.0）和 20μL 浓度为 1mmol/L 的单宁酸溶液，充分混合后测定混合溶液在 320nm 波长下的吸光度值，以乙酸盐缓冲液（pH 6.0）作为空白对照。第一次滴定时加入的单宁酸和金属离子摩尔比例为 20∶0，总浓度为 20μmol/L。接下来的滴定操作逐步改变单宁酸和金属离子的摩尔比例（9∶1，8∶2，7∶3，6∶4，…，1∶9 和 0∶10）同时保持单宁酸和金属离子总浓度为 20μmol/L 不变，每次滴定操作后记录混合物吸光度值。当混合物在 320nm 波长下吸光度值达到最大时对应的单宁酸/金属离子摩尔比例即为络合物的化学计量比值。单宁酸和金属离子溶液需实验当天配制，每次滴定实验需重复三次。

根据 Job's 法可知当反应溶液中配体与金属离子摩尔浓度达到化学计量比时混合物中生成的络合物含量最高。根据 Beer's 定律，此时混合溶液在 320nm 处具有最大吸光度值。图 5-5 显示了当混合溶液中 Fe 离子摩尔浓度与 Fe 离子加 PGG 摩尔浓度总和的比值（即 [Fe]/[PGG＋Fe]）为 0.65～0.7 时混合溶液在 320nm 处具有最大吸光度值。在此条件下混合溶液中 [Fe]/[PGG]＝2∶1。该结果与上文中对反应溶液吸光度值变化分析得出的结果一致，再次证实了当混合溶液中 [Fe]/[PGG] 的比值约为 2.0 时，单宁酸-Fe 离子络合反应达到平衡状态。由此得到单宁酸-Fe 络合物的化学计量比为 Fe/PGG＝2∶1，即在本实验条件下（pH 6.0）每个 PGG 分子可以结合 2 个 Fe^{3+}。

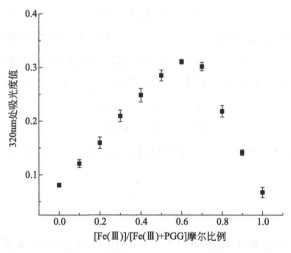

图 5-5　Job's 法计算单宁酸-Fe 络合物的化学计量比

由 PGG 的化学结构式可以看出，PGG 由 5 个没食子酸围绕一个葡萄糖核中心通过酯键相连而成，即每个 PGG 分子中存在 5 个棓酰基。文献研究发现每个棓酰基可以结合一个金属离子，因此理论上每个 PGG 分子最大应该可以结合 5 个金属离子。多酚化合物因其结构中存在大量的儿茶酚基团，因此具有众多可以与金属离子进行络合的结合位点。但至今为止，尚未见到研究报道一个多酚化合物分子可以结合超过 3 个金属离子的情况。本研究发现每个单宁酸（PGG）分子可以结合 2 个 Fe^{3+}。

5.2.3 络合常数的计算

由于反应溶液中单宁酸及其与金属离子络合物的浓度与其特征吸收波长下的吸光度值变化具有相关性，且反应溶液中由自由态的金属离子及乙酸根引起的吸光度值变化可以忽略不计。因此，可以由滴定过程中混合溶液在特征吸收波长下的吸光度值的变化计算出单宁酸-金属离子的络合常数。络合反应过程可简单表述为：

$$L + nM \rightleftharpoons M_n L \tag{5-1}$$

式中，L 代表单宁酸；M 代表金属离子；$M_n L$ 代表单宁酸-金属离子络合物。

在确定的 pH 值下，反应式（5-1）的络合常数可表述为：

$$K = \frac{[M_n L]}{[L][M]^n} \tag{5-2}$$

或 $$[M_n L] = K[L][M]^n \tag{5-3}$$

假定单宁酸溶液的初始浓度为 $[L]_0$，每次滴定后混合溶液中金属离子的浓度为 $[M]_0$，则当络合反应达到平衡状态时反应溶液中未参加络合反应的单宁酸和金属离子的含量由质量守恒定律及反应式（5-1）可以得到：

$$[L]_0 = [L] + [M_n L] \tag{5-4}$$

$$[M]_0 = [M] + n[M_n L] \tag{5-5}$$

将公式（5-2）和（5-5）中的 $[M_n L]$ 代入公式（5-3）和公式（5-4）可以得到：

$$[L] = \frac{[L]_0}{1 + K[M]^n} \tag{5-6}$$

式中的自由态单宁酸浓度 [L] 可以由自由态的金属离子浓度 [M] 的函数计算得到。将公式（5-6）中的 [L] 代入公式（5-3），反应溶液中络合物 $[M_n L]$ 浓度同样也可以用自由态金属离子的浓度 [M] 的函数来表示：

$$[M_nL] = \frac{K[L]_0[M]^n}{1+K[M]^n} \tag{5-7}$$

将公式（5-7）整理后得到公式（5-8）：

$$[M] = \left\{\frac{[M_nL]}{K([L]_0-[M_nL])}\right\}^{\frac{1}{n}} \tag{5-8}$$

因此，公式（5-5）可以改写为公式（5-9）：

$$[M]_0 = \left\{\frac{[M_nL]}{K([L]_0-[M_nL])}\right\}^{\frac{1}{n}} + n[M_nL] \tag{5-9}$$

混合溶液的光学性质可以通过如下步骤计算得到。首先，由于参加络合反应的各种物质及其络合产物均遵循 Beer's 定律，且在特定的波长（λ）下络合物具有最大吸光度值，在此波长下单宁酸及其金属络合物的摩尔吸光系数分别表示为 ε_L 和 ε_{M_nL}。根据文献，本实验中混合溶液中自由态（未参加络合反应）的金属离子在此波长下的紫外吸光度值可忽略不计。那么，当络合反应达到平衡条件时，包含混合溶液的紫外吸光度值（A）可以表示为：

$$A = A_L + A_{M_nL} = \varepsilon_L[L] + \varepsilon_{M_nL}[M_nL] \tag{5-10}$$

用公式（5-4）取代公式（5-8）中的 $[L]$，并改写后得到公式（5-11）：

$$A = \varepsilon_L[L_0] + (\varepsilon_{M_nL}-\varepsilon_L)[M_nL] \tag{5-11}$$

$$\Delta A = A - A_0 = \Delta\varepsilon[M_nL] \tag{5-12}$$

或

$$[M_nL] = \frac{\Delta A}{\Delta\varepsilon} \tag{5-13}$$

式中　A——混合溶液的紫外吸光度值；

　　　A_0——金属离子加入前混合溶液中单宁酸的紫外吸光度值，$A_0 = \varepsilon_L[L_0]$；

　　　ΔA——金属离子加入后混合溶液的紫外吸光度值的变化，$\Delta A = A - A_0$；

　　　$\Delta\varepsilon$——在最大吸收波长下单宁酸-金属离子络合物与单宁酸的紫外吸光度值的差值，$\Delta\varepsilon = \varepsilon_{M_nL} - \varepsilon_L$。

用公式（5-13）取代公式（5-9）中的 $[M_nL]$ 得到公式（5-14）：

$$[M]_0 = \left\{\frac{\Delta A}{K([L]_0\Delta\varepsilon - \Delta A)}\right\}^{\frac{1}{n}} + n\frac{\Delta A}{\Delta\varepsilon} \tag{5-14}$$

公式（5-14）中给出了金属离子浓度（$[M]_0$）增加与混合物紫外吸光度值（ΔA）之间的定量关系。式中其他参数（K、$\Delta\varepsilon$、n）在特定的 pH 值下保持恒定。因此，利用非线性方程模拟（ΔA 对 $[M]_0$），可以计算出式中的络合常数 K 和 $\Delta\varepsilon$。本实验利用 LAB Fit 曲线模拟软件（V 7.2.48）对实验数据进行方程模拟。

以溶液中 Fe^{3+} 的加入量（$[M]_0$）为纵坐标（Y 轴），混合溶液在 320nm 处吸光度值的变化（ΔA）作为横坐标（X 轴）作图，并用方程（5-14）对曲线进行模拟（见图 5-6）。通过方程进行非线性关系模拟可以计算出在 pH 6.0 条件下单宁酸与 Fe^{3+} 络合常数。在本实验中方程（5-14）中的 $n(2)$ 和 $[L]_0(10\mu mol/L)$ 均为已知量，$[M]_0(Y)$、$\Delta A(X)$ 为变量，因此，通过曲线方程模拟可以得到络合常数 K 和 $\Delta\varepsilon$。通过利用 Lab fit 软件进行曲线方程模拟得到结合常数（K）为 $1.607\mu mol/L^2$。该方法可同时计算出 PGG-Fe 络合物和自由态 PGG 在 320nm 处摩尔吸光系数的差值 $\Delta\varepsilon=0.046$。PGG 在 320nm 处的摩尔吸光系数测定为 $0.0027\mu mol/L$，因此由 $\Delta\varepsilon=\varepsilon_{PGG-Fe}-\varepsilon_{PGG}$ 可以计算出 PGG-Fe 络合物的摩尔吸光系数为 $0.0487\mu mol/L$。此外，由图 5-5 中可以看出，随着混合溶液中 Fe^{3+} 浓度的逐渐增加，混合物在特征吸收波长 320nm 处的吸光度值逐渐增强，当混合溶液中 Fe^{3+} 浓度达到 $19\mu mol/L$ 左右时曲线出现了拐点，表明此时络合反应达到平衡。经过计算，此时混合溶液中 Fe^{3+} 与 PGG 的摩尔浓度比值 $[Fe]/[PGG]=1.8$，该结果与上文中利用 Job′s 法得到的结果接近。因此，该方法也可用于络合物中化学计量比的计算。

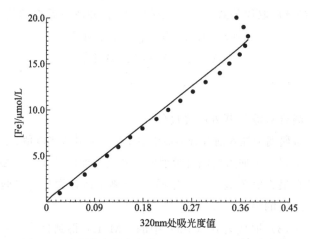

图 5-6　反应溶液吸光度值（320nm）与 Fe^{3+} 浓度的
相关性分析及其模拟结果（pH 6.0）

5.2.4　PGG 中酚羟基去质子化研究

在比色皿中加入 $950\mu L$ 去离子水，再加入 $50\mu L$ 浓度为 1mmol/L 的 PGG 溶液，充分混合后用微量加样器逐次向混合溶液中加入浓度为

10mmol/L 的 NaOH 溶液，每次 $5\mu L$，共加入 NaOH 溶液总体积为 $50\mu L$。每次滴加后充分混合，并静置 2min 使其充分反应，用分光光度计记录混合溶液在 330nm 处的吸光度值。滴定实验重复三次，PGG 溶液及 NaOH 溶液均需当日配制使用。

与 Fe^{3+} 滴定实验类似，随着单宁酸溶液中 NaOH 浓度的增加，单宁酸光谱特征吸收峰从 280nm 处逐渐红移，其混合溶液最大吸收峰出现在 330nm 处（见图 5-7）。表明随着 NaOH 溶液的加入，单宁酸中的酚羟基发生了去质子化反应。以溶液中 NaOH 和单宁酸的摩尔浓度比值（即 [NaOH]/[PGG]）为横坐标，混合溶液在 330nm 处的吸光度值为纵坐标做相关性分析。由图可以看出当混合溶液中 [NaOH]/[PGG] 的比值小于 6 时，曲线呈良好的线性关系。表明随着溶液 pH 值的升高 PGG 分子中 2 个棓酰基团上的 6 个酚羟基较容易发生去质子化，形成氧负离子状态。随着溶液 pH 值的进一步升高，曲线变化趋于平缓，表明仍然有酚羟基团发生去质子化，并最终当 [NaOH]/[PGG] 的比值达到 9 左右混合溶液吸光度值趋于稳定。表明随着 pH 值的不断升高，PGG 分子中最终约有 3 个棓酰基团上的 9 个酚羟基发生了去质子化反应，形成氧负离子。单宁酸与金属离子络合反应过程可以看作是溶液中的金属离子与溶液中存在的氢离子对酚羟基上氧负离子竞争结合的过程。随着溶液中 pH 值的升高，单宁酸中酚羟基容易发生去质子化，使得金属离子能够与其形成稳定的络合物。以上研究结果表明并非单宁酸中所有酚羟基团均容易发生去质子化，也解释了本节的实验结果。

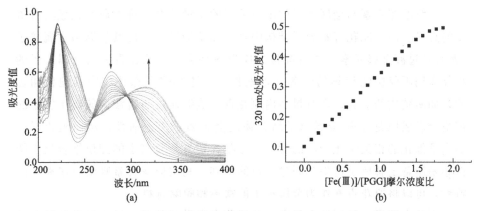

图 5-7　(a) pH 滴定过程中单宁酸的光谱曲线变化；(b) 反应溶液在 330nm 处吸光度值与 NaOH 加入量的相关性

5.3 荧光猝灭法测定高粱原花青素-金属离子络合常数及络合比

原花青素是指从植物中分离得到的，在酸性热醇处理下能产生花色素的多酚类物质，包括单宁和聚合体。单体原花青素包括黄烷-4-醇和黄烷-3,4-二醇，聚合体原花青素有低聚和高聚两种类型。原花青素聚合体是由黄烷-3-醇的单体结构单宁（儿茶素、表儿茶素）聚合而成的高分子聚合物，其键合（或氧化缩合）位置常发生在杂环 C4 和 A 环的 C6 或 C8 位置，其中以直连 C4→C8 键合的原花青素最为常见。作为酚类物质的一种，原花青素具有和金属离子络合的共性。然而和其他小分子酚类化合物相比，原花青素与金属离子的配位络合能力要高出很多，其与金属离子的配位络合能力比小分子的苯酚及儿茶酚要高出几个数量级。原花青素与金属离子的配位络合能力与原花青素的分子量有一定的关系，当原花青素经过磺化处理后，由于大分子被降解，分子量变小，与金属离子配位时的位阻减小，同时 C 环被打开，使原花青素与金属离子络合能力提高得更多。原花青素主要是通过其组成结构单元（如儿茶素、表儿茶素）上的酚羟基团与金属离子发生配位反应。与小分子的酚酸化合物相比，原花青素与金属离子的配位反应更为复杂，由于分子间相互作用力的存在及空间构型的原因，原花青素不同组成单元之间对金属离子的配位络合能力并不相同。

了解原花青素与金属离子的配位反应的定量关系在许多研究领域具有重要的意义。由于原花青素分子结构中具有儿茶酚结构，使其能够与金属离子（尤其是过渡金属元素）通过配位反应形成络合物。原花青素与金属离子的相互作用不仅影响植物的营养和毒素作用，还影响生态环境中其他代谢过程，如腐殖质的形成。在有机体内原花青素能够通过与过渡金属离子发生配位络合形成原花青素-金属离子络合物使金属离子失去活性，从而阻止了金属离子催化的相关生化反应的发生。原花青素与金属离子的配位络合反应特性还是制备金属离子富集和脱除材料的基础，利用原花青素吸附金属离子的特性，可以将原花青素作为金属离子的富集和脱除材料。

本节介绍了一种利用金属离子与原花青素酚羟基络合反应导致的原花青素荧光猝灭作用，定量测定原花青素-金属离子络合常数及其络合物化学计量比（络合物中原花青素与金属离子摩尔比例，简称"络合比"）的方法。

5.3.1 溶液配制

原花青素（PC）溶液配制：将高粱原花青素溶于甲醇-水（1：1）溶液中配制成浓度为 0.5mmol/L 或 0.06mmol/L 的 PC 溶液。

金属离子溶液配制：将金属离子溶于盐酸（0.1mol/L）溶液中配制成浓度为 0.5mmol/L 的金属离子溶液。

缓冲液：配制离子浓度为 20mmol/L 乙酸盐缓冲液（pH 6）。

5.3.2 金属离子对原花青素的荧光猝灭效果

我们前期试验研究发现，原花青素在 pH 6 下具有较强的吸光度值，因此，本试验在 pH 6 条件下进行。移取 2900μL 乙酸盐缓冲溶液（pH 6）于 1cm 石英池中，加入 100μL 浓度为 0.5mmol/L 高粱原花青素（PC）甲醇-水（1：1）溶液，充分混匀后用可调式移液器逐次加入浓度为 0.5mmol/L 金属离子盐酸（0.1mol/L）溶液进行荧光滴定反应，每次加入金属离子溶液量为 1μL，金属离子加入总量为 10μL。每次加入溶液后混合均匀，以 280nm 为激发波长（λ_{ex}），在 LS55 型荧光磷光发光分光光度计上记录 290～500nm 波长范围内的发射光谱。反应均在常温下进行。

pH 6 条件下 0.5mmol/L 金属离子（Sn^{2+}、Zn^{2+}、Cu^{2+}、Al^{3+}）滴定 1.67μmol/L PC 溶液荧光强度衰变曲线见图 5-8。由图可见，在激发波长 280nm 下原花青素在 290～400nm 处观察到明显的荧光强度，并在 320nm 处有最大发射波长。随着金属离子 Sn^{2+} 和 Al^{3+} 的逐渐加入，原花青素的荧光强度逐渐降低，说明金属离子 Sn^{2+} 和 Al^{3+} 与原花青素发生了络合反应导致了原花青素荧光的猝灭。随着金属离子浓度的增加，原花青素-金属离子络

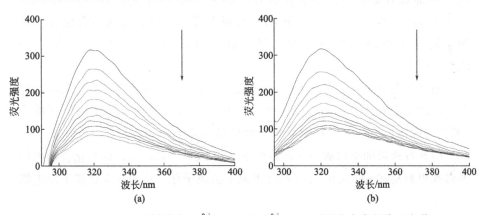

图 5-8　pH 6 下不同浓度 Sn^{2+}（a）和 Al^{3+}（b）对原花青素的猝灭光谱

合程度越高，荧光猝灭程度越大。此外，在猝灭过程中并未发现原花青素最大荧光发射波长（320nm）的改变。由此可知原花青素与金属离子络合反应并不会引起原花青素化学结构的改变。按照同样实验方法在原花青素溶液中滴加 Zn^{2+} 和 Cu^{2+} 均观察到了对原花青素荧光不同程度的猝灭作用，且随着金属离子浓度的增加，原花青素荧光猝灭程度越大，表明在 pH 6 条件下 Zn^{2+} 和 Cu^{2+} 可以与高粱原花青素形成络合物。同样在 Zn^{2+} 和 Cu^{2+} 对原花青素荧光猝灭过程中并未发现原花青素最大荧光发射波长（320nm）的改变。

5.3.3　络合常数的计算

络合常数（K_{sv}）的计算：由于金属离子对原花青素荧光的猝灭是分子碰撞引起的动态猝灭，按照 Stern-Volmer 方程：

$$F_0/F = 1 + K_{sv} \times [Q] = 1 + k_q \times \tau_0 \times [Q] \tag{5-15}$$

式中，F_0 为 $[Q]=0$ 时的荧光强度；F 为猝灭剂存在时的荧光强度；k_q 为双分子猝灭速率常数；τ_0 为猝灭剂不存在时物质的荧光寿命；K_{sv} 为动态猝灭常数；$[Q]$ 为猝灭剂（金属离子）的浓度；$K_{sv}=k_q\tau_0$。在荧光发射波长下，以金属离子浓度为横坐标，F_0/F 为纵坐标作图，可得到金属离子对原花青素荧光猝灭的 Stern-Volmer 曲线，原花青素对不同金属离子的络合能力不同，所得到的原花青素荧光猝灭曲线的斜率不同，可由猝灭曲线斜率求得不同金属离子与原花青素的络合常数（K_{sv}）。

Sn^{2+} 和 Al^{3+} 对原花青素的荧光猝灭 Stern-Volmer 曲线见图 5-9。由图可以计算出在 pH 6 条件下 Sn^{2+} 和 Al^{3+} 对原花青素的络合常数（K_{sv}）分别为 1.44×10^6 L/mol 及 1.35×10^6 L/mol（表 5-3）。同样方法得到 Zn^{2+} 和 Cu^{2+} 对原花青素的络合常数分别为 0.29×10^6 L/mol 及 0.32×10^6 L/mol。相比于 Zn^{2+} 和 Cu^{2+}，Sn^{2+} 和 Al^{3+} 与原花青素具有较强的结合能力。四种金属离子与高粱原花青素的络合能力大小依次为：$Sn^{2+} > Al^{3+} > Cu^{2+} > Zn^{2+}$。

通常情况下未去质子化的酚羟基团并不易与金属离子发生络合反应，但在一定的 pH 值条件下酚羟基去质子化后生成带电荷的氧原子，使其成为"硬"的配体。虽然大多数酚类化合物的解离常数（pK_a）在 9.0~10.0 之间，但在有合适的金属离子存在条件下（如 Fe^{3+}、Cu^{2+}），酚类化合物中的酚羟基很容易在 pH 5.0~8.0 条件下发生去质子化，从而与金属离子发生络合反应。

同样利用 Stern-Volmer 方程计算出 pH4.9 条件下 Al-PC 的络合常数

为 0.34×10^6 L/mol，明显低于 pH 6 条件下 Al-PC 的络合常数 1.35×10^6 L/mol。

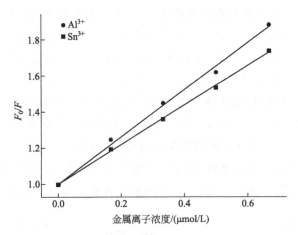

图 5-9　原花青素分别与 Sn^{2+} 和 Al^{3+} 络合反应的 Stern-Volmer 曲线拟合

表 5-3　原花青素与金属离子络合反应的络合常数 (K_{sv})

	金属离子浓度/(μmol/L)	络合物最大发射波长/nm	络合物化学计量比例（金属离子：PC 摩尔比例）	络合常数 K_{sv}/($\times 10^6$ L/mol)	R^2	SD
Al^{3+}-PC	≤0.5	320	1:2	1.35	0.99858	0.05265
Cu^{2+}-PC	≤0.5	320	1:2	0.32	0.99982	0.02577
Sn^{2+}-PC	≤0.5	320	1:1	1.44	0.99973	0.02311
Zn^{2+}-PC	≤0.5	320	1:2	0.29	0.99998	0.00826

5.3.4　络合物化学计量比的测定

络合物化学计量比的测定采用等摩尔连续变化法（又称 Job's 法），即保持金属离子和原花青素总浓度相同，配制系列不同金属离子和原花青素浓度比的溶液，分别测定金属离子加入前后荧光强度变化值，计算络合反应发生前后荧光强度的变化 $\Delta F = F_{PC} - F_{PC+metal}$。将 ΔF 对金属离子的摩尔分数（X）作图得到 ΔF 变化曲线图。由曲线图中 ΔF 最大值对应的摩尔分数（X）即可计算出络合物的组成比例。

利用著者自行编写的 MATLAB 语言程序，利用 MATLAB R2015a 软件对 Job's 法实验数据进行四项式曲线模拟，并计算出曲线的极值（即络合物的化学计量比)。利用 Origin 09 软件对 Stern-Volmer 方程进行线性拟合。

利用 MATLAB 软件对 Job's 法数据进行四项式模拟得到原花青素-金属离子浓度比与原花青素荧光猝灭程度 (F_0-F) 关系曲线图 (见图 5-10),并在图中自动标出曲线的极值。由图可以看出在 pH 6 反应条件下,原花青素与 Sn^{2+}、Zn^{2+}、Cu^{2+}、Al^{3+} 络合反应过程中的最大荧光强度变化值 (F_0-F) 分别出现在 n (金属离子):n (金属离子+原花青素)=0.5、0.3、0.3、0.3 处,因此,可以得到四种金属离子与原花青素络合物的化学计量比分别为 1:1、1:2、1:2、1:2。即在 pH 6 条件下原花青素与 Al^{3+}、Cu^{2+}、Sn^{2+}、Zn^{2+} 四种金属离子分别形成 Al-PC_2、Cu-PC_2、Sn-PC、Zn-PC_2 形式的络合物。虽然在 pH 6 条件下 Sn^{2+} 只能与 PC 形成 Sn-PC 的络合物,但相比于 Zn^{2+}、Cu^{2+}、Al^{3+},Sn^{2+} 具有与原花青素更强的结合能力。

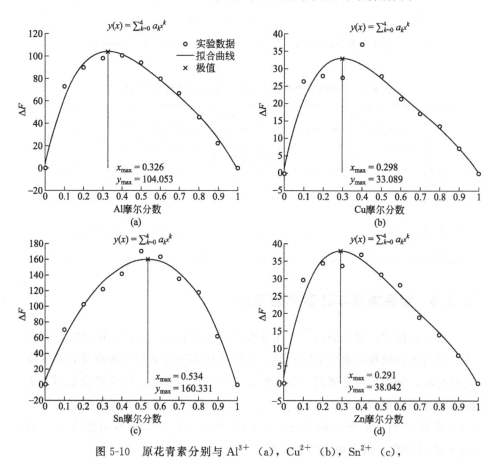

图 5-10　原花青素分别与 Al^{3+} (a),Cu^{2+} (b),Sn^{2+} (c),
Zn^{2+} (d) 络合物的化学计量比 (Job's 法)

5.4 ^{13}C NMR 分析植物单宁结构

本节介绍了植物原料中单宁成分的提取与纯化，以及总酚和可溶缩合单宁含量的测定方法，并介绍了 ^{13}C NMR 技术在分析植物单宁化学结构方面的应用。

5.4.1 单宁的提取与纯化

（1）植物单宁样品

本节所用单宁样品为从李（*Prunus salicina* Lindl.）、海南蒲桃（*Syzygium hainanense* Chang et Miau）果实及橄榄（*Canarium album* Rauesch）叶片、小枝、茎皮中提取、分离纯化得到。

（2）提取、纯化方法

取植物样品 200g，加入 500mL 70%（体积分数，下同）的丙酮溶液后用组织捣碎机捣碎，浸提 30min，重复提取 3 次。收集提取液在 30℃旋转减压蒸发除去丙酮，含有缩合单宁的水用正己烷萃取 3 次后将水相冷冻干燥以得到缩合单宁粗提物，粗提物用少量 50%（体积分数，下同）甲醇溶液溶解后上 Sephadex LH-20 色谱柱，用 50%甲醇溶液作洗脱液去杂，用 70%丙酮水溶液洗脱并收集纯化的缩合单宁组分。30℃旋转减压蒸发除去丙酮，水相冷冻干燥得到呈浅白色粉末的单宁样品，置于-20℃下保存备用。

5.4.2 总酚含量的测定

取 0.1g 新鲜植物样品，与 2mL 70%丙酮溶液混合后研磨成浆。转移到 25mL 容量瓶中，蒸馏水定容，室温下避光保存备用。

取 0.3mL 样品溶液，加入 2.7mL 蒸馏水后充分混匀。加入 1mL 铁氰化钾溶液，并立即加入 1mL 含 1mol/L 盐酸的三氯化铁溶液，混合完全后，置于（24±1）℃条件下反应 15min。然后加入 3mL 6.02mol/L 的磷酸溶液，充分混合后放置 2min，加入 2mL 质量分数 1%的阿拉伯胶水溶液，充分混合，3～5min 后在 700nm 下用分光光度计测定吸光度值，蒸馏水作为参比溶液。

标准曲线的绘制：将纯化得到植物单宁样品或单宁酸标准物配成质量浓度梯度为 0、20μg/mL、40μg/mL、60μg/mL、80μg/mL、100μg/mL 的水溶液，各质量浓度取 0.3mL，加入 2.7mL 蒸馏水后充分混匀。按以上步骤依次加入铁氰化钾溶液、三氯化铁溶液等试剂，最后测定吸光度值并绘制成相应的标准曲线。

5.4.3 可溶缩合单宁含量的测定

取 1mL 样品溶液，加入 6mL 正丁醇/HCl（95：5，体积比）溶液，沸水浴 75min。冰水冷却后在 550nm 下用分光光度计测定，空白液用蒸馏水。

标准曲线的绘制：将纯化得到植物单宁样品配成质量浓度梯度为 $0\mu g/mL$、$20\mu g/mL$、$40\mu g/mL$、$60\mu g/mL$、$80\mu g/mL$、$100\mu g/mL$ 的水溶液，各质量浓度取 1mL，加入 6mL 正丁醇/HCl（95：5）溶液，按以上方法处理后，测定吸光度值并绘制成相应的标准曲线。

5.4.4 李单宁的液体 ^{13}C NMR 分析

缩合单宁的 ^{13}C NMR 用 INOVA 600 MHz 超导核磁共振仪测定。120mg 的缩合单宁用 1mL 体积比为 95％的氘代丙酮重水溶液溶解后转移到 5mm 直径的核磁管中；在反转门控去偶条件下测定 ^{13}C NMR 谱，扫描频率为 125.78 MHz，脉冲角为 45℃，延迟时间为 3s。

^{13}C NMR 常被用来测定缩合单宁聚合物的结构单元组成及结构单元间连接方式。缩合单宁的 ^{13}C NMR 谱图能够提供以下缩合单宁结构信息：①缩合单宁结构中杂环（C2—C3）的绝对构型和相对构型；②末端黄烷-3-醇单元的结构；③延伸单元中原花青素（PC）和原翠雀素（DP）组成比例；④平均分子量（M_n）。

对李果肉缩合单宁进行液态 ^{13}C NMR 分析得到的图谱见图 5-11。从图中可以看出，李果肉缩合单宁的黄烷-3-醇结构单元的 B 环主要为儿茶酚型（$3',4'$-OH），少有苯酚型（$4'$-OH）。原花青素的儿茶酚型（$3',4'$-OH）B 环上 C3$'$ 和 C4$'$ 会在 $\delta145$ 处产生较强的峰，而苯酚型（$4'$-OH）B 环在 $\delta145$ 处没有峰出现，其 C4$'$ 产生的峰则在 $\delta157$ 处。李果肉缩合单宁的 ^{13}C NMR 谱图中在 $\delta157$ 处的峰较小，这说明构成该缩合单宁的黄烷-3-醇结构单元的 B 环主要是儿茶酚型。即李果肉缩合单宁主要是由儿茶素/表儿茶素结构单元缩合而成的原花青素类型。

李果肉缩合单宁中黄烷-3-醇结构单元中 C2 的化学位移出现在 $\delta75\sim85$ 区域，以 $\delta80$ 为顺式和反式的分界线。顺式黄烷-3-醇结构单元的 C2 所产生的峰在 $\delta75\sim80$ 处。而顺式和反式对 C3 的化学位移影响不大，均为 $\delta73$ 左右。在该单宁的 ^{13}C NMR 图谱中，只在 $\delta75\sim76$ 处出现了一个较高的峰，

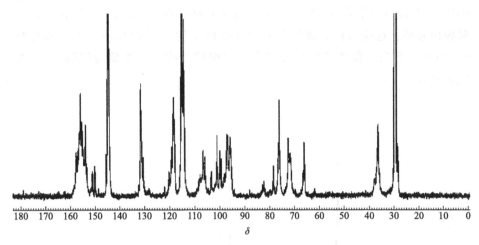

图 5-11　李果肉缩合单宁的^{13}C NMR 图谱

说明李果肉缩合单宁中存在的黄烷-3-醇结构单元主要是顺式构型。以上结果说明，构成李果肉缩合单宁的大部分结构单元是表儿茶素（顺式）。

对李果肉缩合单宁的^{13}C NMR 谱图信号进行归属，$\delta 100$ 处出现的峰表明该缩合单宁结构单元之间存在双键连接方式；$\delta 28.3$ 和 $\delta 29.7$ 处的峰分别归属于延伸单元和末端单元中的 C4 信号；$\delta 36.4$ 则归属于中间单元的 C4 信号；较低磁场区域的信号，从 $\delta 144.2$ 到 $\delta 157.5$ 归属于苯环上的 C5、C7、C8a 和 C1$'$；$\delta 95.3 \sim 106.4$ 归属于 C6、C8 和 C4a。

理论上来说，利用^{1}H NMR 和^{13}C NMR 技术可分析得到缩合单宁的平均聚合度。末端单元的 C3 通常在 $\delta 67$ 处有较强的信号峰，而延伸单元 C3 在 $\delta 73$ 处有较强的信号峰。通过末端单元的 C3 信号峰的积分值比上延伸单元 C3 信号峰的积分值便可计算出缩合单宁的平均聚合度。但在本研究中，由于所得到的^{13}C NMR 谱图信噪比太低，从而无法得到准确的信号峰积分值。

5.4.5　海南蒲桃成熟果皮单宁的液体^{13}C NMR 分析

海南蒲桃成熟果皮缩合单宁^{13}C NMR 谱图见图 5-12。海南蒲桃成熟果皮缩合单宁的黄烷-3-醇结构单元的 B 环主要为苯酚型（4$'$-OH），而没有儿茶酚型（3$'$,4$'$-OH）和邻苯三酚型（3$'$,4$'$和 5$'$-OH）。植物缩合单宁的儿茶酚型（3$'$,4$'$-OH）B 环上 C3$'$ 和 C4$'$ 会在 $\delta 144 \sim 145$ 处产生较强的信号峰，原翠雀素类所含单宁的邻苯三酚型（3$'$,4$'$和 5$'$-OH）B 环上的 C3$'$ 和 C5$'$ 在 $\delta 145 \sim 146$ 处产生较强的信号峰，而苯酚型（4$'$-OH）B 环在 $\delta 144 \sim 146$ 处没有信号峰出现，其 C4$'$ 产生的信号峰则在 $\delta 157$ 处。海南蒲桃果皮缩合单宁的^{13}C NMR谱图中在δ144～145处没有信号峰出现，只在δ157处有一个强吸收信号峰。这说明构成该单宁的黄烷-3-醇结构单元的B环主要是苯酚型（4′-OH）。即海南蒲桃成熟果皮缩合单宁组成结构单元主要为阿福豆素/表阿福豆素。

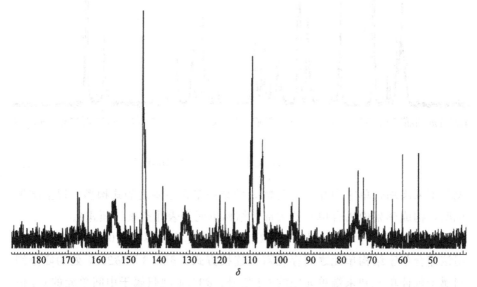

图5-12　海南蒲桃果皮缩合单宁的^{13}C NMR图谱

海南蒲桃成熟果皮缩合单宁中黄烷-3-醇结构单元中C2的化学位移出现在δ75～85区域，以δ80为顺式（*cis*）和反式（*trans*）的分界线。顺式黄烷-3-醇结构单元的C2所产生的峰在δ75～80处。在该单宁的^{13}C NMR图谱中，在δ76处出现了一个很高的信号峰，表明该缩合单宁大部分结构单元是表阿福豆素（顺式）。出现在δ35.9处的高信号峰推测为缩合单宁中存在没食子酸酯而造成结构单元中C4信号峰向高磁场移动所致。该推论被观察到的羰基酯键特征化学位移（δ175.5，Gal-C7）及没食子酸酯苯环上的特征信号峰（δ114.0，Gal-C2，Gal-C6；δ130.8，Gal-C1；δ143～145，Gal-C4）所证实。综合这些信号峰可知海南蒲桃果皮缩合单宁主要是由表阿福豆素结构单元构成的，同时在缩合单宁结构中有没食子酸酯的存在。

5.4.6　橄榄茎皮单宁的液体^{13}C NMR分析

橄榄茎皮缩合单宁纯化样进行了^{13}C NMR分析。由^{13}C NMR谱图上可以看出原花青素结构单元（儿茶素/表儿茶素）典型的特征信号δ145.2（C3′）和δ145.4（C4′）(见图5-13)。由化学位移δ114.0～115.5（B环上的

C2′和 C5′）处较强的吸收峰和 δ118.1～120.2（B 环上的 C6′）可进一步判定出原花青素类缩合单宁的存在。^{13}C NMR 谱图上可以观察到在化学位移 δ146 处有较强的吸收峰。原翠雀素结构单元（棓儿茶素/表棓儿茶素）通常在 δ146 处有典型的吸收峰。在 ^{13}C NMR 谱图中该特征峰的出现表明橄榄茎皮缩合单宁中除原花青素类型外还存在原翠雀素类型。

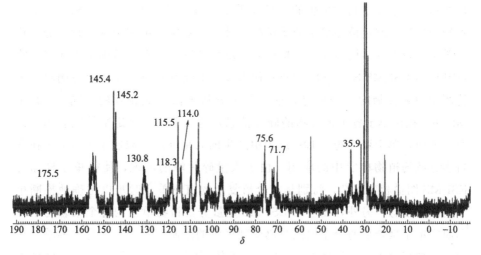

图 5-13　橄榄茎皮缩合单宁的 ^{13}C NMR 谱图

　　缩合单宁结构单元黄烷-3-醇 C 环上的空间立体结构可通过化学位移 δ70～90 处的特征信号峰来确定。由 C 环上 C2 的化学位移值可判定出缩合单宁结构单元空间立体构型为顺式构型还是反式构型。C3 的化学位移值相对稳定，当缩合单宁化学结构中有没食子酸酯存在的情况下 C3 的化学位移值不论是顺式构型还是反式构型均为 δ73，而 C2 的化学位移值在反式构型时为 δ76，顺式构型时则为 δ84。本实验得到的 ^{13}C NMR 谱图中，由于在化学位移 δ84 处未发现有吸收峰的存在，所以判定该缩合单宁结构单元中 C3 位不存在顺式构型，只有反式构型的存在，即只存在表儿茶素和表棓儿茶素结构单元。由于该缩合单宁中存在没食子酸酯取代基团，导致 C4 化学位移值向高磁场移动出现在 δ35.9 处。通过以下几组化学位移的归属可进一步判定没食子酸酯取代基团的存在：δ175.5 为羰基酯键的化学位移值（Gal-C7）；化学位移 δ114.0（Gal-C2，Gal-C6）、δ130.8（Gal-C1）及 δ143～145（Gal-C4）为 3,4,5-三羟苯甲酰基的特征位移值。根据以上的结果和分析，可判定出橄榄茎皮缩合单宁主要是由表儿茶素和表棓儿茶素结构单元组成的原花青素和原翠雀素类型，其中观察到有没食子酸酯取代基团的存在。

5.5 MALDI-TOF 质谱技术分析植物单宁结构

随着各种新的离子化技术的出现和发展，质谱技术越来越成为分析多分散的植物单宁化合物的理想的工具和手段。与 FAB-MS 一样，ESI-MS 是一种较为理想的测定植物单宁分子结构的技术，能给出单宁中聚合物组分、构成单宁聚合物的结构单元和结构单元的取代情况等信息。特别是近年来，将 HPLC 与 ESI-MS 联合（LC-MS）使得该技术能有效地选择性地检测单宁中待测定的聚合物的结构信息，这是其他分析方法不能企及的。同时，ESI-MS 还能提供单宁各个聚合物的碎片信息，这在单宁的鉴定中特别有用。但另一方面，单宁聚合物在 ESI 过程中产生的大量碎片也限制了 ESI-MS 在分析多分散的植物单宁中的应用。由于大量碎片峰的出现，使得单宁样品的 ESI-MS 图谱相对复杂，特别是在分析复杂的植物单宁时难以正确地推断单宁的结构信息。另外，在应用 ESI-MS 定量分析植物单宁的各个聚合物组分和研究单宁聚合物的分布模式时仍受到极大的限制。对于一个特定的单宁聚合物（如缩合单宁二聚体 B1、B2 和三聚体 C1 等），其分子离子峰的强度大小与其浓度成比例关系，但是对于植物单宁中结构差异较大的各种聚合物，其可靠的定量关系有赖于这些分子的离子化效率，而这种离子化效率是由单宁聚合物分子的结构和离子化环境决定的。因此，为了定量分析植物单宁中各种聚合物的构成情况，在一定的和合适的实验条件下，对结构不同的聚合物在 ESI-MS 中的标准（校正）曲线是必须的。

作为比 FAB 和 ESI 更软的离子化技术，基质辅助激光解析离子化飞行时间（MALDI-TOF）质谱技术在 20 世纪 80 年代后期才出现。应用 MALDI-TOF 质谱对植物单宁进行分析的研究也直到最近 20 年才有报道，自 Ohnishi-Kameyama 等在 1997 年首次将 MALDI-TOF 质谱应用于苹果（*Malus pumila* cv. Fuji）缩合单宁的分析后，应用 MALDI-TOF 质谱对植物单宁进行分析的报道迅速增加，随后的分析植物单宁的研究中发现 MALDI-TOF 质谱是一种分析多分散的植物单宁聚合物的更理想的技术。MALDI-TOF 质谱不同于 ESI-MS，作为一种软离子化质谱技术，在单宁聚合物分子阳离子化过程中主要产生单个的分子离子峰或准离子峰，而在离子化试剂和离子化条件选择合适的情况下稍有一系列的碎片峰。MALDI-TOF 质谱在对植物单宁的测定中，能检测到单宁二聚体到十五聚体的分布，然而先前用 FAB-MS 对缩合单宁进行分析，仅能检测到的最高聚合度的聚合物为五聚体。同 ESI-MS 一样，MALDI-TOF 质谱也被用来研究植物单宁的聚合度和单宁中聚合物组分的结构单元及单元的构成比例等。此外，随着仪器分辨率的提高，利用 MALDI-TOF 质谱还能分析出单宁聚合物组成结构单元的连接类型（A 型和 B 型）。

然而，MALDI-TOF 质谱在定量分析植物单宁中各种聚合物组成比例和聚合物的分布模式时同样显得"无能为力"。在 MALDI-TOF 质谱分析植物单宁中，质谱图中各个聚合物的分子离子峰的强度并不一定能真实地反映聚合物分子在单宁中的组成情况，可能与结构不同的聚合物分子离子化效率不均一和分子量较小的聚合物离子化后的产物首先到达检测器有关，使得植物单宁中相同组成比例的小分子和高分子聚合物没有对应相等的离子峰强度。为了在植物单宁的分析中更好地应用 MALDI-TOF 质谱，同 ESI-MS 一样，为定量分析植物单宁中各种聚合物组分，需要获得各种结构不同的聚合物，以充分研究和认识单宁的结构特征对 MALDI-TOF 质谱定量分析植物单宁的影响和影响模式。

MALDI-TOF 质谱技术应用于植物单宁化学结构研究已有近 20 年的时间，MALDI-TOF 质谱不同于 ESI-MS，作为一种软离子化质谱技术，在单宁聚合物分子阳离子化过程中主要产生单个的分子离子峰或准离子峰，在对植物单宁的测定中，能检测到单宁二聚体到十五聚体的分布，在植物单宁化学结构测定中表现出强大的作用，本节介绍 MALDI-TOF 质谱技术在分析植物单宁化学结构方面的应用。

5.5.1 植物单宁 MALDI-TOF 质谱图的分析

MALDI-TOF 质谱对植物单宁的分析多集中在缩合单宁上。对缩合单宁的 MAIDI-TOF 质谱的解析即对质谱图中各个分子离子峰对应的聚合物结构进行推断，是从质谱图中各族离子峰的等距间隔的计算和识别开始的。根据各个系列分子离子峰的等距间隔（分子量差）可以假设提出如下方程式：$[M+Ca]^+ = M + 2.0 + 272a + 288.0b + 304.0c + Xd - 2e$；这里 M 是加合物中金属离子的质量数，如 m/z 23、39 和 133 分别代表 Na^+、K^+ 和 Cs^+，m/z 2 则是两个末端 H；a 代表结构单元阿福豆素/表阿福豆素（AF/EAF）或菲瑟亭醇/表菲瑟亭醇（F/EF）在单宁聚合物分子中的个数，b 代表儿茶素/表儿茶素（C/EC）或刺槐亭醇/表刺槐亭醇（R/ER）在聚合物分子中的个数，c 代表棓儿茶素/表棓儿茶素（GC/EGC）的个数，d 代表取代基的个数，e 则代表聚合物中 A 型连接的个数；272 是延伸结构单元 AF/EAF 或 F/EF 的分子量，288 是延伸结构单元 C/EC 或 R/ER 的分子量，而 304 则是 GC/EGC 的分子量，方程式中的 X 则是单宁结构单元中 C3 上羟基的取代基团的分子量，通常 152、146 和 162 分别被指认为棓酰基、鼠李糖和葡萄糖取代；单宁聚合物的聚合度通过聚合物中所含的结构单元的个数进行计算。

MALDI-TOF 质谱在水解单宁的分析上应用较少。这可能与天然存在的水解单宁结构更复杂和水解单宁聚合物在离子化过程中更容易裂解，而导致质谱图复杂到难以正确分析有关。对水解单宁质谱的分析过程与缩合单宁类似，也是从识别有等距间隔的分子离子峰和准分子离子峰系列开始。通过对各个系列的推断来完整地认识水解单宁的结构特征。

5.5.2 植物单宁 MALDI-TOF 质谱分析实验方法

本研究采用如下条件：氮激光波长 337nm，激光脉冲宽度 3 ns；在反射模式下，加速电压 20.0kV，反射电压 23.0kV；以 Angiotensin Ⅱ (1046.5MW)，Bombesin（1619.8MW），ACTHclip18～39（2465.2MW）和 Somatostatin 28（3147.47MW）为外标。DHB（10mg/mL 的 30％丙酮溶液）为基质；缩合单宁样品（10mg/mL）；基质和样品溶液均用 Dowex 50× 8～40 强酸型阳离子交换树脂（以 30％丙酮溶液进行平衡）进行充分去离子处理；去离子后的样品溶液与氯化铯（1.52mg/mL 的水溶液）溶液以 1：1 （体积比）混合，混合液随后立即与去离子后的基质溶液以 1：3（体积比）的比例混合后在样品靶上点样。室温条件下挥发干溶剂进行 MALDI-TOF 质谱分析。

近年来，MALDI-TOF 质谱较多地被用来分析缩合单宁，通过测定缩合单宁中各个聚合物的分子量能很好地识别缩合单宁中各个聚合物的存在。从缩合单宁的 MALDI-TOF 质谱图来看，缩合单宁在 MALDI 过程中通常都是与天然大量存在的 Na^+ 或 K^+ 形成加合物 $[M+Na]^+$ 或 $[M+K]^+$，而不是通过质子化 $[M+H]^+$ 来形成分子离子。因此，为了促进单价的单宁-离子加合物的形成，K^+、Na^+、Ag^+ 或 Cs^+ 都被用作离子化试剂加入被分析物/基质中，并对阳离子加合物进行检测。然而，缩合单宁的 MALDI-TOF 质谱图会被各种添加或大量存在的天然碱金属离子所影响。在选择 Na^+ 为离子化试剂的条件下，同一个母体分子分别与天然存在的 Na^+ 和 K^+ 形成 $[M+Na]^+$ 或 $[M+K]^+$ 两种加合物，导致对缩合单宁的黄烷-3-醇结构单元羟基数量的高估。而选择 Cs^+ 作为阳离子化试剂比选择 Na^+ 能检测到更高聚合度的高聚物，且 MALDI-TOF 质谱检测到的峰强度最高的聚合物随离子化试剂的不同而不同。

5.5.3　李果肉缩合单宁的 MALDI-TOF 质谱分析

在反射模式下，利用 MALDI-TOF 质谱以 DHB 为基质对李果肉缩合单宁进行了检测。实验结果如图 5-14。在李果肉缩合单宁的 MALDI-TOF 质谱图中，通过计算发现：图中的所有离子峰能够分成两个系列，最主要的离子峰系列（A）是：m/z 711、997、1285、1573、1860、2148、2436、2724，该离子峰系列各相邻离子峰之间的等距间隔为 m/z 288，该等距间隔显示了构成李果肉缩合单宁的黄烷-3-醇结构单元（U288）的质量数，正好等于原花青素结构单元儿茶素/表儿茶素的分子量。这一主要系列的离子峰是由不同数量的结构单元儿茶素/表儿茶素构成的均聚物在 MALDI 过程中产生的分子离子峰 $[M+Cs]^+$，通过计算各聚合物中结构单元 U288 的个数就能得出各聚合物的聚合度。结合 ^{13}C NMR 图谱分析结果可知，构成李果肉缩合单宁的黄烷-3-醇结构单元应为表儿茶素（顺式）。计算发现，从三聚物开始各个离子峰的观测值均比理论计算值少 m/z 2，可知各个聚合物的结构单元之间均含有一个 A 型连接。在该条件下，MALDI-TOF 质谱能检测到李果肉缩合单宁中从二聚到九聚物的存在，更高聚合度的聚合物没有检测到。

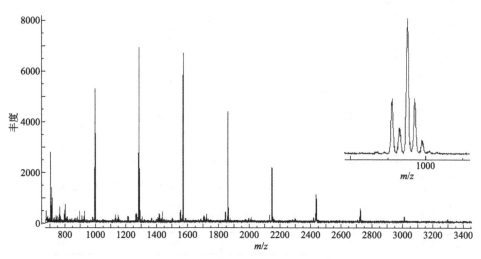

图 5-14　李 MALDI-TOF 反射模式质谱图 $[M+Cs]^+$ 及三聚体的放大图

此外，除了 A 系列的离子峰外，还检测到同样强度很高、相邻离子峰等间隔同样为 m/z 288 左右的离子峰系列（表 5-4）。该离子峰系列（B）是：m/z 995、1283、1571、1858、2146、2435、2722、3011、3299、3586、

3875。通过逐个放大并仔细观察这些缩合单宁质谱图发现，该系列中各聚合度不同的聚合物离子峰与 A 系列中对应的、相同聚合度的聚合物分子离子峰之间相差 2。这种现象在高粱属缩合单宁中也曾出现，它不是在 MALDI-TOF 质谱检测过程中因样品破碎或脱水产生的碎片离子峰，而是源于结构单元之间的不同的连接方式。

植物缩合单宁除了通过 4→8 位（B 型）或 4→6 位的 C—C 连接之外，还能够以一个 C—C 及一个 C—O—C 的双连接键（A 型）形成多分散聚合物。当聚合度不变时，缩合单宁每增加一个 A 型连接都会比 B 型连接多丢失 2 个氢原子，分子量也相应减少 m/z 2。如果某一缩合单宁聚体的不同聚合物之间结构单元的连接方式各不相同，那么在质谱图中就可能观测到一系列差值为 m/z 2 的对应离子峰系列。所以从表中的数据可知：李果肉的缩合单宁中存在 A 型与 B 型两种连接方式，而且相同聚体的不同聚合物之间结构单元的连接方式也不尽相同。该分子离子峰系列可检测到十三聚体（m/z 3875）的存在。

表 5-4　李 MALDI-TOF 质谱图中的离子峰系列

聚合物	A 型连接个数[①]	B 型连接个数	$[M+Cs]^+$ 计算值	$[M+Cs]^+$ 观测值
二聚体	0	1	711	712
三聚体	1 2	1 0	997 995	997 995
四聚体	1 2	2 1	1285 1283	1285 1283
五聚体	1 2	3 2	1573 1571	1573 1571
六聚体	1 2	4 3	1861 1859	1860 1858
七聚体	1 2	5 4	2149 2147	2148 2146
八聚体	1 2	6 5	2437 2435	2436 2435
九聚体	1 2	7 6	2725 2723	2724 2722
十聚体	2	7	3011	3011
十一聚体	2	8	3299	3299
十二聚体	2	9	3587	3586
十三聚体	2	10	3875	3875

① 每增加一个 A 型连接聚合物分子量将比 B 型连接减少 2。

根据上述的分析，可以推导出如下方程来描述李果肉缩合单宁的结构特征，$[M+Cs]^+ = 133 + 290 + 288a - 2b$，方程中的 133 为加合物中 Cs^+ 的质量数；290 为缩合单宁结构中表儿茶素的末端结构单元的分子量；a 代表表儿茶素在缩合单宁聚合物分子中的个数；b 代表缩合单宁聚合物分子中存在 A 型连接的个数。表 5-4 中列出了李果肉缩合单宁中从二聚到十三聚体的聚合物在 MALDI-TOF 质谱图中根据上述方程计算得到的 m/z 值，以及在质谱图中的观测值。结果显示，李果肉缩合单宁的黄烷-3-醇聚合物主要是由表儿茶素结构单元构成的均聚物，并且各缩合单宁聚合物分子中存在 1～2 个 A 型连接。这与 ^{13}C NMR 图谱分析结果相一致。通过 MALDI-TOF 质谱分析（利用 Mean DP-Cs 计算程序进行计算，读者可以联系中国林业科学研究院林产化学工业研究所单宁化学利用课题组索要该计算程序），该单宁的平均聚合度为 5.3，平均分子量为 1583.7。

5.5.4　海南蒲桃果实单宁的 MALDI-TOF 质谱分析

对海南蒲桃成熟果皮缩合单宁在高浓度的离子化试剂 Cs^+ 条件下进行 MALDI-TOF 质谱分析，得到该单宁的 MALDI-TOF 质谱图（图 5-15）。

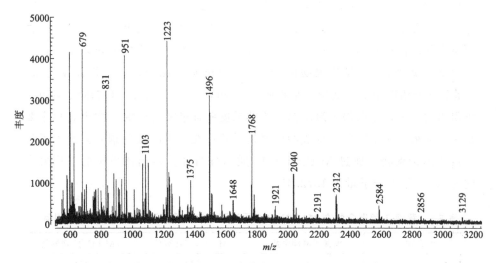

图 5-15　反射模式下海南蒲桃果皮缩合单宁的 MALDI-TOF 质谱图 $[M+Cs]^+$

在海南蒲桃成熟果皮缩合单宁的 MALDI-TOF 质谱图中，最主要的离子峰系列（A）是 m/z 679、951、1223、1496、1768、2040、2312、2584、2856、3129，该离子峰系列各相邻离子峰之间的等距间隔为 m/z 272，该等距间隔显示了构成海南蒲桃成熟果皮缩合单宁的黄烷-3-醇结构单元（U272）

的质量数。这一主要系列的离子峰是由不同数量的结构单元 U272 构成的均聚物在 MALDI 过程中产生的分子离子峰 $[M+Cs]^+$，通过计算各聚合物中结构单元 U272 的个数就能得出各聚合物的聚合度。在该条件下，MALDI-TOF 质谱能检测到海南蒲桃成熟果皮缩合单宁中从二聚到十一聚体均聚物的存在，更高聚合度的聚合物没有被检测到。

海南蒲桃成熟果皮缩合单宁的 MALDI-TOF 质谱分析中，还发现与相同聚合度的由 U272 构成的均聚物分子离子峰相差 m/z 152 的离子峰系列 B。m/z 152 对应的是缩合单宁中常出现的棓酰基。棓酰基与海南蒲桃成熟果皮缩合单宁中黄烷-3-醇聚合物的末端结构单元上的 C3 通过酰基键连接形成相应的聚合物。该类聚合物在 MALDI-TOF 质谱分析中产生分子离子峰系列 B 为：m/z 831、1103、1375、1648、1921、2192、2463、2736、3008。从质谱图中 B 系列离子峰的强度看，与 A 系列的离子峰相比是很低的，说明海南蒲桃成熟果皮缩合单宁中有棓酰基的黄烷-3-醇聚合物的组成比例很小。

根据上述的结构和分析，可以推导出如下方程来描述海南蒲桃成熟果皮缩合单宁的结构特征，$[M+Cs]^+ = 274 + 272a + 152b + 133$；这里 133 是加合物中 Cs^+ 的质量数；a 代表阿福豆素/表阿福豆素结构单元在缩合单宁聚合物中的个数；b 代表取代基棓酰基的个数；274 为末端单元阿福豆素/表阿福豆素的分子量；152 是棓酰基的分子量。单宁聚合物的聚合度通过聚合物中所含的结构单元的个数进行计算。表 4-6 列出了海南蒲桃成熟果皮缩合单宁中从二聚到十一聚体均聚物在 MALDI-TOF 质谱图中根据方程计算的 m/z 值和在质谱图中的观测值。根据图 5-21 和表 5-5，并结合 ^{13}C NMR 谱图分析得出的结论，可以得出海南蒲桃成熟果皮缩合单宁的黄烷-3-醇聚合物主要是由表阿福豆素结构单元构成的均聚物，并存在少量的表阿福豆素没食子酸酯构成的杂聚物。通过 MALDI-TOF 质谱分析计算得出该单宁的平均聚合度为 5.0，平均分子量为 1372.45。

表 5-5　黄烷-3-醇聚合物在 MALDI-TOF 质谱图中的计算值和在质谱图中的观测值

聚合物	没食子酰酯个数	$[M+Cs]^+$ 计算值	$[M+Cs]^+$ 观测值
二聚体	0	679	679
	1	831	831
三聚体	0	951	951
	1	1103	1103
四聚体	0	1223	1224
	1	1375	1375

聚合物	没食子酰酯个数	$[M+Cs]^+$ 计算值	$[M+Cs]^+$ 观测值
五聚体	0	1495	1496
	1	1647	1648
六聚体	0	1767	1768
	1	1919	1921
七聚体	0	2039	2040
	1	2191	2192
八聚体	0	2311	2312
	1	2463	2463
九聚体	0	2583	2584
	1	2735	2736
十聚体	0	2855	2856
	1	3007	3008
十一聚体	0	3127	3129
	1	3279	

从海南蒲桃果实核单宁的 MALDI-TOF 质谱图（图 5-16）中同样可以看出各信号峰之间存在一定的规律性变化。从 MALDI-TOF 质谱图中可以看出这些分子量不同的分子离子峰呈现出相似的质量分布规律。研究发现与海南蒲桃果实皮所含单宁类型不同，海南蒲桃果实核所含单宁类型为鞣花单宁，在结构组成上由五倍子酸和鞣花酸与葡萄糖通过酯键缩合形成的聚合物（图 5-17，表 5-6）。作为水解单宁的一种，鞣花单宁结构是由五倍子酸及其衍生物与葡萄糖或多元醇主要通过酯键形成的化合物。从 MALDI-TOF 质谱图中观察到的海南蒲桃果实核鞣花单宁低聚物的分子离子峰质量数和可能的组成单宁信号峰之间相差 m/z 152（五倍子酸的质量分数）或其倍数的 4 组信号峰。海南蒲桃果实核鞣花单宁的 MALDI-TOF 质谱图中可以观察到几乎所有的重要的分子离子峰。m/z 1500～5000 之间代表了低聚鞣花单宁分子量，它们是由两个或多个葡萄糖通过脱氢酰基键或异杀鼠酮键缩合形成的。其中 m/z 1551～2005 代表鞣花单宁二聚体，m/z 2335～2788 代表鞣花单宁三聚体，m/z 3270～3574 代表鞣花单宁四聚体，m/z 4055～4259 代表鞣花单宁五聚体，m/z 4840～4992 代表鞣花单宁六聚体。曾有文献报道该属植物中富含鞣花酸类物质。Tanaka 等从同属植物 *Syzygium aromaticum* 中分离得到两种新的鞣花酸化合物。这些结构不同的酚酸类化合物可以通过不同的个数及不同的连接方式形成各种不同连接方式及聚合度不同的鞣花单

宁。比如，植物体中游离态的五倍子酸两两之间可以聚合形成鞣花酸，两个鞣花酸之间可以聚合形成 gallic acid，鞣花酸能够与葡萄糖进行结合形成安石榴甙（punicalagin）和石榴皮鞣素（punicalin）。这些化合物通过不同的连接方式和不同的聚合个数形成了分子量巨大、结构复杂的多酚类物质。多酚类物质具有很强的抗氧化能力，从而对人体健康起到保护作用。

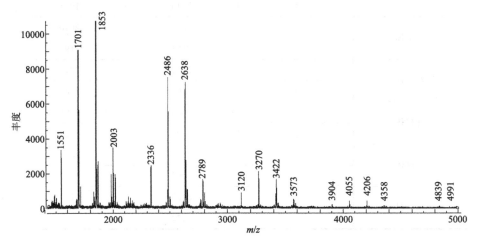

图 5-16　反射模式下海南蒲桃果实核所含鞣花单宁的 MALDI-TOF 质谱图
（图中的离子峰表示单宁聚合物的分子量减去 1 后加上 Cs⁺ 得到的分子离子峰）

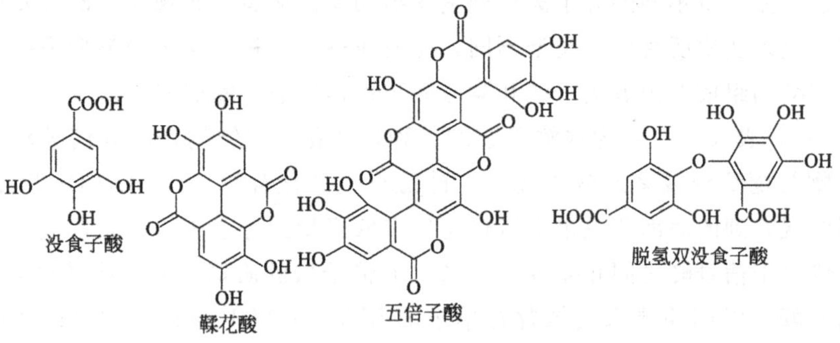

图 5-17　没食子酸、鞣花酸、五倍子酸及脱氢双没食子酸的化学结构

表 5-6　海南蒲桃果实核单宁的 MALDI-TOF 质谱图的实验观测值及其结构组成

分子量+Cs⁺	观测值	结构单体组成				
		葡萄糖核心	五倍子酸	鞣花酸	没食子酸	脱氢双没食子酸
二聚体						
1551	1551	2	0	2	1	1
1553	1553	2	0	1	3	1

分子量+Cs⁺	观测值	结构单体组成				
		葡萄糖核心	五倍子酸	鞣花酸	没食子酸	脱氢双没食子酸
二聚体						
1701	1701	2	0	3	0	1
1703	1703	2	0	2	2	1
1853	1853	2	0	3	1	1
1855	1855	2	0	2	3	1
2003	2003	2	0	4	0	1
2005	2005	2	0	3	2	1
三聚体						
2335	2336	3	0	3	1	2
2486	2486	3	0	4	0	2
2488	2488	3	0	3	2	2
2638	2638	3	0	4	1	2
2788	2789	3	1	2	2	2
四聚体						
3120	3120	4	0	4	1	3
3270	3270	4	0	5	0	3
3272	3272	4	0	4	2	3
3422	3422	4	0	4	3	3
3574	3573	4	0	5	2	3
五聚体						
3905	3904	5	0	5	1	4
4055	4055	5	0	6	0	4
4057	4057	5	0	5	2	4
4207	4206	5	0	6	1	4
4209	4209	5	0	5	3	4
4359	4358	5	1	3	4	4
六聚体						
4840	4839	6	0	7	0	5
4992	4991	6	0	7	1	5

5.5.5 橄榄茎皮单宁的 MALDI-TOF 质谱分析

对橄榄茎皮缩合单宁在高浓度的离子化试剂 Cs⁺ 条件下进行 MALDI-TOF 质谱分析，得到该单宁的 MALDI-TOF 质谱图见图 5-18。

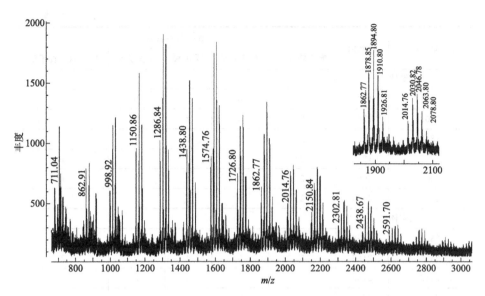

图 5-18　橄榄茎皮缩合单宁的反射模式 MALDI-TOF 质谱图及放大的黄烷-3-醇六聚体

表 5-7　黄烷-3-醇聚合物 MALDI-TOF 质谱图中部分离子峰的理论值和实验观测值

聚合物	儿茶素单元个数	棓儿茶素单元个数	$[M+Cs]^+$ 计算值	$[M+Cs]^+$ 观测值
二聚体	2	0	711	711.04
	1	1	727	727.09
	0	2	743	742.88
三聚体	3	0	999	998.92
	2	1	1015	1014.85
	1	2	1031	1030.84
	0	3	1047	1046.75
四聚体	4	0	1287	1286.84
	3	1	1303	1302.79
	2	2	1319	1318.80
	1	3	1335	1334.78
五聚体	5	0	1575	1574.76
	4	1	1591	1590.79
	3	2	1607	1606.78
	2	3	1623	1622.73
六聚体	6	0	1863	1862.77
	5	1	1879	1878.85
	4	2	1895	1894.80
	3	3	1911	1910.80

聚合物	儿茶素单元个数	棓儿茶素单元个数	$[M+Cs]^+$ 计算值	$[M+Cs]^+$ 观测值
七聚体	7	0	2151	2150.84
	6	1	2167	2167.78
	5	2	2183	2182.83
	4	3	2199	2198.84
八聚体	8	0	2439	2438.67
	7	1	2455	2455.74
	6	2	2471	2471.74
	5	3	2487	2487.81

在橄榄茎皮缩合单宁 MALDI-TOF 质谱图中，最主要的离子峰系列（A）是 m/z 711.04、998.92、1286.84、1574.76、1862.77、2150.84、2438.67（表 5-7），该离子峰系列各相邻离子峰之间的等距间隔约为 m/z 288，该等距间隔显示了构成橄榄茎皮缩合单宁的黄烷-3-醇结构单元（U288）的质量数。这一主要系列的离子峰是由不同数量的结构单元 U288 构成的均聚物在 MALDI 过程中产生的分子离子峰 $[M+Cs]^+$，通过计算各聚合物中结构单元 U288 的个数就能得出各聚合物的聚合度。在该条件下，MALDI-TOF 质谱能检测到橄榄茎皮缩合单宁从二聚到八聚体均聚物的存在。橄榄茎皮缩合单宁的 MALDI-TOF 质谱图中，除了 A 系列的离子峰外，还检测到其他 3 个强度相对较低，相邻离子峰之间等距间隔也为 m/z 288 左右的离子峰系列。

其中 B1 系列的离子峰 m/z 727.09、1014.85、1302.79、1590.79、1878.85、2167.78、2455.74 中各聚合度不同的聚合物离子峰与 A 系列中对应的、相同聚合度的聚合物分子离子峰之间相差 m/z 16，该系列的离子峰很可能是由那些羟基数量上比由 U288 构成的均聚物多 1 个—OH 的黄烷-3-醇聚合物（棓儿茶素/表棓儿茶素）在 MALDI-TOF 质谱中产生的分子离子峰 $[M+Cs]^+$。由此可以进一步推断离子峰系列 B2 m/z 742.88、1030.84、1318.80、1606.78、1894.80、2182.83、2471.74 所对应的聚合度不等的聚合物比离子峰系列 B1 对应的黄烷-3-醇聚合物在羟基数量上多 1 个—OH；离子峰系列 B3 m/z 1046.75、1334.78、1622.73、1910.80、2198.84、2487.81 所对应的聚合度不同的聚合物也比离子峰系列 B2 对应的黄烷-3-醇聚合物在羟基数量上多 1 个—OH。

橄榄茎皮缩合单宁的 MALDI-TOF 质谱图中，还发现与相同聚合度的由 U288 构成的均聚物分子离子峰相差 m/z 152 的离子峰系列 C（表 5-8）。

△152 对应的是缩合单宁中常出现的棓酰基。棓酰基与橄榄茎皮缩合单宁中黄烷-3-醇聚合物的末端结构单元上 C3 通过酰基键连接形成相应的聚合物。该类聚合物在 MALDI-TOF 质谱分析中产生分子离子峰系列 C1 m/z 862.91、1150.86、1438.80、1726.80、2014.76、2302.81、2591.70。从质谱图中 C1 系列离子峰的强度来看，与 A 和 B 系列的离子峰相比是很低的，说明橄榄茎皮缩合单宁中有棓酰基的黄烷-3-醇聚合物的组成比例很小。另外，比 C1 系列离子峰相应地增加 m/z 16、32 和 48 的离子峰系列 C2 m/z 878.88、1166.82、1454.79、1742.78、2030.82、2319.82、2606.81，C3 m/z 894.93、1182.80、1470.77、1758.76、2046.78、2335.69、2623.77 和 C4 m/z 1198.69、1486.77、1775.64、2063.80、2350.76、2639.78，则是由那些在羟基数量上比 C1 系列离子峰对应的聚合物多 1 个—OH 的、含有棓酰基的黄烷-3-醇聚合物，在 MALDI-TOF 质谱中产生的分子离子峰 $[M+Cs]^+$。

表 5-8　黄烷-3-醇聚合物 MALDI-TOF 质谱图中部分离子峰的理论值和实验值

聚合物	儿茶素单元个数	棓儿茶素单元个数	没食子酰酯个数	$[M+Cs]^+$ 计算值	$[M+Cs]^+$ 观测值
二聚体	2	0	1	863	862.91
	1	1	1	879	878.88
	0	2	1	895	894.93
三聚体	3	0	1	1151	1150.86
	2	1	1	1167	1166.82
	1	2	1	1183	1182.80
	0	3	1	1199	1198.69
四聚体	4	0	1	1439	1438.80
	3	1	1	1455	1454.79
	2	2	1	1471	1470.77
	1	3	1	1487	1486.77
五聚体	5	0	1	1727	1726.80
	4	1	1	1743	1742.78
	3	2	1	1759	1758.76
	2	3	1	1775	1775.64
六聚体	6	0	1	2015	2014.76
	5	1	1	2031	2030.82
	4	2	1	2047	2046.78
	3	3	1	2063	2063.80
	2	4	1	2079	2078.80

聚合物	儿茶素单元个数	棓儿茶素单元个数	没食子酰酯个数	$[M+Cs]^+$ 计算值	$[M+Cs]^+$ 观测值
七聚体	7	0	1	2303	2302.81
	6	1	1	2319	2319.82
	5	2	1	2335	2335.69
	4	3	1	2351	2350.76
八聚体	8	0	1	2591	2591.70
	7	1	1	2607	2606.81
	6	2	1	2623	2623.77
	5	3	1	2639	2639.78

根据以上结构分析，可以推导出如下方程来描述橄榄茎皮缩合单宁的结构特征，$[M+Cs]^+ = 290 + 288a + 304b + 152c + 133$；这里 133 是加合物中 Cs^+ 的质量数；290 是末端单元儿茶素/表儿茶素的分子量数；152 是棓酰基的分子量数；a 代表儿茶素/表儿茶素结构单元在缩合单宁聚合物中的个数；b 代表棓儿茶素/表棓儿茶素结构单元在缩合单宁均聚物中的个数；c 代表缩合单宁均聚物中棓酰基的个数。缩合单宁均聚物的聚合度通过聚合物中所含的结构单元的个数进行计算。表 5-7 和表 5-8 列出了橄榄茎皮缩合单宁从二聚到八聚体均聚物在 MALDI-TOF 质谱图中根据上述方程计算的 m/z 值和在质谱图中的观测值。结合 ^{13}C NMR 谱图分析得出的结论，可以得出橄榄茎皮缩合单宁主要为原花青素和原翠雀素类型，且缩合单宁均聚物中黄烷-3-醇结构单元中有棓酰基的存在。

5.6 单宁类化合物摩尔吸光系数和油水分配系数（K_{ow}）的测定

5.6.1 单宁类化合物摩尔吸光系数的测定

（1）如何测定一个新单宁化合物的摩尔吸光系数？

① 样品溶液配制：精确称取一定质量的固体样品，用一定量的水溶液进行溶解，得到已知浓度的样品溶液（如果想配制 0.02mg/mL 的样品溶液，为了准确，需要先配制更高浓度的样品溶液，以加大称样量，减少实验误差）。

② 利用样品溶液准确配制浓度范围在 0.002～0.02mg/mL 之间的系列

浓度溶液，至少 5 个浓度，一式 3 份。

③ 以水为空白对照，测定上述系列浓度溶液在 280nm 处的吸光度值，以浓度为横坐标，吸光度值为纵坐标作标准曲线，标准曲线方程斜率即为质量吸光系数。

④ 试验结果确认：重新配制样品溶液，并至少再重复 2 次。

我们对单宁化学实验中常用到的部分单宁化合物的质量吸光系数和摩尔吸光系数进行了测定，结果列于表 5-9，可供单宁化学研究人员查询参考。

表 5-9 列出了部分单宁化学实验中常用到的单宁化合物的质量吸光系数和摩尔吸光系数

化合物	波长/nm	质量吸光系数/(mL/mg·cm)	吸光度值 0.01/(mg/mL)	分子量	摩尔吸光系数/(1/mmol·cm)	吸光度值 0.01/(mmol/L)
1,2,3,4,6-O-五没食子酰葡萄糖	280	57.6	0.576	940	54.1	0.541
栗木鞣花素	280	22.7	0.227	934	21.2	0.212
葛兰汀	280	38.2	0.382	1066	40.7	0.407
表儿茶素	280	11.3	0.113	290	3.3	0.033
儿茶素	280	11.6	0.116	290	3.4	0.034
高粱单宁 EC$_{16}$-C	280	14.8	0.148	4900	72.5	0.725
表没食子儿茶素没食子酸酯	280	21.1	0.211	458.4	9.7	0.097
没食子儿茶素	280	3.32	0.0332	306	1.0	0.010
月见草素 B	280	26.9	0.269	1568	42.2	0.422
没食子酸	263	35.1		170	6.0	
没食子酸甲酯	274	40.7		184	11.8	
鞣花酸	254	40.7				
鞣花酸	260	32.1				
羟基酪醇	280				1.95	

（2）如何配制特定浓度的单宁化合物溶液？

① 初始溶液配制：取微量（1～10mg）的固体样品置于试管中，加入已知一定量的水，为了更好地使样品溶解可置于热水浴中短暂放置。

② 试液配制：取 100μL 上述初始溶液与 900μL 水溶液充分混合得到试验工作液（试液）。在紫外分光光度计上以水为空白测定试液在 280nm 处的吸光度值 A。

③ 将试液吸光度值 A 除以上述表格中的质量吸光系数再乘以 10，得到

初始溶液的浓度，单位 mg/mL；或者将试液吸光度值 A 除以上述表格中的摩尔吸光系数再乘以 10，得到初始溶液的浓度，单位 mmol/L。

④ 用水稀释初始溶液，重复步骤②和③，直到计算得到的初始溶液的浓度达到特定浓度。

5.6.2 单宁类化合物油水分配系数（K_{ow}）的测定

正辛醇/水分配系数（K_{ow}）是反映有机物的疏水性或脂溶性大小的重要指标。我们前期对 25 种不同结构类型及聚合度的植物单宁化合物的正辛醇/水分配系数进行了整理和测定（部分数据引自发表的文献），结果见图 5-19。由于植物单宁复杂的化学结构，不同结构多酚化合物的正辛醇/水分配系数并未表现出一定的规律性。且水解类单宁（PGG）的分配系数远大于缩合单宁（原花青素，PC），表明相比于其他聚合度的单宁化合物，PGG 具有较大的疏水性。

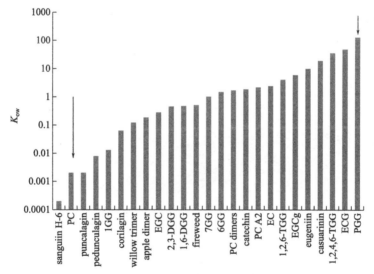

图 5-19　25 种不同结构类型及聚合度的植物单宁化合物的正辛醇/水分配系数
(PGG：1,2,3,4,6-O-五没食子酰葡萄糖；ECG：儿茶素没食子酸酯；1,2,3,6-TGG：1,2,3,6-O-四没食子酰葡萄糖；casuarinin：木麻黄鞣宁；eugeniin：丁子香鞣素；EGCg：没食子儿茶素没食子酸酯；1,2,6-TGG：1,2,6-O-三没食子酰葡萄糖；EC：表儿茶素；PC A2：原花青素 A2；catechin：儿茶素；PC dimers：原花青素二聚体；6GG：六没食子酰葡萄糖；7GG：七没食子酰葡萄糖；fireweed：火草单宁；1,6-DGG：1,6-二没食子酰葡萄糖；2,3-DGG：2,3-二没食子酰葡萄糖；EGC：没食子儿茶素；apple dimer：苹果单宁二聚体；willowtrimer：杨柳单宁；corilagin：柯里拉京；1GG：没食子酰葡萄糖；pedunculagin：赤芍素；puncalagin：安石榴甙；PC：原花青素；sanguiin H-6：地榆素 H-6)

第6章
植物单宁产业发展案例分析

6.1 五倍子加工利用产业发展案例分析

6.1.1 案例背景

五倍子利用产业以湖北省五峰土家族自治县五倍子产业发展为例进行介绍。

五峰地处鄂西南，湘鄂两省交界之地，属武陵山集中连片特困地区。属东经110度与北纬30度交汇的"神秘交叉区域"，是我国战略性生物资源基因库之一。森林覆盖率高达81%，境内有植物类3000多种，占湖北总数50%以上，占全国10%，仅后河自然保护区的植物种类就相当于欧洲的植物种类总和，是武陵山区的"天然药库"。五倍子是我国重要的资源昆虫产物之一，属典型的资源限制型资源，产量和质量居世界之首，享有"中国倍子"之盛誉，也是我国历来传统出口中药材，五倍子花是重要的自然优质蜜源。

武陵山片区是我国五倍子集中产区，以五峰为重点的鄂西南地区又属其核心产区。五倍子一直是五峰重要的传统道地药材。"五峰五倍子"获得国家地理标志商标注册（注册日期：2017年2月21日，见图6-1），全国唯一"国家五倍子高效培育与精深加工工程技术研究中心"2018年经国家林业和草原局批准在五峰成立。五倍子成为五峰烟叶发展收缩的背景下发展起来的继茶叶之后第二大精准扶贫支柱产业。县委县政府紧紧抓住这一特色优势资源，提出了建设"全国五倍子第一县"的目标，把五倍子产业作为农民增收脱贫的特色优势产业予以重点扶持和打造。

20世纪80年代以前，湖北省内五倍子由各县供销社组织各乡镇供销社统一集中收购，五倍子的采收是倍农的主要经济来源，处于五倍子产业的起步期。这个时期，五倍子产业一直沿袭野生、半野生状态，单位面积产量仅为1～5kg/亩（1亩＝666.67m²，余同），产量低而且不稳定。五倍子寄主植物主要在房前屋后、地旁路旁种植，零星分布，五倍子仅作为小秋收产品，随采随卖，这个时期，国内基本没有加工企业，基本以商品销售为主。20世纪80年代到90年代末，五倍子产业迎来了第一个发展高峰期。各级政府为把五倍子资源优势转化为产品出口优势，开始走产业化发展之路，各县的万亩五倍子基地和相关科研所相继建成。在原料培育方面，摸索出了林间植藓养蚜、野生倍林改造、倍子采收和加工的技术体系，产量提高到20～

图 6-1　五峰五倍子商标注册证

30kg/亩。通过这些配套技术的实施和推广，倍子产量稳步上升，逐步实现五倍子生产由自然生长向人工培育、由低产向高产的转变。产品加工方面，1986年，竹山县兴建了国内先进的生产五倍子产品化工企业——林化厂，到1996年，形成年产500t工业单宁酸、200t没食子酸、200t 3,4,5-三甲氧基苯甲酸等6条生产线。产品畅销美欧、日本和印度及中国香港特区，是竹山县第一家走向国际市场的"洋企业"。20个世纪90年代初以来，五峰建立了五峰林化厂，开始发展以五倍子为原料的林产化工产业。20世纪90年代末到21世纪初进入五倍子产业发展的低谷期。国际市场受到金融风暴影响，五倍子出口产品滞销，五倍子价格两落两起，使倍农蒙受了巨大的经济损失，最终导致倍林面积大幅度萎缩，到2004年竹山县成块倍林保存面积不足1万亩。竹山县林化厂和五峰林化厂都经历了停产、改制和重组。

五峰赤诚生物科技股份有限公司（图6-2，以下简称"赤诚生物"）成立于2004年11月，注册地址宜昌市五峰渔洋关镇天池路8号，2014年9月实施股份制改造，2015年1月在"新三板"挂牌交易，证券简称：赤诚生物（证券代码831696）。

产能规模：公司现已拥有标准提取物生产车间 20000m²。形成年产 4500t 单宁酸、2000t 没食子酸系列产品的生产能力（图 6-3），产品广泛地应用到食品、饮料、保健品、药品、日用化学品、纺织纤维、金属冶炼、饲料添加剂等行业中，远销多个国家和地区。

公司主营业务为以五倍子为原料加工生产的单宁酸系列产品、没食子酸系列产品及对其衍生品的精深加工产品，主要细分市场见图 6-4。

图 6-2　五峰赤诚生物科技股份有限公司厂貌

研发优势：公司被认定为"国家高新技术企业""国家林业重点龙头企业""湖北省林业产业化重点龙头企业""宜昌市农业产业化重点龙头企业""宜昌市天然植物提取单宁酸工程技术中心""五峰赤诚生物科技股份有限公司院士专家工作站"。

发展模式：实施"公司＋科研所＋基地＋协会＋林农"的林业产业化发展模式，由采用国内领先的"人工挂袋和自然迁飞相结合方式"的专有技术在五峰土家族自治县内持续进行倍林改造，使规范高产的倍林达到 10 万亩，年产五倍子 1000t 以上，五峰成为全国名副其实的五倍子大县，为公司五倍子深加工提供充足的原料保障。

图 6-3　五峰赤诚生物科技股份有限公司五倍子加工设备

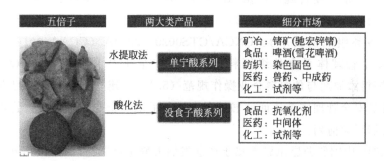

图 6-4　单宁酸和没食子酸系列产品细分市场

产业定位：不断延伸五倍子产业链，以高端生物制品占领国内外市场，将五峰县打造成全国五倍子行情的风向标，成为全国五倍子种植加工中心、流通出口中心和价格形成中心。

6.1.2　现有规模

（1）小作坊成长为细分行业龙头企业

2004 年，公司创业之初租用 300 平方米的厂房，靠两个木桶、8 个人、10 万元资金起步，作坊式加工五倍子，开始实验初创期，产品年销售额在

300 万元左右。2008 年，公司迁入湖北五峰工业园区，扩建五倍子加工项目，同时探索五倍子人工种植苔藓、养殖倍蚜虫、人工挂放倍蚜虫等技术，解决扩大生产的原材料供应，逐步形成人工种植苔藓、养殖倍蚜虫、人工挂放倍蚜虫等核心技术。"五峰五倍子"因其单宁含量高，加工产品质量好，受到客户的青睐。公司以"五峰五倍子"为原料生产的单宁酸系列产品、没食子酸系列产品供不应求，远销日本、韩国、欧美等发达国家。

在快速发展过程中，五峰赤诚生物科技股份有限公司成长为国家高新技术企业、国家科技型中小企业、湖北省知识产权建设示范企业、湖北省支柱产业隐形冠军示范企业、湖北省林业产业化重点龙头企业、宜昌市创新试点企业、宜昌市农业产业化龙头企业。经国家林业和草原局批准建立全国唯一"五倍子高效培育与精深加工工程技术研究中心"、建有"五峰赤诚生物科技股份有限公司院士专家工作站"和"宜昌市天然植物提取单宁酸工程技术中心"等科技创新平台。公司已全面掌握单宁酸等系列生物产品分离提炼技术，拥有核心自主知识产权 5 项，参与制定行业标准 4 项；参与承担国家"863"计划项目 1 项，国家重点科技研发项目 1 项；承担湖北省科技研发项目 6 项，承担宜昌市科技项目 4 项。

公司注重企业管理，依据 GB/T 19001—2008/ISO9001：2008《质量管理体系要求》、GB/T 22000—2006/ISO22000：2005《食品安全管理体系食品链中各类组织的要求》、CNCA/CTS0020—2008A（CCAA 0014—2014）《食品安全管理体系食品级饲料添加剂生产企业要求》、FAMI—QS：5.1《欧洲饲料添加剂与预混料企业操作规范（5.1）》建立管理体系，已获得质量、食品安全管理体系认证证书。逐步建立了现代企业管理制度，管理和经营能力居行业前列。

"2019 中国资源昆虫暨五倍子产业发展五峰论坛""资源昆虫和五倍子产业国家创新联盟"成立及"五倍子高效培育与精深加工工程技术研究中心"的授牌大会，于 2019 年 3 月 29 日～31 日在五峰举行。这 3 个科技平台的成立对于推动我国资源昆虫和五倍子产业发展具有里程碑意义。

（2）传统的中药材转型为稀有的生物、化工原料

公司年收购五倍子 4000～5000t，约占全国五倍子产量的 60%，公司充分利用"五峰五倍子"的产品质量优势研发新产品，近年来新建 100t 鞣花酸项目、5000t 混合饲料添加剂、10000t 五倍子废弃物综合利用项目，产品逐步转化为高附加值食品添加剂食用单宁酸、没食子酸丙酯、饲料添加剂没食子酸丙酯等系列产品，广泛用于化工、医药、纺织、食品、冶金、军工、电子化学品等行业。

树、虫、藓是五倍子生长的三要素。在"五峰五倍子"的巨大影响力下，公司利用盈余资金投入基地建设研发，从 2013 年先后与中国林科院昆明资源昆虫研究所、湖北省林业科学研究院紧密合作，重点围绕苔藓种植、蚜虫繁育、蚜虫放飞、倍林间作等关键技术开展科技攻关，突破了五倍子稳产丰产栽培技术瓶颈，亩产最高达 320.8kg，单株最高达 17.5kg。五倍子高效栽培理论与技术被鉴定为湖北省重大科技成果，植藓方式及倍蚜收放等关键技术达到国内领先水平。

（3）五倍子成为带动贫困山区农民脱贫致富的朝阳生物产业

五峰，作为一个深度贫困县，劣势在山，优势也在山，野生倍林资源约 10 万亩，可供改造利用倍林 6 万亩。长期以来，五倍子是五峰农民增收的传统渠道，在赤诚生物公司诞生之前，农民仅作为中药材采摘销售，价格一般在每斤 2 元左右。近年来以"五峰五倍子"为原料加工产品价值得到极大提升，"五峰五倍子"加工到 2018 年赤诚生物收购保护价已达到每斤 9 元以上。

在五峰县政府多年的推动下，"龙头企业＋合作社＋产业基地＋贫困户"的五倍子扶贫产业模式已形成，成为助推农民脱贫致富、实现乡村振兴的朝阳生物产业。近年来，赤诚生物先后支持倍农新建倍蚜虫核心基地 9 个，分布于该县 6 个乡镇 9 个贫困村；建设倍蚜虫收集大棚 43 个、倍蚜虫收集苔藓圃 45 亩；向贫困户提供倍蚜虫培育、收集、烘干等设备 300 台（套）。在该县牛庄乡横茅湖等 20 个贫困村建设五倍子标准化倍林基地 2 万亩，修整野生倍林基地 5.7 万亩。目前五峰县五倍子倍林人工挂虫面积达到 5000 亩，带动种养殖户 3100 多户，其中贫困户 630 户。2018 年，全县人工种养殖户现金收入达到 950 万元，亩均收入 1900 元。傅家堰乡特困村田家山村李泽云，将荒山 4 年的树，通过修枝整形，人工挂虫培育五倍子亩产鲜倍达到 200.8kg，商品倍 100.4kg，亩平均现金收入 1907.60 元，减去成本纯收入 1600 元，比野生五倍子高出 6 倍以上。白鹿庄村蚜虫培育土专家严高红，长期从事五倍子种养殖技术研究，系统掌握了五倍子种养殖技术，通过输出五倍子种植技术覆盖武陵山区，人工种植面积 49850 亩。严高红年技术输出收入 20 万元，年出售倍蚜虫收入 16 万元，出售五倍子收入 2 万元。

（4）五倍子基地已逐渐成为保护青山绿水的生态屏障

五峰县地处长江中游南岸，发展五倍子产业，不毁林，靠栽树，不喷农药，不施化肥。盐肤木生长迅速，被誉为"先锋树种"。倍林下还可种植其他农作物。集中连片植树造林，有利于改善和美化生态环境，留住青山绿水，换来金山银山。这些正契合"共抓大保护，不搞大开发"的发展理念。同时，五倍子花也是重要的自然优质蜜源，每到夏季，五倍子花盛开，引来蜜蜂采花酿蜜；每到秋季，漫山遍野的盐肤木树叶一片火红，成为人们游山赏景的好去处。一个五倍子产业带出了一个养蜂产业，融合了旅游产业，推动了传统林业产业转型升级。

6.1.3　可推广经验

（1）兴建五倍子培育基地解决原料短缺

五倍子产业存在的主要问题是五倍子原料资源收购竞争日趋激烈。受利润驱使，近几年五倍子深加工生产线产能逐步上升，行业规模扩大，资源供应紧张，收购半径扩大，资源竞争非常激烈。而五倍子原料资源受限于基地面积、倍林培育技术水平、病虫害等诸多条件限制，产量远达不到企业的需求。公司利用当地政策和自然资源的有利条件，将五倍子培育作为工厂的"第一车间"，兴建五倍子培育基地，为工厂提供稳定的原料来源，生产规模逐年扩大。目前，公司已经建立起包括五倍子高效培育、精深加工、新产品及其应用等产品发展配套技术在内的较为成熟的全产业链利用技术。

（2）加强五倍子深加工技术创新

五倍子单宁深加工技术是以天然资源为原料，以市场为导向，以高新技术为基础，以效益为中心进行新产品、新工艺的开发研究。做到产品多样化、系列化，形成产品群，旨在参与国际市场竞争，实现产业化。针对国际市场的需求和国内生产现状，公司依托中国林科院不断进行五倍子深加工产品及其加工工艺的科技创新。

6.1.4　存在问题

① 五倍子原料供应日趋紧张，产业规划发展与企业快速成长的需求不适应，扶贫带动作用发挥不充分。从全国五倍子行业发展来看，五倍子产业存在的主要问题是五倍子原料资源收购竞争日趋激烈。受利润驱使，近几年五倍子深加工生产线产能逐步上升，行业规模扩大，资源供应紧张，收购半径扩大，资源竞争非常激烈。而五倍子原料资源受限于基地面积、倍林培育技术水平、病虫害等诸多条件限制，产量远达不到企业的需求。赤诚生物目前已进入快速成长期，发展势头强劲，市场广阔，产能充足，但没有足够的五倍子原料满足生产。近年来，赤诚生物年收购五倍子在 4500t 左右，现有产能在 8000t 以上，无法实现满负荷生产，致使公司从南美进口塔拉保证生产，但塔拉单宁酸含量不高，为 40％ 左右，低于五倍子 30％ 左右。五倍子寄生的盐肤木在五峰相当普遍，野生倍林资源约 10 万亩，可供改造利用倍

林 6 万亩，而目前真正能提供稳定五倍子供应的仅仅 1 万亩左右。从客观上看，五峰县委县政府多年来十分重视五倍子基地建设，但其力度跟不上企业成长的步伐，特别是在形成整体合力方面还缺少积极的政策推动手段，致使现有资源利用开发不足，产业带动扶贫的作用还没有得到充分发挥。

② 五倍子培育关键技术推广普及不平衡，成为产业发展的瓶颈。树、虫、藓是五倍子生长的 3 个关键要素。从 2013 年开始，五峰县五倍子产业办公室和赤诚生物先后与有关科研院所紧密合作，突破了五倍子稳产丰产栽培技术瓶颈，为五倍子产业发展提供了技术保障。但在技术的推广应用上，由于技术人员少，且推广缺乏激励机制，除核心示范基地管理比较到位、基本上达到稳产丰产水平外，很多农民还没有完全掌握五倍子培育的关键性技术，导致五倍子产量较低、效益不高，影响了农民发展五倍子的积极性。

③ 五倍子产品产业链太短。国内对五倍子深加工在新产品、新工艺上的研发能力与国外先进技术存在较大的差距，高技术产品在国际市场上竞争力不强，只能生产初级产品和中间体，美、日、德等发达国家从我国进口五倍子原料或工业单宁酸再进行精制提纯或深加工，所生产的衍生产品占领了国际市场上绝大部分份额，甚至返销国内市场，把五倍子的深加工产业中附加值高的部分据为己有，而国内企业只能望而生叹。随着全球光电产业、消费电子产业、半导体产业逐渐向我国转移，我国 PCB、LCD、半导体等产业迅速发展，对光刻胶的需求猛增，从而推动光刻胶行业逐渐兴盛。2011～2019 年我国光刻胶需求量与市场规模连续增长，至 2018 年我国光刻胶需求量已达 8.44 万吨，市场规模约为 62.3 亿元，年复合增长率达 14.69%；市场规模达到 58.7 亿元，年复合增长率达 11.59%，预计 2022 年我国光刻胶需求量将达到 27.2 万吨。因此，不断研究开发高科技和高附加值的新产品，采用新工艺、新技术、新材料无疑将成为未来发展的重要支柱。

④ 五倍子产品加工技术有待提高。近几年来，随着五倍子深加工产品的出现和应用领域的拓展及国际国内市场对五倍子需求量的增大，国内的主要五倍子加工企业，如南京龙源天然多酚合成厂、湖南张家界久瑞生物科技有限公司、湖北五峰赤诚生物科技股份有限公司和湖南梧雅生物科技股份有限公司等，通过新建和扩建五倍子加工生产线，开发出具体国际竞争力的新产品，出口美国、欧盟及日本等发达国家，生产能力也逐年提高。虽然这些企业已取得了一定的规模，但生产能力仍然相对较弱，主要产品档次低；企业年利润也处于较低水平，基本还停留在百万元级，没有达到重点知名企业的规模，离形成地方支柱产业仍有较长道路。今后很长一段时期，五倍子加工企业一方面要致力于新产品和新用途的开发，开发国际市场；另一方面要

进一步提高产品质量，扩大生产规模，实现产品多元化，提高市场抗风险能力。

⑤ 五倍子加工过程的环境污染问题。植物单宁加工特别是没食子单宁深加工过程属于典型的化工生产过程，排放的生产废物如不经妥善处理会造成环境污染。目前我国多数的植物单宁加工企业生产还是属于粗放式生产，由于环境保护意识和生产废物有效处理的技术难度，存在不同程度的环境污染问题。随着环境保护法律法规的严格实施，急需解决植物单宁深加工过程的环境污染问题。当下，除了要加大对生产过程环境污染问题的监控力度，减少和杜绝生产废弃物对环境的影响，还要针对没食子酸等深加工生产过程废弃物的有害成分，研究开发有效处理的关键技术，实现无害排放。

6.2 五倍子加工利用产业发展战略研究

6.2.1 未来产业发展需求分析

（1）发展五倍子产业关系国家食品安全

五倍子精深加工产品属精细化学品，精加工技术一直被发达国家垄断，而精细化学品的开发是当今世界化学工业激烈竞争的焦点，也是 21 世纪衡量一个国家综合实力的重要标志之一。以五倍子为原料开发的系列产品，用途相当广泛，而主要用途是作为食品添加剂中的抗氧化剂和饲料添加剂，市场需求旺盛。我国是畜牧生产大国，饲料添加剂的使用日趋广泛。我国是抗生素使用大国，也是抗生素生产大国，每年生产约 21 万吨。抗生素原料中有 9.7 万吨用于畜牧养殖业，占年总产量的 46.1%。从 2006 年起欧盟已经禁止在饲料中添加所有抗生素，我国也将于 2021 年起全面禁止在饲料中添加抗生素类产品。饲用抗生素替代品问题成为社会广泛关注的热点。单宁酸饲料添加剂是减少饲料中抗生素滥用的重要途径之一，有效地保障了食品安全，已经得到国际普遍认同。目前，我国饲料产量为 2.50～2.90 亿吨，按照 0.01%～0.02% 的添加量技术，每年需要饲料添加剂约数万吨，应用前景十分广阔。五倍子的精深加工产品为纯天然绿色化学品、无毒无害。如没食子酸丙酯大白鼠的 LD_{50} 为 3 800mg/kg，摄入体内能被水解后由尿排出，经动物试验无致癌性报道，其安全性优于现使用的丁基羟基茴香醚及二丁基羟基甲苯，早在 1976 年美国就列入 GRAS（一般公认为安全的）表中。据统计，抗氧化剂美国批准 26 种，消费量 8130t/年，日本批准 19 种，消费量

1250t/年，欧洲消耗量 980t/年。我国已批准 15 种，生产能力约 5000t/年。没食子酸酯类作为经常使用的抗氧化剂品种，占据较大的市场份额。精细化工生产特点是品种多，批量小，知识密集度高，更新换代快，专用性和商品性强。虽然五倍子精深加工品的每一个品种国内外市场需求量不是特别大，但由于货源紧缺，市场销售旺盛。

（2）发展五倍子产业是巩固扶贫成果和促进乡村振兴的重要途径

我国五倍子主产区位于武陵山区、乌蒙山区（角倍）和秦巴山区（肚倍），属多民族居住地，主要以农业为主，经济基础薄弱，贫困人口多。近年来，在这些地区推广以寄主树生长势调控、无土植藓培育种虫和多次放虫为核心的五倍子高效培育技术，使五倍子产量显著提高，五倍子单产（干倍）从原来的平均 20～30kg/亩提高到 40～60kg/亩，农民每亩收入 1000～1500 元。以湖北五峰为例，通过五倍子高产培育技术的应用，近 3 年五倍子年产量从 100～150t 提高到 360t，参与五倍子培育和生产的人员达 4000 多人，五倍子成为地方特色产业。根据重庆西阳五倍子专业技术协会、湖北五峰倍源五倍子专业合作社等 22 个生产单位统计，近 3 年在成果应用过程中共培训农村技术推广骨干 26311 人次，农民掌握了新技术后，在生产过程中收获的五倍子、种虫、种藓和苗木等免税农产品累计增收 3.54 亿元，这些农产品成为当地农民增收的重要来源。

五倍子产业在农村精准扶贫中效果显著。近十年来，共有 10644 人借助五倍子产业实现了脱贫。在各地发展五倍子产业过程中，涌现了一批脱贫致富的典型：①湖北五峰土家族自治县长乐坪镇白鹿庄村村民严高红，从 2012 年起开始将本成果应用于生产，种植五倍子 36 亩，2015 年起每年收入都超过 30 万元，成为远近闻名的"土专家"。他以"合作社＋农户"的模式，将自己的技术和种虫无偿提供给其他农户，带动了 107 户农民种植五倍子脱贫，被评为湖北省劳模、国家林草局首批乡土专家和"宜昌楷模"等，他的事迹被人民日报网、新华网、湖北日报等媒体报道。②重庆西阳土家族苗族自治县钟多街道办梁家堡村 83 岁的贫困户任岁明，2017 年种植五倍子 21 亩，2018 年获得丰收，出售干倍子 1984kg，总收入 38320 元，一举摘掉贫困户"帽子"，《中国绿色时报》于 2018 年 11 月对任岁明的事迹进行了专题报道，称他为"西阳的褚时健"。③湖南张家界永定区三家馆乡漆松浪和大学毕业生漆学超两人回到家乡创业，种植五倍子 500 亩，并在倍林内养殖中蜂，带动了当地贫困户和农村留守人员 33 户，人均年收入 13000 元。④湖南慈利县江垭镇王德军和庹先圣承包荒山 1500 亩种植五倍子，聘用和带动贫困户和农村留守人员 50 户和当地退伍军人 80 人参加项目，人均年增收超过 3 万元。⑤四川省峨眉山市川主镇荷叶村原村支部书记李前华，多年从事五倍子培育，从 2008 年起带领 30 多户村民应用本成果在海拔 1400 米、农业生产条件差的山地种植五倍子树和培育种虫，营造高产五倍子林 1200 亩、种虫培育藓圃 12 亩，平均年产五倍子种虫 30 多万袋，远销湖南、云南、贵州和重庆等地；2018 年村民人均纯收入增加了 4000 多元。五倍子精深加工技术在五峰赤诚生物科技股份有限公司、云南驰宏锌锗股份有限公司、湖南梧雅生物科技有限公司和遵义倍缘化工有限公司等 10 个企业应用，带动了原料的生产和销售，使五倍子产业链进一步延伸，新增就业岗位 1217 个。

（3）发展五倍子产业对生态文明建设具有重要意义

五倍子寄主树盐肤木等耐干旱、瘠薄，适应能力强，是石漠化生态修复、保持水土的优良树种。本成果广泛应用于长江上游的武陵山区、乌蒙山区和汉江流域的秦巴山区，近 3 年营建的寄主林 55.90 万亩，辐射推广 200 多万亩，对贫困山区生态环境治理、植被恢复和我国长江上游生态屏障建设作出了重要贡献，为国家长江上游防护林工程和退耕还林工程项目实施提供了重要支撑，五倍子产业已成为当前林业生态扶贫和产业扶贫的重要抓手，成为实现"绿水青山就是金山银山"的良好典范。五倍子寄主树还是优良的观赏和蜜源树种。秋季寄主树叶片美丽的红叶景观，促进了当地旅游业的发展。五倍子的寄主树花期长达 2 个多月，是优良的蜜源植物，可以用于培育五倍子蜂蜜，开展林下复合经营。如湖北五峰依托现有的 6 万亩五倍子林，开展中蜂养殖，促进"林-药-蜂"协同发展，2018 年被中国蜂产品协会授予"中国五倍子蜜之乡"称号，生态效益显著。因此，发展五倍子产业对推动生态文明建设具有重要的现实意义。

6.2.2 产业发展总体思路与发展目标

（1）总体思路

实施"公司＋科研所＋基地＋协会＋林农"的林业产业化发展模式。利用我国五倍子的资源优势，不断延伸五倍子产业链，以高端生物制品占领国内外市场；在湖北、湖南、贵州、重庆、四川等五倍子主产区建立稳产高产的五倍子培育基地，对五倍子资源进行综合利用研究；推进五倍子深加工没食子酸系列产品向电子化学品新材料——光刻胶、光敏剂延伸，配套国内光电子产业，提供高端电子化学品新材料，延伸五倍子精深加工产业链，打造百亿级企业；同时利用单宁酸和没食子酸的优势向生物医药行业进军。

（2）发展原则

按照五倍子资源原料基地化、产品精细化、跨界融合创新的发展原则，处理好资源保护和利用的关系。坚持技术创新、产品创新，不断提高五倍子加工水平，不断延伸五倍子产业链，以高端生物制品占领国内外市场，走绿色发展的道路，既要绿水青山，也要金山银山。

（3）发展目标

短期目标（到2025）：重点推进原料基地建设：到2025年全国培育苔藓基地面积100亩，人工挂虫丰产倍林基地面积达到5万亩，五倍子（干计）产量10000t。在湖北、湖南、贵州等地打造一批优秀的五倍子产业创新生物科技企业。解决五倍子高附加值产品加工关键技术，研发出电子级单宁酸产品；抓住"推动健康养殖、保障食品安全"，畜牧业"减抗/替抗"的国际发展大趋势，五倍子单宁酸产品向饲料行业延伸，培植壮大1~2家五倍子加工龙头企业。

中长期发展目标（到2035）：建立稳产高产的五倍子培育基地，对五倍子资源进行综合利用研究；推进五倍子深加工没食子酸系列产品向电子化学品新材料——光刻胶、光敏剂延伸，在企业上市的基础上，建设电子化学品新材料——光刻胶、光敏剂项目，配套国内光电子产业，提供高端电子化学品新材料，打造1~2家百亿级企业。同时利用单宁酸和没食子酸的优势向生物医药行业进军，研发出盐肤木食用果油、五倍子蜂蜜、医药新用途（磺胺类药增效剂，收敛和抗肿瘤）。

远期发展目标（到2050年）：到2050年，人工挂虫丰产倍林基地面积达到10万亩，五倍子（干计）产量20000t。兴建一批五倍子新材料加工及生物医药产业园，使得我国成为全球电子化学品新材料——光刻胶、光敏剂的主要生产国，实现五倍子加工全产业链年总产值达到千亿元。

6.2.3 重点任务

（1）加强标准化原料林基地建设

大力发展五倍子原料基地建设，提升培育技术水平。对五倍子野生资源现状进行研究分析，到2025年全国培育苔藓基地面积100亩，人工挂虫丰产倍林基地面积达到5万亩，五倍子（干计）产量10000t。在湖北、湖南、贵州、重庆、四川等五倍子主产区建立稳产高产的五倍子培育基地。在大力发展五倍子人工培育基地的同时，加强对野生倍林的提质增效，是从根本上解决五倍子加工业原材料来源紧张问题的途径，也是促进我国林产化工产业大发展的一项重要基础工作。五倍子原料基地建设很大程度上要依靠政府政策引导、企业价格引导以及科技服务支撑。

（2）技术创新

加强植物单宁化学与利用的基础研究，突破电子级化学品高端制造技术，创制具有战略性主导地位的电子化学品新材料——光刻胶、光敏剂产品。五倍子单宁酸产品向饲料行业延伸，培植壮大1～2家五倍子加工龙头企业。

（3）产业创新的具体任务

推进五倍子深加工没食子酸系列产品向电子化学品新材料——光刻胶、光敏剂延伸，配套国内光电子产业，提供高端电子化学品新材料，打造百亿级企业；同时利用单宁酸和没食子酸的优势向生物医药行业进军。

（4）建设新时代特色产业科技平台，打造创新战略力量

打造"五倍子产业发展论坛"，依托"资源昆虫和五倍子产业国家创新联盟"及"五倍子高效培育与精深加工工程技术研究中心"，推动五倍子产业创新发展。

（5）推进特色产业区域创新与融合集群式发展

武陵山片区是我国五倍子集中产区，以五峰为重点的鄂西南地区又属其核心产区。五倍子一直是五峰重要的传统道地药材。"五峰五倍子"获得国家地理标志商标注册，全国唯一"国家五倍子高效培育与精深加工工程技术研究中心"2018年经国家林业和草原局批准在五峰成立。五倍子成为五峰烟叶发展收缩的背景下发展起来的继茶叶之后第二大精准扶贫支柱产业。地方政府紧紧抓住这一特色优势资源，提出了建设"全国五倍子第一县"的目标，把五倍子产业作为农民增收脱贫的特色优势产业予以重点扶持和打造。

（6）推进特色产业人才队伍建设

需要在当地政府和相关林业部门的帮助下吸引返乡农民工参加到五倍子倍林建设中。培养五倍子种植的"致富带头人""土专家"，以"合作社＋农户"的模式，利用当地的致富带头人带动其他农户种植五倍子脱贫。

6.2.4　措施与建议

（1）大力发展五倍子原料基地建设，提升培育技术水平

① 坚持以一家一户为主，小型大规模的原则，充分利用"四旁"（村旁、屋旁、路旁、水旁）和"五边"（田边、地边、坎边、沟边、扒边）栽植倍树。

② 鼓励企业办试验基地和原料基地。从资金和技术方面给予倍农支持，与倍农签订最低收购保护价，使企业与倍农成为利益共同体，相互促进、相互发展。最终形成公司＋基地＋农户一体化产业发展模式。

③ 制定出台种苗扶持和资金扶持政策。基地发展由政府无偿提供种苗或者每株给予一定的种苗补助，或是用以奖代补的形式加大对五倍子产业发展的资金扶持力度。把有限的资金用到产业发展贡献突出的乡镇和参与五倍子产业发展的单位和个人。

④ 制定林地、山场有序流转的优惠政策措施。鼓励农民、城镇居民、科技人员、私营业主、企事业单位干部职工等社会力量投资五倍子产业开发。形式上可采取承包、租赁、拍卖、买断、协商、转让等，有效吸纳社会民间资本用于五倍子产业基地建设。

⑤ 制定林业部门和林业技术人员参与五倍子产业基地建设的政策措施。鼓励林业技术干部领办示范基地，以加快五倍子产业的健康发展。

（2）加强五倍子高效培育技术

五倍子产业链中最基础和最关键的环节是原料的高效培育。五倍子的培育不仅受冬夏 2 类寄主植物的限制，还受到环境条件、生产经营水平和方式等的影响。尽管目前从倍蚜种虫培育、多次放虫技术、寄主植物筛选和生长势调控等方面的技术研发使倍子产量显著提高，但仍不能满足市场对五倍子原料不断增长的需求。随着农村生产经营模式的改变，与其他农林业一样，五倍子原料培育也面临劳动力成本不断升高的共性难题，因此，如何将无土植藓养蚜与倍林营建技术有机结合，研发"林-藓-虫"一体化培育技术；如何通过设施培育方法调控林间小环境，创造适合倍蚜和寄主植物生长的微环境，减少倍林营建、管理和经营的用工数量，降低劳动力成本，是今后原料培育中亟待解决的问题。同时，以五倍子资源培育的倍蚜虫、寄主树和藓为对象，解决五倍子资源培育中影响倍子产量和质量的关键技术问题，诸如倍蚜种虫培育与释放、倍林经营模式、倍林标准化、低产倍林提质增效、有害生物综合防控、倍子采收和加工等技术难点，研发配套生产技术促进五倍子培育方式从低产向高产稳产转变，实现五倍子资源的高效利用。

（3）研发高附加值系列产品，拓展产品市场

由于五倍子天然药物与生物原料的物质属性，五倍子产品深加工增值空间巨大，五倍子除作为中药材使用外，已经进行规模化的化学加工利用。以五倍子单宁为基础原料，采用不同的深加工工艺，可生产出多种化工、医药和食品添加剂产品，如单宁酸系列，包括工业单宁酸、试剂单宁酸、医用单宁酸、食品单宁酸等；没食子酸系列；焦性没食子酸系列；合成药物系列包

括甲氧苄氨嘧啶及其中间体等。不断挖掘和拓展五倍子单宁新用途，开拓五倍子单宁在电子、医药、食品、饲料、日用化工等行业的应用，创制金属缓蚀、抑菌、络合等功能化单宁及其衍生物等产品，提供单宁基金属防蚀剂、鲜果抑菌被膜剂、装修封闭底层涂料、固定化功能吸附材料等加工关键技术及其制品。五倍子产品新用途拓展迅猛，如电子级单宁酸、光刻胶等高技术产品在电子显示屏等方面的应用；五倍子单宁酸在无抗饲料、化妆品上的应用。五倍子深加工产品销售目前集中在沿海经济发达地区，在紧盯国内最大的需求市场的同时，要瞄准国外市场，扩大出口销售额。研究中东、欧美市场，不断获得有关认证，以满足国际市场的需求。

（4）建设科技平台，加强成果转化

中国林业科学研究院林产化学工业研究所是我国最早开展五倍子基础化学及其加工利用的科研单位，长期从事五倍子提取物化学与利用方面的研究，代表性科研成果主要有：五倍子化学深加工技术、焦性没食子酸制备新技术产业化、五倍子单宁深加工技术、电子化学品高纯没食子酸制造技术。加强科技平台建设，着力研究五倍子资源的新用途和研发新产品，为五倍子资源的利用和产业化提供系列产品和加工新技术，提升行业技术水平，提高产品附加值，增加行业竞争力。将"五倍子产业科技创新联盟"建设成联合开发、优势互补、利益共享、风险共担的技术创新组织，为农户、企业规模经营、生产提供成套的工程化研究成果；加速高新技术带动传统产业的改造升级，为产业技术进步解决关键技术，以推动五倍子资源培育和企业的科技进步和战略性新兴产业的发展。

（5）加强五倍子加工产品标准化工作

目前，我国五倍子加工产品出口额稳中有升，但平均出口价格却呈下降态势。其主要原因之一是由于我国五倍子加工产品尚未建立权威的质量标准或与国外标准不接轨。目前已经制定并发布了五倍子加工产品及其分析试验方法林业行业标准 12 项。这些标准的实施，对五倍子加工生产企业科学地制定生产工艺和组织生产管理、对产品质量管理、产品市场贸易以及产品贮存使用都发挥了重要的作用。但随着五倍子加工行业的发展及科技水平的不断进步，部分标准所采用的分析测试方法存在的问题也不断暴露出来，需要对其进行修订，使其符合行业发展要求。

（6）处理好资源合理利用、发展与保护的关系

五倍子资源包括倍蚜、寄主植物以及产区的气候、土壤、植被、生境等，它们同时也是我国生物多样性的重要组成部分。从生物多样性保护以及资源的可持续发展角度出发，五倍子作为一类重要的昆虫资源林特产品，在

合理采摘利用的同时，必须处理好资源合理利用、发展与保护的关系。不太重视倍蚜冬寄主藓类植物保护，倍蚜及其冬寄主生态条件破坏与恶化，以及五倍子过渡采摘是目前五倍子生产中共有的问题。五倍子加工产品用途与用量的扩展，使得五倍子价格不断上涨，从 20 世纪 80 年代初的约 0.15 万元/t，上涨到 90 年代最高时的 3 万元/t，随后一路走低。直至 2003 年上半年开始，五倍子及其加工产品价格才开始有大的回升。价格上涨在一定程度上促进了五倍子生产的大发展，但也由于价格上涨过猛，五倍子加工成本特别是利用五倍子加工产品的行业成本大增，部分企业不得不考虑使用代用品，从而制约了我国五倍子生产的健康发展。为保护并促进五倍子生产的可持续发展，当前需解决或面临的主要问题是：①必须大力加强产区倍蚜及其冬、夏寄主与五倍子生产整个生态环境的保护。②根据角倍类和肚倍类生产现状与倍蚜其冬、夏寄主所需生态条件的差异，角倍类夏寄主野生资源较为丰富，生产应以保护和改造野生倍林为主，而肚倍类的夏寄主青麸杨和红麸杨多为四旁栽种，野生资源较少，在基地设计、造林地的选择以及倍林的营造中必须优先考虑小环境，使藓、蚜资源同树一样得以发展，切忌片面搞大面积集中连片。③积极推广应用已成熟的技术，如成熟采倍、采倍留种、在倍林内补植冬寄主与营建种倍林，利用种倍收集散放夏（秋）迁蚜等技术措施。④积极开展倍蚜及其寄主植物优良品种的筛选与培育，加强五倍子新产品、新用途的开发利用研究，以推动五倍子生产的持续、稳定、健康发展。

（7）提高行业产品出口退税

随着秘鲁塔拉种植面积的逐年扩大，塔拉产量大幅度提高，深加工技术的进步（国内主要以进口塔拉粉为原料经过酸或碱水解制备没食子酸），秘鲁将成为中国行业强有力的竞争对手。与秘鲁、印度同行相比，中国的产品无法得到进口国家优惠关税及本国相同退税政策的支持，竞争处于不利。呼吁提高行业产品出口退税、国家层面来发展五倍子种植，组织有关专家论证，制定行业中长期发展的规划。

参 考 文 献

[1] Haslam E. Plant polyphenols: vegetable tannins revisited. Cambridge: Cambridge University Press, 1989.

[2] Bate Smith E C. Vegetable tannin. Vol. 3. London: Academic Press, 1962.

[3] 石碧，曾维才，狄莹. 植物单宁化学及应用. 北京：科学出版社，2020.

[4] 孙达旺. 植物单宁化学. 北京：中国林业出版社，1992.

[5] 石碧，狄莹. 植物多酚. 北京：科学出版社，2000.

[6] 安鑫南. 林产化学工艺学. 北京：中国林业出版社，2002.

[7] 贺近恪，李启基. 林产化学工业全书. 北京：中国林业出版社，1998.

[8] 南京林产工业学院. 栲胶生产工艺学. 北京：中国林业出版社，1985.

[9] 陈笳鸿，汪咏梅，吴冬梅，等. 单宁酸纯化技术的研究开发. 现代化工，2008，28（增刊2）：301-304.

[10] 张艳霞，朱彩平，邓红，等. 超声辅助双水相提取石榴皮多酚. 食品与发酵工业，2016，42（12）：150-156.

[11] 王玉增，刘彦. 植物单宁研究进展综述. 西部皮革，2014，36（16）：23-30.

[12] 张亮亮，汪咏梅，徐曼，等. 植物单宁化学结构分析方法研究进展. 林产化学与工业，2012，32（3）：107-115.

[13] 毕良武，吴在嵩. 五倍子系列有机化学品综述. 化工时刊，1997，11（10）：11-16.

[14] 孟祥军，葛欣，朱海鹏，等. 3,4,5-三甲氧基苯甲酸的合成研究. 化学世界. 1996，9：479-480.

[15] 周宁章. 3,4,5-甲氧基苯甲酸的合成. 大连轻工业学院学报，1999，18（3）：238-341.

[16] 罗成，曹威，龚小伦，等. 3,4,5-三甲氧基苯胺的合成. 化学与生物工程，2010，27（7）：51-53.

[17] 李德江，葛正红. 3,4,5-三甲氧基苯甲酸衍生物的合成与结构表征. 天津化工，2004，18（5）：9-10.

[18] GB/T 15000.3—2008. 标准样品工作导则（3）标准样品定值的一般原则和统计方法.

[19] Galvez J M G, Riedl B, Conner A H. Analytical studies on tara tannins. Holzforschung, 1997, 51 (3): 235-243.

[20] Du Y, Lou H. Catechin and proanthocyanidin B4 from grape seeds prevent doxorubicin-induced toxicity in cardiomyocytes. European Journal of Pharmacology, 2008, 591 (1-3): 96-101.

[21] Lee Y A, Cho E J, Yokozawa T. Effects of proanthocyanidin preparations on hyperlipidemia and other biomarkers in mouse model of type 2 diabetes. Journal of Agricultural and Food Chemistry, 2008, 56 (17): 7781-7789.

[22] Lee Y A, Cho E J, Yokozawa T. Protective effect of persimmon (*Diospyros kaki*) peel proanthocyanidin against oxidative damage under H_2O_2-induced cellular senescence. Biological & Pharmaceutical Bulletin, 2008, 31 (6): 1265-1269.

［23］ Lin Y M, Liu J W, Xiang P, et al. Tannin dynamics of propagules and leaves of *Kandelia candel* and *Bruguiera gymnorrhiza* in the Jiulong River Estuary, Fujian, China. Biogeochemistry, 2006, 78 (3): 343-359.

［24］ Xiang P, Lin Y M, Lin P, et al. Prerequisite knowledge of the effects of adduct ions on matrix-assisted laser desorption/ionization time of flight mass spectrometry of condensed tannins. Chinese Journal of Analytical Chemistry, 2006, 34 (7): 1019-1022.

［25］ Haase K, Wantzen K M. Analysis and decomposition of condensed tannins in tree leaves. Environmental Chemistry Letters, 2008, 6 (2): 71-75.

［26］ Romani A, Ieri F, Turchetti B, et al. Analysis of condensed and hydrolysable tannins from commercial plant extracts. Journal of Pharmaceutical and Biomedical Analysis, 2006, 41 (2): 415-420.

［27］ Schofield P, Mbugua D M, Pell A N. Analysis of condensed tannins: a review. Animal Feed Science and Technology, 2001, 91 (1-2): 21-40.

［28］ Sarni-Manchado P, Deleris A, Avallone S, et al. Analysis and characterization of wine condensed tannins precipitated by proteins used as fining agent in enology. American Journal of Enology and Viticulture, 1999, 50 (1): 81-86.

［29］ Muralidharan D. Spectrophotometric analysis of catechins and condensed tannins using Ehrlich's reagent. Journal of the Society of Leather Technologists and Chemists, 1997, 81 (6): 231-233.

［30］ Hoyos-Arbeláez J, Vázquez M, Contreras-Calderón J. Electrochemical methods as a tool for determining the antioxidant capacity of food and beverages: a review. Food Chemistry, 2017, 221: 1371-1381.

［31］ Hemingway R W, Karchesy J J. Chemistry and significance of condensed tannins. New York: Plenum Press, 1989.

［32］ Hider R C, Liu Z D, Khodr H H. Metal chelation of polyphenols. Method Enzymology, 2001, 335 (335): 190-203.

［33］ Scalbert A, Mila I, Expert D, et al. Polyphenols, Metal Ion Complexation and Biological Consequences. Springer US, 1999: 545-554.

［34］ Kipton H, Powell J, Rate A. Aluminum-tannin equilibria: a potentiometric study. Australian Journal of Chemistry, 1987, 40 (5): 2015-2022.

［35］ Fazary A E, Taha M, Ju Y H. Iron complexation studies of gallic acid. Journal of Chemical & Engineering Data, 2008, 54 (1): 35-42.

［36］ Poschenrieder C, Gunsé B, Corrales I, et al. A glance into aluminum toxicity and resistance in plants. Science of the Total Environment, 2008, 400 (1): 356-368.

［37］ Osawa H, Endo I, Hara Y, et al. Transient proliferation of proanthocyanidin-accumulating cells on the epidermal apex contributes to highly aluminum-resistant root elongation in camphor tree. Plant Physiology, 2012, 107 (12): 3509-3527.

［38］ Hagerman A E, Butler L G. Condensed tannin purification and characterization of tannin-associated proteins. Journal of Agricultural and Food Chemistry, 1980, 28 (5): 947-952.

［39］ Koupai-Abyazani M R, McCallum J, Bohm B A. Identification of the constituent flavonoid units in sainfoin proanthocyanidins by reversed-phase high-performance liquid chromatography. Journal of Chromatography A, 1992, 594 (1-2): 117-123.

[40] Schofield J A, Hagerman A E, Harold A. Loss of tannins and other phenolics from willow leaf litter. Journal of Chemical Ecology, 1998, 24 (8): 1409-1421.

[41] Czochanska Z, Foo L Y, Newman R H, et al. Polymeric proanthocyanidins. stereochemistry, structural units, and molecular weight. Journal of the Chemical Society, Perkin Transactions 1, 1980: 2278-2286.

[42] Lakowicz J R. Principles of fluorescence spectroscopy. 3rd edition. Boston: Springer, 2006.

[43] Ward L D. Measurement of ligand binding to proteins by fluorescence spectroscopy. Methods Enzymology, 1985, 117 (117): 400-414.

[44] Mohd A, Khan A A P, Bano S, et al. Interaction and fluorescence quenching study of levofloxacin with divalent toxic metal ions. Eurasian Journal of Analytical Chemistry, 2010, 5 (2): 177-186.

[45] Schmidt M A, Gonzalez J M, Halvorson J J, et al. Metal mobilization in soil by two structurally defined polyphenols. Chemosphere, 2013, 90 (6): 1870-1877.

[46] Yoneda S, Nakatsubo F. Effects of the hydroxylation patterns and degrees of polymerization of condensed tannins on their metal-chelating capacity. Journal of Wood Chemistry and Technology, 1998, 18 (2): 193-205.

[47] Kennedy J, Powell H. Polyphenol interactions with aluminium (III) and iron (III): their possible involvement in the podzolization process. Australian Journal of Chemistry, 1985, 38 (6): 879-888.

[48] Kipton H, Powell J, Rate A. Aluminum-tannin equilibria: a potentiometric study. Australian Journal of Chemistry, 1993, 46 (5): 2015-2022.

[49] Fu C, Loo A E K, Chia F P P, et al. Oligomeric proanthocyanidins from mangosteen pericarps. Journal of Agricultural and Food Chemistry, 2007, 55 (19): 7689-7694.

[50] Liu L, Xie B J, Cao S Q, et al. A-type procyanidins from *Litchi chinensis* pericarp with antioxidant activity. Food Chemistry, 2007, 105 (4): 1446-1451.

[51] Passos C P, Cardoso S M, Domingues M R M, et al. Evidence for galloylated type-A procyanidins in grape seeds. Food Chemistry, 2007, 105 (4): 1457-1467.

[52] Du Y, Lou H X. Catechin and proanthocyanidin B4 from grape seeds prevent doxorubicin-induced toxicity in cardiomyocytes. European Journal of Pharmacology, 2008, 591 (1-3): 96-101.

[53] Lee Y A, Cho E J, Yokozawa T. Effects of proanthocyanidin preparations on hyperlipidemia and other biomarkers in mouse model of type 2 diabetes. Journal of Agricultural and Food Chemistry, 2008, 56 (17): 7781-7789.

[54] Cu X P, Li B Y, Gao H Q, et al. Effects of grape seed proanthocyanidin extracts on peripheral nerves in streptozocin-induced diabetic rats. Journal of Nutritional Science and Vitaminology, 2008, 54 (4): 321-328.

[55] Lee Y A, Cho E J, Yokozawa T. Protective effect of persimmon (*Diospyros kaki*) peel proanthocyanidin against oxidative damage under H_2O_2-induced cellular senescence. Biological & Phar-

maceutical Bulletin，2008，31（6）：1265-1269.

[56] Kimura Y，Ito H，Kawaji M，et al. Characterization and antioxidative properties of oligomeric proanthocyanidin from prunes，dried fruit of *Prunus domestica* L. Bioscience Biotechnology and Biochemistry，2008，72（6）：1615-1618.

[57] Dalbo S，Moreira E G，Brandao F C，et al. Mechanisms underlying the vasorelaxant effect induced by proanthocyanidin-rich fraction from *Croton celtidifolius* in rat small resistance. Journal of Pharmacological Sciences，2008，106（2）：234-241.

[58] Masuda K，Hori T，Tanabe K，et al. Proanthocyanidin promotes free radical-scavenging activity in muscle tissues and plasma. Applied Physiology Nutrition and Metabolism-Physiologie Appliquee Nutrition et Metabolisme，2007，32（6）：1097-1104.

[59] 陈笳鸿.我国没食子单宁化学利用现状与展望.林产化学与工业，2000，20（2）：71-82.

[60] 陈笳鸿，汪咏梅，毕良武，等.我国西部地区植物单宁资源开发利用现状及发展建议.林产化学与工业，2002，22（3）：65-69.

[61] 林益明，向平，林鹏.红树林单宁的研究进展.海洋科学，2005，29（3）：59-63.

[62] 李敏，向平，杨志伟，等.杨梅不同部位单宁含量与结构研究.林产化学与工业，2008，28（3）：55-60.

[63] Yamaguchi H，Higuchi M，Sakata I. Methods for preparation of absorbent microspherical tannin resin. Journal of Applied Polymer Science，1992，45（8）：1455-1462.

[64] Porter L J，Hrstich L N，Chan B G. The conversion of procyanidins and prodelphinidins to cyanidin and delphinidin. Phytochemistry，1986，25（1）：223-230.

[65] Zhang Y J，de Witt D L，Murugesan S，et al. Novel lipid-peroxidation-and cyclooxygenase-inhibitory tannins from *Picrorhizakurroa* seeds. Chemistry & Biodiversity，2004，1（3）：426-441.

[66] Hong C Y，Wang C P，Huang S S，et al. The inhibitory effect of tannins on lipid peroxidation of rat heart mitochondria. Journal of Pharmacy and Pharmacology，1995，47：138.

[67] Hartzfeld P W，Forkner R，Hunter M D，et al. Determination of hydrolyzable tannins（gallotannins and ellagitannins）after reaction with potassium iodate. Journal of Agricultural and Food Chemistry，2002，50（7）：1785-1790.

[68] Bate-Smith E C. Detection and determination of ellagitannins. Phytochemistry，1972，11：1153-1156.

[69] 向平，林益明，林鹏，等.基质辅助激光解吸附飞行时间质谱分析缩合单宁的阳离子化问题.分析化学，2006，34（7）：1019-1022.

[70] Zhou B H，Wu Z H，Li X J，et al. Analysis of ellagic acid in pomegranate rinds by capillary electrophoresis and high-performance liquid chromatography. Phytochemical Analysis，2008，19（1）：86-89.

[71] Ortega-Regules A，Romero-Cascales I，Ros Garcia J M，et al. Anthocyanins and tannins in four grape varieties（*Vitis vinifera* L.）-evolution of their content and extractability. Journal International des Sciences de la Vigne et du Vin，2008，42（3）：147-156.

[72] Diez M T，del Moral P G，Resines J A，et al. Determination of phenolic compounds derived from hydrolysable tannins in biological matrices by RP-HPLC. Journal of Separation Science，2008，31

（15）：2797-2803.

［73］Cozzolino D，Cynkar W U，Dambergs R G，et al. Measurement of condensed tannins and dry matter in red grape homogenates using near infrared spectroscopy and partial least squares. Journal of Agricultural and Food Chemistry，2008，56（17）：7631-7636.

［74］Vonka C A，Chifa C. Condensed tannins in Maytenusvitis-idaeaGriseb."tala salado"（Celastraccae）". Latin American Journal of Pharmacy，2008，27（2）：240-243.

［75］Muthusamy V S，Anand S，Sangeetha K N，et al. Tannins present in Cichoriumintybus enhance glucose uptake and inhibit adipogenesis in 3T3-L1 adipocytes through PTP1B inhibition. Chemico-Biological Interactions，2008，174（1）：69-78.

［76］Pelozo M I D，Cardoso M L C，de Mello J C P. Spectrophotometric determination of tannins and caffeine in preparations from *Paulliniacupana* var. sorbilis. Brazilian Archives of Biology and Technology，2008，51（3）：447-451.

［77］Animut G，Puchala R，Goetsch A L，et al. Methane emission by goats consuming different sources of condensed tannins. Animal Feed Science and Technology，2008，144（3-4）：228-241.

［78］Rahim A A，Rocca E，Steinmetz J，et al. Inhibitive action of mangrove tannins and phosphoric acid on pre-rusted steel via electrochemical methods. Corrosion Science，2008，50（6）：1546-1550.

［79］张亮亮，林益明. HPLC-DAD 检测分析原花青素降解（正丁醇/HCl 法）产物及副产物. 分析化学，2008，36（9）：1281-1284.

［80］Haase K，Wantzen K M. Analysis and decomposition of condensed tannins in tree leaves. Environmental Chemistry Letters，2008，6（2）：71-75.

［81］Romani A，Ieri F，Turchetti B，et al. Analysis of condensed and hydrolysable tannins from commercial plant extracts. Journal of Pharmaceutical and Biomedical Analysis，2006，41（2）：415-420.

［82］Schofield P，Mbugua D M，Pell A N. Analysis of condensed tannins：a review. Animal Feed Science and Technology，2001，91（1-2）：21-40.

［83］Sarni-Manchado P，Deleris A，Avallone S，et al. Analysis and characterization of wine condensed tannins precipitated by proteins used as fining agent in enology. American Journal of Enology and Viticulture，1999，50（1）：81-86.

［84］Mc-Laughlin I R，Lederer C，Shellhammer T H. Bitterness-modifying properties of hop polyphenols extracted from spent hop material. Journal of the American Society of Brewing Chemists，2008，66（3）：174-183.

［85］Kaneda H，Watari J，Takashio M，et al. Measuring astringency of beverages using a quartz-crystal microbalance. Journal of the American Society of Brewing Chemists，2003，61（3）：119-124.

［86］Brouillard R，Chassaing S，Fougerousse A. Why are grape/fresh wine anthocyanins so simple and why is it that red wine color lasts so long? Phytochemistry，2003，64（7）：1179-1186.

［87］Stevens J F，Miranda C L，Wolthers K R，et al. Identification and in vitro biological activities of hop proanthocyanidins：inhibition of nNOS activity and scavenging of reactive nitrogen species. Journal of Agricultural and Food Chemistry, 2002, 50 (12): 3435-3443.

[88] Stevens J F, Miranda C L, Buhler D R, et al. Chemistry and biology of hop flavonoids. Journal of the American Society of Brewing Chemists, 1998, 56 (4): 136-145.

[89] Chirinos R, Campos D, Warnier M, et al. Antioxidant properties of mashua (*Tropaeolum tuberosum*) phenolic extracts against oxidative damage using biological in vitro assays. Food Chemistry, 2008, 111 (1): 98-105.

[90] Feher J, Lengyel G, Lugasi A. The cultural history of wine-theoretical background to wine therapy. Central European Journal of Medicine, 2007, 2 (4): 379-391.

[91] Xia H P, Song X Z, Bi Z G, et al. UV-induced NF-kappa B activation and expression of IL-6 is attenuated by (－)-epigallocatechin-3-gallate in cultured human keratinocytes in vitro. International Journal of Molecular Medicine, 2005, 16 (5): 943-950.

[92] Feldman K S, Smith R S. Ellagitannin chemistry. First total synthesis of the 2, 3-and 4, 6-coupled ellagitannin pedunculagin. The Journal of Organic Chemistry, 1996, 61 (8): 2606-2612.

[93] Kennedy J, Powell H. Polyphenol interactions with aluminium (III) and iron (III): their possible involvement in the podzolization process. Australian Journal of Chemistry, 1985, 38 (6): 879-888.

[94] Zhang L L, Liu Y C, Hu X Y, et al. Studies on interactions of pentagalloyl glucose, ellagic acid and gallic acid with bovine serum albumin: A spectroscopic analysis. Food Chemistry, 2020, 324: 126872.

[95] Zhang H, Zhang L L, Tang L H, et al. Effects of metal ions on the precipitation of penta-O-galloyl-β-d-glucopyranose by protein. Journal of Agricultural and Food Chemistry, 2021, 69 (17): 5059-5066.

[96] Kaspchak E, Goedert A C, Igarashi-Mafra L, et al. Effect of divalent cations on bovine serum albumin (BSA) and tannic acid interaction and its influence on turbidity and in vitro protein digestibility. International Journal of Biological Macromolecules, 2019, 136: 486-492.

[97] Zhang L L, Liu Y C, Wang Y M, et al. UV-Vis spectroscopy combined with chemometric study on the interactions of three dietary flavonoids with copper ions. Food Chemistry, 2018, 263: 208-215.

[98] Zhang L L, Liu Y C, Wang Y M. Deprotonation Mechanism of methyl gallate: UV spectroscopic and computational studies. International Journal of Molecular Sciences, 2018, 19 (10): 3111.

[99] Zhang L L, Liu Y C, Hu X Y, et al. Binding and precipitation of germanium (Ⅳ) by penta-O-galloyl-β-D-glucose. Journal of Agricultural and Food Chemistry, 2018, 66 (42): 11000-11007.

[100] 刘瑜琛, 张亮亮, 汪咏梅, 等. 分光光度法测定单宁酸-Fe^{3+}反应结合常数及其化学计量比. 林业工程学报, 2018, 3 (2): 47-52.

[101] 张亮亮, 徐曼, 汪咏梅, 等. 荧光猝灭法测定高粱原花青素-金属离子络合反应. 林业工程学报, 2016, 1 (6): 58-63.

[102] GB 1886.14—2015. 食品安全国家标准 食品添加剂 没食子酸丙酯.

[103] LY/T 1300—2005. 工业单宁酸.

[104] LY/T 1301—2005. 工业没食子酸.

[105] LY/T 1640—2005. 药用单宁酸.

[106] LY/T 1641—2005. 食用单宁酸.

[107] LY/T 1642—2005. 单宁酸分析试验方法.

[108] LY/T 1643—2005. 高纯没食子酸.

[109] LY/T 1644—2005. 没食子酸分析试验方法.

[110] GB 1639—2005. 铬皮粉.

[111] LY/T 1083—2008. 栲胶原料分析试验方法.

[112] LY/T 2862—2017. 焦性没食子酸.

[113] LY/T 2863—2017. 3,4,5-三甲氧基苯甲酸.